NOUVEAU TRAITÉ

DES

SCIENCES GÉOLOGIQUES

CONSIDÉRÉES DANS LEURS RAPPORTS
AVEC LA RELIGION ET DANS LEUR APPLICATION GÉNÉRALE
A L'INDUSTRIE ET AUX ARTS,

Avec un Tableau figuratif des Terrains et la représentation des Fossiles
les plus caractéristiques et les plus curieux;

PAR L.-F. JÉHAN,

MEMBRE DE LA SOCIÉTÉ GÉOLOGIQUE DE FRANCE.

Vous m'avez comblé de joie, Seigneur, par la vue de vos merveilles; vous m'avez rempli d'allégresse par la contemplation des ouvrages de vos mains.
Que vos œuvres sont magnifiques, ô mon Dieu! que vos pensées sont profondes!
L'homme stupide les méconnait, l'insensé ne les comprend pas.

Ps. XCI, 4, 5, 6.

DEUXIÈME ÉDITION,
REVUE ET CONSIDÉRABLEMENT AUGMENTÉE.

PARIS,
JACQUES LECOFFRE ET Cie, LIBRAIRES,
RUE DU VIEUX-COLOMBIER, 29,
Ci-devant rue du Pot de Fer Saint-Sulpice, 8.

1848.

Magnificat Dominum, qui magno animo et profundissimis contemplationibus magnitudines creationis considerat, ut ex magnitudine creaturarum et pulchritudine ortùs earum contempletur auctorem. Quantò enim quis altiùs penetrat rationes quibus condita sunt ac reguntur universa, tantò magis Domini magnificentiam speculatur et quantùm in se est, Dominum magnificat.

S. Basilius, Homilia in Ps. xxxiii.

NOUVEAU TRAITÉ

DES

SCIENCES GEOLOGIQUES.

PARIS. — TYPOGRAPHIE DE FIRMIN DIDOT FRÈRES,
RUE JACOB, 56.

A MONSEIGNEUR

FRANÇOIS-NICOLAS MORLOT,

ARCHEVÊQUE DE TOURS,

HOMMAGE DE RECONNAISSANCE ET DE VÉNÉRATION PROFONDE.

L.-F. JÉHAN.

TABLE ANALYTIQUE

DES MATIÈRES.

AVERTISSEMENT

DE LA DEUXIÈME ÉDITION.

Ce petit ouvrage a été accueilli avec une bienveillance qui nous a fait un devoir de redoubler de soins pour le rendre de plus en plus digne du succès qu'il a obtenu. Nous avons fait à cette seconde édition un nombre considérable d'additions, non-seulement parmi les faits de la Géognosie et de la Paléontologie, mais encore dans la partie de l'ouvrage consacrée à l'exposition et à la discussion des théories et des hypothèses. Nous avons ajouté un long chapitre pour combattre, à l'aide d'arguments fournis surtout par les découvertes de la Géologie, la doctrine panthéiste ou matérialiste des générations spontanées et de la transformation graduelle des espèces. Le chapitre de la Géogénie a reçu de nouveaux développements, et nous avons soumis à un examen plus détaillé et plus sévère les divers systèmes imaginés par les savants pour expliquer la formation de la terre et de l'univers. La Géographie botanique et zoologique a été aussi beaucoup augmentée, et présente maintenant une statistique assez étendue du règne organique. Enfin, l'importante et difficile question que nous abordons dans le dernier chapitre du livre, la Géologie dans ses rapports avec la révélation mosaïque, a été traitée avec plus de détails, et nous avons résumé les opinions les plus remarquables, récemment proposées dans le but de concilier les découvertes de la science moderne avec le premier chapitre de la Genèse.

Il existe peu de livres où l'on ait concentré autant de choses dans un cadre aussi étroit, et nous croyons être en droit d'affirmer qu'il n'y a pas un phénomène, pas un fait ou un résultat un peu important dans la science, pas une opinion ou un système de quelque valeur, que nous n'ayons indiqué, apprécié, discuté.

Une dernière observation. Dans un ouvrage de la nature de celui-ci, il est impossible, en décrivant les phénomènes géologiques, de ne pas adopter, ne fût-ce que pour plus de commodité dans la rédaction du livre, quelque théorie sur les causes qui les ont produits, sur l'origine de ces causes et leur mode d'action. Mais en nous plaçant au point de vue où se rencontre l'universalité morale des savants de notre époque, lorsqu'il s'agit de résoudre les problèmes les plus difficiles et les plus compliqués de la science, nous n'avons point prétendu que les idées théoriques, même les plus en crédit, dussent être acceptées autrement que comme des données provisoires, offrant plus ou moins de probabilité. En prenant en considération les systèmes qui nous paraissent les plus plausibles, nous n'entendons nullement influencer l'opinion de qui que ce soit.

Au reste, qu'on le remarque bien, dans

l'appréciation des phénomènes naturels, les conclusions auxquelles leur observation nous conduit, ont la même valeur, quelle que soit leur origine ou la nature des causes physiques qui les ont produits. Nos opinions peuvent se modifier, changer même complétement à cet égard, sans que les résultats constatés perdent rien de leur force. En contemplant un chef-d'œuvre de l'art ou de l'industrie humaine, nous pouvons bien apprécier le génie de l'artiste, sans connaître à fond la nature intime du mécanisme au moyen duquel son œuvre a été accomplie. De même aussi l'étude de la terre peut nous faire concevoir les plus hautes idées sur l'intelligence et la puissance divines, et exciter en nous une admiration sans bornes, bien que nous ne puissions qu'imparfaitement nous rendre compte des instruments matériels dont le Créateur a employé l'action, pour l'accomplissement d'une œuvre si magnifique.

INTRODUCTION.

La géologie, considérée dans son point de vue le plus élevé, est la science qui s'occupe de l'étude de la terre, de sa structure intérieure, de sa formation et de son origine. Ce but nous montre de suite combien cette science est importante, puisqu'elle touche aux questions les plus hautes et les plus fondamentales de la philosophie catholique, l'origine de notre planète, sa création, et de plus l'origine et la création des êtres qui l'habitent.

S'il ne s'agissait que de connaître les matériaux qui composent le globe, leur nature et leurs propriétés, les usages et l'utilité que l'on peut en retirer, cette science serait certainement du plus haut intérêt pour l'industrie sociale et pour les arts; mais, en définitive, ce ne serait jamais qu'un métier à fortune sans grande valeur philosophique et morale. Elle a longtemps été restreinte dans ces limites, longtemps elle a peu intéressé la science des grands principes qui seuls font marcher et perfectionnent l'humanité. Cependant, à mesure qu'on a pénétré plus avant et sur une échelle plus étendue dans l'intérieur de notre globe, on a rencontré des monuments si nombreux et si authentiques, qu'il a été impossible de les méconnaître. Les débris innombrables de végétaux et d'animaux, enfouis dans les terrains divers et plusieurs fois superposés les uns aux autres, n'ont plus permis de douter que ces êtres avaient vécu à la surface du globe, avant de contribuer ainsi à augmenter sa masse inerte et solide. Dès lors on a dû chercher à se rendre compte des causes qui ont pu détruire ces êtres, de la manière dont ils ont disparu; par suite on s'est demandé leur origine; s'ils étaient semblables aux êtres actuellement existants à la surface de la terre, s'ils étaient de la même création, ou d'une autre création, ou même de plusieurs autres créations antérieures. Toutes ces questions si graves, si intéressantes, ont appelé celle de l'origine de la terre elle-même. Dans quel état était le globe quand les êtres dont il renferme les débris, vivaient à sa surface? Dans quel état a-t-il été créé lui-même, et comment est-il arrivé à sa forme, à son état actuel? Ces questions hardies, qui tendaient à surprendre le secret du Créateur et à faire assister l'homme au grand acte de la puissance infinie qui a tout créé, prouvent suffisamment l'intérêt qui s'attache à une telle science, et combien son étude est importante.

Aussi l'activité avec laquelle on l'a travaillée est-elle incroyable; et malgré cela peut-on dire qu'on soit arrivé à quelque chose de positif et de certain sur tous les points? La vérité défend de l'affirmer. Plus ces questions sont élevées, plus leur solution est difficile et ardue, et plus, par conséquent, il faut de sagesse, de maturité et de logique pour les aborder. Ce ne sont pourtant pas là les dispositions qu'on y a toujours apportées. Beaucoup de personnes, trop de personnes ont voulu être géologues sans les qualités nécessaires pour le devenir. De là tant d'hypothèses insoutenables, tant d'opinions hasardées et contradictoires.

Pour éviter ces défauts qui conduisent infailliblement à l'erreur, il n'est pas inutile de tracer quelques règles que les géologues ne devraient jamais perdre de vue.

La première qualité nécessaire à un géologue est un jugement droit, un esprit logique, qui ne lui permette jamais de donner le change à son esprit, en plaçant l'imagination au-dessus de la raison ; jugement qui lui fasse toujours distinguer les questions qui présentent quelques chances de solution, de celles qui n'en offrent aucune.

La sincérité et la bonne foi du géologue doivent être à toute épreuve; il ne doit rien accepter, rien rejeter par pur préjugé, mais toujours examiner et peser les faits, non pas sous un seul aspect, mais sous toutes leurs faces.

Pour résoudre la plupart des questions, et les plus importantes de la Géologie, il est de toute nécessité de posséder des connaissances préliminaires que trop de géologues ignorent, ce qui les conduit à tant d'hypothèses fausses qui se renversent successivement. Il faut d'abord connaître suffisamment la Physique et la Chimie, afin de juger les effets des lois générales sur le globe; mais il faut aussi savoir apprécier ces lois à leur juste valeur, sans exagération; il faut surtout bien se garder d'en faire une sorte d'entité métaphysique qui serait en dehors de la réalité. Ces lois sont créées; elles ne sont, à vrai dire, que des propriétés générales de la matière, et ne peuvent être par conséquent les causes premières.

La Minéralogie est aussi nécessaire au géologue, mais plutôt encore au géologue industriel qu'au géologue philosophe. Il n'en est pas de même de la Botanique et surtout de la Zoologie. Ces deux sciences sont, on peut le dire, la boussole sans laquelle le géologue philosophe ne peut s'engager dans les domaines souterrains de la nature inorganique, sans s'y égarer immanquablement. C'est par elles qu'il arrivera à juger et à déterminer les débris organiques qu'il rencontre dans les couches terrestres; c'est par elles qu'il appréciera les circonstances dans lesquelles ont dû vivre ces êtres, celles qui les ont fait disparaître. La Zoologie surtout lui dira si ces êtres sont de même nature, de même espèce, de même genre, de même famille ou de même classe que les animaux actuellement existants; s'ils sont de la même création ou de créations antérieures.

L'histoire morale de l'humanité doit aussi entrer dans les données du problème ; il faut soigneusement recueillir les traditions les plus anciennes, les peser, et voir ce qu'elles peuvent fournir de secours à la solution du problème.

Il faut enfin tenir compte de l'ordre surnaturel, de la puissance créatrice, du but qu'elle a dû se proposer en créant notre monde.

Avec ces connaissances préliminaires on marchera d'une manière logique et sûre, parce qu'on ira du connu à l'inconnu, tandis qu'en procédant comme on l'a trop fait, on voulait résoudre des inconnues par des inconnues, ce qui est impossible.

En suivant la marche que nous venons d'indiquer, on arrivera à démêler ce qu'il y a de certain, de positif, de soluble, dans la science géologique, de ce qui est incertain et insoluble, au moins actuellement.

Les progrès de cette science, l'étude historique des systèmes divers qu'elle a vus naître, nous semblent établir nettement une distinction parfaitement tranchée dans la structure du globe que nous habitons, et par suite deux ordres de questions bien différentes. Le globe primitif ou noyau central ne peut être étudié de la même manière que son écorce ou enveloppe extérieure. Toutes les questions qui se rattachent à l'origine, à la création, à la formation du noyau primitif de la terre, n'ont pu encore et ne pourront probablement jamais être sondées qu'à l'aide d'hypothèses plus ou moins contradictoires. Les sciences physiques et chiques ont été seules invoquées, et pouvaient seules l'être au point de vue où se sont placés les géologues, écartant tout principe logique et moral sur le but et la destinée de notre globe. Il en est résulté une foule de systèmes tous plus insoutenables les uns que les autres et se détruisant mutuellement. Tous ces systèmes peuvent être ramenés à trois hypothèses : celle des *Neptuniens* qui prétendent que tout s'est formé dans l'eau et par l'eau; celle des *Plutoniens*, qui veulent que le globe terrestre soit le résultat du feu. Ces deux hypothèses, se réfutent l'une l'autre, et sont d'ailleurs mathématiquement insoutenables pour une foule de raisons. Reste la troisième hypothèse, que nous appelons *Astronomico-chimique*, parce qu'elle a invoqué les données incertaines de l'astronomie et les lois de la chimie. Elle tient de l'hypothèse des Plutoniens, et est d'ailleurs tout aussi peu satisfaisante.

Ces trois hypothèses nous semblent cependant embrasser toutes celles qui peuvent être faites, parce qu'elles ont invoqué tous les agents possibles, connus dans la nature; il n'en peut donc être présenté aucune autre qui ne rentre dans l'une de ces trois, par conséquent qui ne soit insoutenable et condamnée à ne rien expliquer.

Il faut de toute nécessité se placer sur un autre terrain, chercher une autre méthode ; or, il ne reste plus que la méthode logique, qui, admettant un principe, peut en tirer des conséquences. Ce principe est que Dieu a nécessairement dû se proposer un but en créant la terre ; il la destinait à l'habitation des végétaux et des animaux, et enfin au séjour de l'homme pour lequel tout le reste était fait. Or, pour cela, il fallait la créer propre à un mouvement déterminé, et par conséquent lui donner la forme la plus convenable à ce mouvement ; il fallait en outre qu'elle présentât aux êtres vivants placés à sa surface, les conditions les plus avantageuses à leur existence ; par conséquent elle devait être créée avec des montagnes et des vallées, propres à déterminer des climats variés et à faciliter l'écoulement des eaux et de tous les fluides aériformes qui se meuvent à sa surface et qui sont indispensables à la vie des êtres organisés. La thèse ainsi posée nous semble conduire directement à admettre que la terre a été créée tout d'un jet et en état de recevoir ses habitants, comme nous l'enseigne l'historien sacré de la création. Selon nous, il n'y a pas d'autre solution raisonnable à cette première partie de la science géologique, celle qui s'occupe du noyau primitif de la terre.

La seconde partie, qu'on peut appeler la Géologie positive, est celle qui traite de l'écorce du globe, dans laquelle sont enfouis les débris d'êtres organisés. Ici, la question, tout en se compliquant, est néanmoins plus abordable, parce que nous avons les données de toutes les autres sciences naturelles. Les végétaux et les animaux fossiles sont des témoins certains à l'aide desquels on peut résoudre d'une manière plus ou moins certaine la plupart des graves questions que nous avons posées en commençant. L'étude approfondie de ces fossiles prouve pour plusieurs qu'ils ont vécu avec les animaux actuels; qu'un grand nombre appartiennent à des genres encore existants ou à des genres qui leur sont analogues et de même famille. L'étude de l'organisation conduit à leur histoire naturelle, et par suite à l'appréciation des circonstances dans lesquelles ils ont dû vivre, ce qui, joint à leur gisement, à la place qu'ils occupent dans les couches superposées, conduit à la déduction des causes et des circonstances qui les ont fait disparaître. Ici se présente une difficulté; elle consiste dans la question de temps : savoir dans quelle période de temps plus ou moins longue, l'état actuel de l'écorce terrestre, contenant des corps organisés ou leurs débris, a pu s'effectuer. Cette question très-complexe demande un soin tout particulier et appelle de nombreuses données. D'abord l'examen des causes actuellement agissantes, pour savoir si elles ne pourraient fournir une mesure de temps. Ces causes actuelles sont en général le feu, l'eau, l'air, etc. En second lieu, l'étude approfondie du travail naturel de tous les animaux qui produisent encore, comme ils ont déjà produit, la plupart des roches calcaires ; d'où l'on peut tirer aussi une mesure de temps. Troisièmement, la connaissance de la géographie dans les époques les plus reculées possibles, comparée à la géographie actuelle. Quatrièmement, l'étude de l'histoire et des traditions les plus anciennes, propres à faire connaître les migrations des peuples et l'état dans lequel ils ont trouvé les pays divers où ils se sont établis. Cinquièmement, l'étude historique des animaux chez les différents peuples, afin d'arriver à connaître comment et par quelles causes ils ont diminué ou disparu. Ce sont là les données qui peuvent seules conduire à la solution de ce dernier problème ; mais quand même il ne serait pas résolu d'une manière satisfaisante, il n'en résulterait qu'une conséquence, c'est que nos moyens de solution sont encore insuffisants.

Telle est en résumé la seule position qui nous paraisse tenable dans l'étude de la Géologie philosophique. Mais, dans tous les cas, si les conclusions de cette science continuaient à se montrer opposées à la vérité religieuse, il y a deux règles à suivre : ou bien ces conclusions sont tirées d'hypothèses plus ou moins plausibles ou des faits. Si elles naissent d'hypothèses, elles ne prouvent évidemment rien contre des vérités d'un autre ordre et suffisamment démontrées par toutes les preuves les plus propres à entraîner la conviction ; car des hypothèses ne sont que des hypothèses, ce sont des suppositions qui sont évidemment fausses par cela seul qu'elles contredisent des vérités certaines et inébranlables.

Si ces conclusions naissent de faits positifs, il faut examiner ces faits sous toutes leurs faces avant d'accepter ces conclusions; il faut exiger un nombre de faits suffisants avant de généraliser; dès lors il n'y a aucun doute que les conclusions seront d'accord avec la vérité religieuse, pourvu que l'on ait procédé d'une manière logique dans leur interprétation. La raison en est qu'il ne peut y avoir contradiction entre la parole de Dieu et son œuvre.

M. l'abbé F. L. M. Maupied,
Docteur ès sciences, Membre de la Soc. littéraire de l'Université de Louvain.

PRINCIPALES DIVISIONS

DE LA GÉOLOGIE.

L'histoire physique de la terre embrasse trois grands objets qui constituent autant de sciences particulières. On peut considérer le globe terrestre : 1° relativement à sa structure intérieure ; 2° relativement aux débris organiques ensevelis dans ses couches ; 3° relativement aux lois qui ont présidé à sa formation : de là, la Géognosie [1], la Paléontologie [2] et la Géogénie [3].

La Géognosie a pour but de reconnaître et d'étudier les faits géologiques abstractivement de leurs causes. Elle s'occupe des roches, de leur structure, de leur composition et de leur arrangement, en un mot, de chacune des substances qui composent le globe, et des rapports qui existent entre elles et l'ordre dans lequel elles se présentent. « La Géognosie élève notre esprit, agrandit nos idées et tend à nous rapprocher de plus en plus du sublime Auteur de la nature [4]. »

[1] De γῆ, terre, et γνῶσις, connaissance.

[2] De παλαιός, ancien, ὤν, être, λόγος, discours.

[3] De γῆ, terre, et γεννάω, produire.

[4] Rozet, *Cours élément. de Géogn.*

La PALÉONTOLOGIE est l'histoire des êtres anciens, végétaux et animaux, que l'on trouve aujourd'hui à l'état fossile dans les différentes couches du globe. Cette science si curieuse conduit, comme nous le verrons, à des inductions de la plus haute importance sur l'origine des êtres organisés, et démontre avec évidence l'unité du plan primitif et plein d'harmonie de la création.

La GÉOGÉNIE est la partie conjecturale de la Géologie, comme la Géognosie et la Paléontologie en constituent la partie positive. La Géogénie essaye d'expliquer la formation de la terre, et se rattache à la Cosmogonie ou théorie de la formation de l'univers. C'est une sorte de physique générale et raisonnée, établie sur l'appréciation des phénomènes naturels à l'aide desquels on tâche de remonter aux lois générales qui ont présidé à l'organisation du monde, et particulièrement à celle du globe terrestre. Nous avons exposé les principales hypothèses qui ont été présentées sur ce sujet si élevé et si difficile, et nous en avons examiné la valeur.

La *Géotechnie*[1] est une branche de la Géognosie : c'est la minéralogie appliquée aux arts, à l'industrie, à l'agriculture, etc. Les précieuses richesses que Dieu a cachées dans les entrailles de la terre, sont des bienfaits de sa providence; nous devions en apprécier toute la haute importance pour l'homme, dans un ouvrage de la nature de celui-ci. Nous avons donc fait connaître le gisement, la nature et l'usage des principales substances miné-

[1] De γῆ, terre, et τέχνη, art, industrie.

rales, à mesure qu'elles nous ont été fournies par les différents terrains, et nous avons eu soin d'indiquer de préférence les localités où elles se trouvent en France.

Notre *Traité* est divisé en treize chapitres, eux-mêmes divisés à peu près uniformément en paragraphes. Les deux premiers chapitres contiennent des notions générales de Physique, de Chimie, de Minéralogie, d'Aérographie, d'Hydrographie, etc., sciences avec lesquelles la Géologie proprement dite a une étroite connexion.

NOUVEAU TRAITÉ

DES

SCIENCES GEOLOGIQUES.

CHAPITRE I.

PHYSIQUE. — CHIMIE. — MINÉRALOGIE.

§ I.

Fluides impondérables.

La nature est l'ensemble des phénomènes du monde matériel et des lois qui les produisent et en règlent les harmonieuses relations. Ces lois, subjectivement envisagées, sont des conceptions de notre esprit, à l'aide desquelles nous réunissons les effets et les causes, en considérant que toujours le concert des mêmes causes engendre les mêmes effets, et que toujours aussi une soustraction, une addition, une modification quelconque, dans l'ensemble des causes, détermine une variation correspondante dans les effets.

Quand on dit que les substances matérielles obéissent à des lois, se conforment à certaines règles, on ne veut pas dire qu'il y ait dans la pure matière une intelligence, une volonté, une faculté de faire ou de ne pas faire : ce mot *loi* se rapporte à notre entendement bien plus qu'aux objets matériels eux-mêmes, lesquels sont essentiellement passifs.

Il répugne de supposer que le divin Auteur de la nature ait établi des lois particulières qui embrassent toutes les contingences individuelles ; ce serait leur attribuer les imperfections de la législation humaine. Il est plus simple de penser qu'en créant la matière, il l'a douée de propriétés immuables, et que les lois que nous en déduisons par l'observation, ne sont que des conséquences. Peut-être même n'existe-t-il qu'une seule loi générale et primitive, d'où dérivent toutes les lois secondaires qui sont le principe des innombrables phénomènes naturels. Nous n'entendons pas par là contester au Créateur l'exercice constant de sa puissance directe pour le maintien du système de la nature : il n'en est pas moins vrai que c'est de lui que découlent toutes les forces qui résident dans la matière, et que les agents bruts n'exercent ces forces que d'après sa volonté immédiate agissant selon ses propres lois.

Une des plus admirables lois de l'univers, la plus féconde en résultats, est l'*attraction universelle* : c'est elle qui retient les planètes dans leurs orbites ; c'est elle qui imprime à tous les corps cette tendance vers le centre de la terre, tendance qui prend alors le nom particulier de *pesanteur ;* c'est elle encore qui agit sur les molécules de ces mêmes corps pour les maintenir à l'état solide, ou pour les y ramener lorsque la prépondérance d'une force contraire a dissous, dans certaines circonstances, leurs éléments constitutifs.

Quatre principaux agents régissent surtout les habitudes de la matière, et contribuent à l'harmonie de notre monde, le *calorique* ou la *chaleur*, le *magnétisme*, l'*électricité* et la *lumière*, et ces premiers agents de la nature, demeurés jusqu'ici impondérables, c'est-à-dire d'un poids insensible à nos balances, ne sont probablement que des modifications d'un même principe, l'*éther*, fluide subtil, éminemment élastique, répandu partout dans l'immensité [1].

[1] « Cette substance éthérée, dit M. Becquerel, est très-probablement celle qui remplit l'univers, et par conséquent les espaces interstitiels des corps, et dont les oscillations produisent la lumière et même la chaleur quand les particules de ces corps sont elles-mêmes ébranlées. »

On ne peut plus mettre en doute l'existence de ce fluide depuis les théories fécondes de Fresnel, les travaux plus récents de MM. Hamilton, Lloyd, Brewster, Babinet, Seebeck, et les recherches mathématiques de MM. Cauchy, Mac-Cullagh et Neumann. On est conduit aujourd'hui à faire dépendre tous les phénomènes électriques des actions mutuelles de l'éther et de la matière pondérable. C'est à cette idée préconçue que sont dues la plupart des découvertes de MM. Becquerel, de la Rive, Faraday et Savary.

Les trois théories pratiques de la physique convergent aujourd'hui vers un principe général, qui attribue à la répulsion propre de l'éther et aux actions que la matière pondérable exerce sur lui, tous les phénomènes qui dépendent de ces théories. Ainsi la propagation des vibrations du fluide éthéré donnerait la lumière, et toutes les radiations qui en sont la suite; l'accroissement ou la diminution des masses d'éther qui forment les atmosphères des atomes pondérables, produirait l'électricité et les phénomènes chimiques; et le mouvement vibratoire de ces atmosphères donnerait la chaleur. Ce principe résume donc à lui seul toutes les hypothèses mises au jour, dans les temps modernes, sur les diverses parties de la physique.

La pression de l'éther a été évaluée égale à environ 0,00029 cent millièmes de millimètre de mercure. On suppose que c'est cette

Le *calorique*, comme tous les fluides, est d'une si excessive ténuité moléculaire, qu'elle échappe à toute appréciation ; il est le principe de toute température dans les corps.

On distingue la chaleur *latente* et la chaleur *libre*. La première pénètre tous les corps, et dépend de leur densité, de leur état d'agrégation et en quelque sorte de leur construction mécanique; la seconde est communiquée aux corps dans leur action réciproque; c'est elle qui fait varier accidentellement leur température; elle est essentiellement expansive, et tend sans cesse à l'équilibre. Toutes les substances absorbent et rayonnent du calorique, et dans le même corps le pouvoir d'absorption est toujours égal au pouvoir rayonnant.

La chaleur est une des grandes puissances modératrices de l'univers; sans elle tous les corps seraient dans un état de solidité, d'immobilité, d'impénétrabilité absolue. C'est le calorique qui dissout les obstacles qui s'opposent à l'action des autres agents, en surmontant la rigidité de la matière et en donnant à toutes ses parties la souplesse et la fluidité convenables.

On désigne sous le nom de *magnétisme* une série de phénomènes produits par un fluide qui ne paraît être qu'une modification de l'électricité, et qui se manifeste en général dans tous les corps placés favorablement, mais plus ostensiblement dans l'aimant, espèce de minerai de fer exploité surtout dans le nord de l'Europe. Si l'on roule un aimant dans de la limaille de fer, il se

pression qui met une limite aux atmosphères planétaires. On croit aussi que sa densité, quoique peu considérable, oppose pourtant une résistance appréciable à la marche des corps célestes.

couvre, aux extrémités, de filaments longs et perpendiculaires à la surface ; ces filaments diminuent et s'inclinent à mesure qu'ils s'approchent du milieu où aucune parcelle de limaille ne reste attachée. La ligne qui passe par ce milieu se nomme la *ligne moyenne*, les extrémités du barreau sont les *pôles*, l'un austral, l'autre boréal ; les pôles de même nom se repoussent et ceux de noms contraires s'attirent. Ainsi l'on pense que de part et d'autre de la ligne moyenne, c'est-à-dire aux pôles, résident deux forces antagonistes, deux fluides différents, qui agissent en sens contraire sur les aimants, l'un attirant ce que l'autre repousse. Eh bien, le globe terrestre se comporte comme un véritable aimant. Autour de lui, à une certaine profondeur, circulent d'occident en orient des courants magnétiques. Si on le roulait dans la limaille de fer, on lui trouverait une ligne moyenne et deux pôles chargés de fluides opposés, et cette puissance magnétique dont il est doué, est probablement déterminée par les masses métalliques qu'il renferme. Non-seulement le globe peut être considéré comme un aimant, mais chaque masse minérale qui le compose est magnétique, quoique ce magnétisme, diffus en elle, ne se manifeste pas dans les circonstances ordinaires, excepté dans certains minerais de fer, dans le nickel et le cobalt.

L'*électricité* est un fluide d'une extrême élasticité et d'une grande énergie, existant dans tous les corps, et en vertu duquel ils s'attirent, se repoussent, se décomposent, deviennent lumineux, etc. On regarde le fluide électrique comme composé de deux principes auxquels on a donné le nom de fluide *positif* et de fluide *négatif*. Tant que le fluide reste à l'état *neutre* ou de *combinaison*, il ne manifeste nullement sa présence; mais si, par l'effet de quelque excitation particulière, il passe à l'état *libre* ou de *décomposition*, il communique aux corps qui le recèlent la propriété de s'attirer, s'ils sont chargés l'un d'électricité positive, l'autre d'électricité négative, et de se repousser au contraire s'ils sont électrisés de la même manière [1].

Dans l'économie animale, l'électricité favorise la circulation du sang et la sécrétion des humeurs, excite la transpiration cutanée, et préside en général à l'ac-

[1] Tous les corps contiennent sur leur surface, en couches infiniment minces, les deux fluides à l'état de combinaison, c'est-à-dire neutralisés l'un par l'autre, et par conséquent insensibles. Mais si une cause quelconque, le frottement, par exemple, et on en ignore la raison, vient à développer l'électricité sur la surface d'un corps (l'intérieur reste toujours neutre), l'état d'équilibre entre les deux fluides est détruit, les deux principes se séparent, et le corps frottant et le corps frotté prennent chacun en excès, mais en quantité égale, l'un le fluide positif, l'autre le fluide négatif. D'où il suit que pour rétablir l'équilibre rompu, le corps électrisé *positivement* attire l'électricité *négative* dont il manque, tandis qu'il repousse l'électricité positive qu'il possède déjà en excès. Le fluide neutre d'un corps se décompose quand ce corps est présenté à un conducteur chargé de l'une ou l'autre électricité: le conducteur s'empare du fluide qui lui convient, et repousse l'autre dans le sol, qui est le réservoir commun.

On a donné le nom d'électricité *dynamique* (δύναμις, force) à des courants continuels et actifs dont on a récemment découvert l'existence dans tous les corps. C'est elle dont l'action ferait circuler les fluides dans les végétaux, décomposerait l'eau et les acides qu'ils absorbent, jouerait un rôle important dans la respiration des animaux et dans la transformation des liquides sanguins, et étendant son influence jusque sur le cerveau et de là sur le système nerveux, deviendrait l'origine du mouvement musculaire, l'agent immédiat de la sensation et de la transmission des ordres de l'âme aux organes de la locomotion...

complissement des fonctions organiques qui se rapportent à la nutrition. Elle est aussi le principe de toute combinaison chimique.

Enfin, la *lumière* est aussi un fluide composé de molécules d'une petitesse inappréciable et tellement ténues, que les innombrables rayons qui remplissent l'espace se traversent et se pénètrent sans se troubler ni se toucher. Ces rayons se meuvent en ligne droite avec une vitesse de 78,000 lieues métriques par seconde.

Des recherches récentes faites sur l'optique ont conduit à des résultats qui peuvent donner une idée de l'infinie ténuité des atomes de la lumière, en même temps qu'ils servent à constater jusqu'où peut atteindre le génie humain dans l'appréciation de certains phénomènes. Ainsi on s'est convaincu que chaque point d'un milieu que traverse un rayon de lumière, est affecté d'une suite de mouvements périodiques qui reviennent régulièrement par intervalles égaux, au moins 500 millions de millions de fois dans une seule seconde; et c'est par des mouvements de cette espèce, communiqués aux nerfs optiques, que nous voyons! Il y a plus: c'est de la différence qui existe dans la fréquence de leur retour, que résulte la diversité des couleurs. Dans la sensation que nous cause le rouge, par exemple, nos yeux sont affectés 482 millions de millions de fois, dans celle du jaune 542, dans celle du violet 707 millions de millions de fois par seconde [1].

La lumière est regardée comme le principe excitateur des germes vivants, et comme déterminant leur

[1] Young, *Leçons de philosophie naturelle*.

évolution et leur direction vers le ciel. Sans action au moins bien connue sur les corps bruts, elle paraît être l'agent de la vie dans l'ordre naturel, et présider, avec la chaleur, à toutes les fonctions relatives à la génération; c'est d'elle que tous les êtres organisés tireraient leurs vertus, leurs odeurs, etc. Il est démontré aujourd'hui que la lumière existe dans l'espace indépendamment des corps lumineux dont les particules, que l'on suppose dans un état d'agitation constant, détermineraient seulement, dans le fluide éthéré, des *vibrations* ou *ondulations*, pareilles à celles que les corps sonores communiquent à l'air [1].

[1] Ce système, aujourd'hui universellement adopté, est fondé sur plusieurs expériences. Une des plus concluantes est celle-ci : quand deux miroirs *plans* sont présentés à la lumière de sorte que les rayons qu'ils réfléchissent soient à peu près dans la même direction, ces rayons produisent au point de leur coïncidence une obscurité absolue, si la différence de longueur des deux rayons est égale, par exemple, à la moitié de la six cent cinquante-cinq millionième partie d'un millimètre, et au contraire ils produisent, au même point d'incidence, une lumière d'une intensité double si leur différence de longueur est exactement de la six cent cinquante-cinq millionième partie d'un millimètre. Le premier résultat est inexplicable dans l'hypothèse des Newtoniens, qui prétendent que la lumière est une *émanation* des corps lumineux, tandis que l'on peut aisément en rendre compte dans la théorie ondulatoire de la lumière. En effet, si l'on conçoit le fluide éthéré s'élevant et s'abaissant alternativement en formant de petits creux et de petites élévations, à la manière d'une eau tranquille dans laquelle on a jeté une pierre, deux ondes lumineuses dont les élévations se combinent produiront une élévation d'une grandeur double, et par conséquent une lumière d'un éclat double aussi; mais, si une ondulation précède l'autre de la moitié d'une ondulation, le creux de l'une se trouvera rempli par l'élévation de l'autre, ou autrement l'élévation de l'une coïncidera avec l'abais-

Dieu a donc pu mettre en vibration la lumière dès le premier jour de la création ou réorganisation de la terre, et ne confier cette fonction au soleil que postérieurement.

§ II[1].

Éléments. — Molécules. — Forces attractive et répulsive. — Oxydes. — Acides. — Sels. — Pile voltaïque. — Présomption en faveur de l'identité des fluides impondérables. — Composition chimique de la croûte minérale du globe.

On connaît aujourd'hui cinquante-cinq corps simples ou éléments, qui, combinés suivant des proportions définies et invariables[2], un à un, un à deux, un à

sement de l'autre, et réciproquement, de sorte que les ondulations se neutraliseront, se détruiront l'une l'autre, et il en résultera une obscurité complète.

Nous avons reconnu une chaleur *latente* et une chaleur *libre;* l'électricité et le magnétisme paraissent être dans la même relation; ainsi l'électricité qui circule et passe d'un corps à l'autre doit être regardée comme un magnétisme libre et mobile, et le magnétisme à son tour n'est qu'une électricité fixe et permanente dans le corps magnétique. Il y a également la lumière libre et rayonnante qui éclaire et se réfléchit à la surface des corps sans s'unir à eux, et la lumière latente et pour ainsi dire incorporée à la matière, qui en fixe les qualités chimiques et devient sensible au moment d'une rapide combinaison des particules élémentaires.

[1] Nous engageons le lecteur qui serait étranger aux notions ordinaires de chimie et de minéralogie, à étudier avec un soin particulier ce deuxième paragraphe ainsi que le suivant : les explications qu'ils contiennent sont indispensables pour l'intelligence du reste du livre.

[2] C'est-à-dire que les éléments des corps ne se combinent pas dans toute espèce de proportions, mais dans des limites en deçà et au delà desquelles il n'y a plus de combinaison. Ainsi le même

trois, etc., forment toutes les substances composées qui sont dans la nature. Les corps simples les mieux connus et les plus généralement répandus sont :

Parmi les corps non métalliques (électro-négatifs) :

Oxygène (ὀξύς, acide, γεννάω, produire). — Priestley, 1774. } Gazeux.

composé consiste toujours dans les mêmes éléments réunis dans les mêmes proportions. Ex. : Le gaz azote forme cinq composés avec le gaz oxygène ; le volume de l'azote étant représenté par 1, l'oxygène se combinera avec lui dans les rapports suivants : 1/2, 1, 1 1/2, 2, 2 1/2 volumes. La même observation s'applique à tous les corps inorganiques gazeux, liquides et solides.

On a avancé que les proportions définies des composés chimiques étaient une preuve qu'il existe des bornes à la divisibilité de la matière ; mais les hypothèses émises sur l'existence de l'*éther* paraissent peu favorables à cette supposition.

Y a-t-il plusieurs sortes de matières ou n'y en a-t-il qu'une seule? autrement, la matière dans son essence est-elle une ou multiple ? On l'ignore ; mais on soupçonne que les cinquante-cinq corps réputés simples pourront être ramenés plus tard à un plus petit nombre. On est conduit à cette supposition, principalement en considérant la différence qui existe entre certains corps à peine distincts entre eux par les éléments composants ; le sucre, la fécule, le bois, la résine, l'huile, le vinaigre, si dissemblables en apparence, ont tous pour principes constituants le *carbone*, l'*hydrogène* et l'*oxygène ;* quelques molécules de plus ou de moins de ces principes constituent toute la différence entre ces substances diverses. N'en pourrait-on pas conclure que les quarante-quatre métaux aujourd'hui connus ne sont probablement qu'une seule substance, et ne diffèrent que par quelques atomes en plus ou en moins, ou bien par le mode d'association de ces atomes ? Quoi qu'il en soit, quand nous parvenons à surprendre ses véritables secrets, la nature nous montre une extrême simplicité et nous ramène à un système d'unité. Unité et simplicité, telle est la première loi qui semble avoir présidé à la création, et présider encore à la conservation du monde.

Hydrogène (ὕδωρ, eau, etc.) — Cavendish, 1781. } Gazeux.
Azote (α priv., ζωή, vie). — Rutherford, 1772. } Gazeux.
Chlore (χλωρὸς, vert jaunâtre). — Scheele, 1774. } Gazeux.

Phosphore (φῶς, lumière, φόρος, qui porte). — Brandt, 1677.

Silicium (*silex*, caillou). — Davy, 1807.

Soufre, connu de toute antiquité.

Carbone (*carbo*, charbon).

Parmi les corps métalliques (électro-positifs) :

Aluminium (*alumen*, alun). — Wholer, 1828.

Magnesium (μάγνης, aimant). — Davy, 1807.

Strontium (*Strontian* en Écosse). — Davy, 1807.

Calcium (*calx*, chaux). — Davy, 1807.

Potassium (de l'anglais *potash*, pot et cendre). — Davy, 1807.

Sodium (*soda*, plante marine). — Davy, 1807.

Chrome (χρῶμα, couleur). — Vauquelin, 1797.

Manganèse (par contract. de *magnesia nigra*). — Scheele, 1774.

Nickel (nom d'une mine en Suède). — Cronstadt, 1751.

Cobalt (de l'allem. *kobalt*, être malfaisant). — Brandt, 1733.

Zinc. — Paracelse, 1541.

Antimoine. — Basile Valentin au xve siècle.

Bismuth. — Agricola, 1520.

Arsenic (ἀρσενικόν). — Brandt, 1733.

Platine (de l'espagnol *platina*, petit argent). — Wood., 1741.

Or, Argent, Fer, Cuivre, Mercure [1], Plomb, Étain,	connus de toute antiquité.

Les 25 autres corps élémentaires sont beaucoup plus rares.

Tout corps est composé de *molécules* d'une petitesse si excessive, qu'elles échappent à l'œil armé du meilleur microscope. Ces molécules sont de deux sortes :

1° Les *molécules intégrantes*, dont l'ensemble forme le corps auquel elles appartiennent, et qui toutes jouissent des mêmes propriétés que la masse d'où elles proviennent. Ainsi chaque petite parcelle d'un bâton de soufre réduit en poudre est jaune, friable, combustible, semblable au tout dont elle fait partie, et pour cela désignée par le nom de *molécule intégrante*.

2° Les *molécules constituantes* ou *élémentaires*, qui, par leur réunion, forment les éléments des corps. Ainsi, dans une pièce de monnaie d'argent, corps composé d'argent et de cuivre, les deux corps simples, argent et cuivre, sont les molécules *constituantes* de ce composé; et si l'on réduit en poudre cette pièce de monnaie, chaque parcelle, composée comme toute la masse, d'argent et de cuivre, est une molécule *intégrante*.

Ainsi, les corps simples n'ont que des molécules *in-*

[1] Ces neuf derniers corps, avec le soufre et le carbone, sont les seuls qu'on trouve à l'état libre dans la nature; tous les autres sont combinés.

tégrantes ; les corps composés ont tout à la fois des molécules *intégrantes* et *constituantes.*

Les molécules des corps sont maintenues en équilibre par deux forces opposées, l'*attraction* et la *répulsion.* La force attractive tend à rapprocher les molécules ; la force répulsive, qui n'est sans doute que le calorique, tend à les éloigner. La densité des corps dépend donc du rapport qui existe entre ces deux forces, dont l'intensité décroît à mesure que la distance entre les molécules augmente. L'attraction moléculaire s'appelle encore *affinité.* On distingue deux sortes d'affinités : l'une physique ou de *cohésion*, en vertu de laquelle les molécules intégrantes des corps adhèrent plus ou moins ensemble ; l'autre, *chimique* ou de *composition*, par laquelle deux corps, par exemple, peuvent se réunir et en former un troisième, qui souvent ne conserve pas une seule des propriétés inhérentes à ceux dont il est formé. Ainsi l'*acide sulfurique,* dont l'action est si énergique, diffère totalement de ses deux éléments, l'oxygène que nous respirons, et le soufre ; le *sel* ordinaire ne ressemble aucunement aux deux principes qui le composent, le *chlore,* poison mortel, et le *sodium,* métal dangereux.

A l'égard des molécules de même espèce ou homogènes, si le principe répulsif ou la chaleur l'emporte de manière que la cohésion qui les retenait devienne insensible, il y a production de *gaz*, de *fluides aériformes.*

S'établit-il une sorte d'équilibre entre les forces attractive et répulsive, il en résulte entre les molécules une mobilité complète, une parfaite indépendance, qui naissent de la similitude ou de la neutralisation de leurs attractions, et les corps passent alors à l'état *liquide*.

Si la distance entre les molécules devient encore moindre, la force de *cohésion* l'emporte, et il y a formation de *solides*.

Tout corps peut passer successivement par ces trois états de solidité, de liquidité et de vapeur. Toutefois on n'a pu amener jusqu'ici à l'état solide qu'un petit nombre de fluides aériformes [1], tels que l'*acide carbonique*, etc. Relativement aux particules des différentes sortes de matières, ou molécules hétérogènes, leur combinaison qui, comme nous l'avons déjà remarqué, s'opère dans des proportions relatives, fixes et définies en poids, est produite par l'affinité de *composition*, ou attraction chimique, modifiée par l'état électrique des particules ou *atomes*; ou plutôt, l'affinité chimique serait le résultat de l'état électrique des molécules matérielles. Ainsi, dans cette opinion, combiner plusieurs corps entre eux, c'est combiner ou neutraliser l'électricité de leurs molécules respectives; les décomposer chimiquement, c'est développer l'électricité con-

[1] On pense aussi que les gaz ne sont pas le dernier terme de la division de la matière : ainsi les *aromes*, par exemple, qui échappent aux analyses chimiques, seraient plus subtils que les *gaz*, mais beaucoup moins encore que l'*éther*, qui, en réalité, ne serait peut-être aussi subtil qu'à cause de la faiblesse de nos organes. C'est une chose bien remarquable qu'un grain de sable, à peine visible, ne produise sur nous, étant grossi un million de fois, d'autre impression que celle d'un vaste fragment de roche. Sa structure intime, qui détermine sa couleur, sa dureté et ses propriétés chimiques, nous échappe toujours ; l'expérience ne semble pas même nous avoir approché du but.

traire à celle par laquelle leurs éléments s'étaient d'abord combinés[1].

On appelle *oxyde* (ὀξὺς, aigre), une substance combinée avec l'oxygène dans une proportion qui ne suffit pas pour la convertir en un *acide*, et qui est indiquée par les abréviations suivantes placées devant le mot *oxyde*. Ainsi *sesqui* (sesquioxyde) indique qu'il y a une fois et demie plus d'oxygène combiné à la substance dont il s'agit, qu'il n'y en a lorsqu'elle n'est qu'à l'état de simple oxyde; *bi* (bioxyde), *tri* (trioxyde), indiquent, suivant les cas, la seconde et la troisième proportion; *per* (peroxyde) désigne l'oxyde le plus oxygéné. *Proto, deuto, trito*, sont des désignations qui se rapportent seulement à l'ordre des combinaisons, sans égard à la proportion d'oxygène. Par exemple, dans le plomb, le *protoxyde*, le *deutoxyde* et le *tritoxyde* sont respectivement des *oxyde, sesquioxyde* et *bioxyde*[2].

Un *acide* est un composé dans lequel il faut distinguer le *radical* ou *base acidifiable*, et le *principe acidifiant* qui est l'oxygène et quelquefois l'hydrogène. La dénomination *acide* est suivie du nom de son *radical* terminé en *ique* ou en *eux*, suivant le plus ou le moins d'énergie du principe acidifiant. Ex. : *acide*

[1] La quantité d'électricité nécessaire à la décomposition d'un corps est exactement égale à celle qu'exige sa composition. La quantité d'électricité nécessaire à la décomposition de cinq centigrammes d'eau, par exemple, équivaut à la quantité d'électricité atmosphérique qui se développe dans un orage violent.

[2] Les oxydes, à l'exception de ceux qui sont *insolubles*, ramènent à la couleur bleue la teinture du tournesol rougie par les acides.

sulfurique, composé acide du radical *soufre* et du principe acidifiant oxygène; *acide sulfureux*, composé acide du radical soufre et du principe acidifiant oxygène, mais en moindre quantité que dans l'*acide sulfurique; acide hydrosulfurique*, composé acide du radical soufre et du principe acidifiant hydrogène. On dit aussi *sulfhydrique*, *chlorhydrique*, etc.[1].

S'il existe un acide plus oxydé que l'acide en *eux* et moins oxydé que celui en *ique*, il conserve cette dernière terminaison, mais alors son nom est précédé du mot *hypo* (ὑπὸ, *sous*, marquant diminution). Exemple : acide *hyposulfurique*. On dénomme, d'après la même convention, l'acide moins oxydé que celui en *eux*. Ex. : acide *hyposulfureux*. On appelle *anhydres* les acides qui ne contiennent pas d'eau.

Un sel est un corps composé à proportions définies d'un *acide* et d'une *base salifiable* (oxyde ou alcali[2]). Si l'acide est en *ique*, la dénomination du sel est en *ate*; si l'acide est en *eux*, le sel se termine en *ite*. Ex. : *sulfate de chaux*, sel formé d'*acide sulfurique* et de l'*oxyde* de calcium; *sulfite de chaux*, sel formé d'*acide sulfureux* et de l'*oxyde* de calcium. On se sert comme pour les oxydes, des abréviations *proto*, *deuto*, etc., pour désigner l'ordre des combinaisons. On

[1] Il y a des acides minéraux, végétaux et animaux; on les reconnaît à la propriété qu'ils ont de rougir la teinture bleue du tournesol.

[2] *Alcali*, de l'arabe *al*, le, et *kali*, nom d'une plante dont on tirait la soude. Le protoxyde de potassium (potasse) et le protoxyde de sodium (soude) sont appelés dans la nomenclature vulgaire *alcalis*. L'ammoniaque, ou azoture d'hydrogène, est aussi connue vulgairement sous le nom d'*alcali volatil* ou *alcali fluor*.

distingue trois principales sortes de sels, les sels *neutres*, dont on est convenu de ne faire précéder le nom d'aucune épithète, ex. : *sulfate de potasse;* les sels *acides*, au nom desquels on ajoute les mots *bi*, *tri*, *sesqui*, etc. Ainsi *bisulfate*, *trisulfate de potasse*, indiquent les sulfates acides de potasse contenant une proportion double ou triple d'acide; enfin les *sous-sels* ou *sels avec excès d'oxyde* ou de *base;* on les qualifie des mêmes épithètes que les sels acides : ainsi l'on dit, sulfate de potasse *bi-basique*, *sesqui-basique*, pour exprimer que ce sous-sel contient deux fois, ou une fois et demie la quantité d'oxyde contenue dans le sel neutre.

La combinaison d'un métal avec un corps combustible non métallique s'indique par la terminaison *ure*, que l'on ajoute à l'un des corps pour en faire un substantif ou un genre dont l'autre devient par conséquent l'espèce. Le corps électro-négatif fait le nom substantif, et le corps électro-positif fait l'adjectif. Ex. : *sulfure de fer*, etc., c'est du soufre et du fer combinés.

Les terminaisons en *é* indiquent des combinaisons gazeuses : *gaz hydrogène phosphoré*, etc. [1].

[1] Pour opérer la décomposition chimique des corps, on se sert d'une machine appelée *pile* de Volta, du nom du physicien italien qui en fut l'inventeur. Cette machine est formée de plaques de cuivre et de zinc soudées ensemble par paires : ces paires de plaques sont placées à des distances égales les unes des autres, dans une auge en bois remplie d'un liquide acidulé *excitateur* ou *conducteur*. A chaque extrémité de la pile est adapté un fil métallique; l'un se charge du fluide électrique positif, l'autre du fluide électrique négatif. Si, après avoir isolé la pile, on met différentes substances en présence de ses *pôles* (on appelle ainsi les deux extrémités des fils conducteurs), les éléments de ces

L'examen de la composition chimique de la partie accessible de l'écorce du globe a conduit à évaluer

substances se séparent les uns des autres en raison de leurs propriétés électro-positives ou électro-négatives, c'est-à-dire que les corps *électro-positifs*, comme les corps inflammables et les bases salifiables, se portent au pôle négatif de la pile, et les corps *électro-négatifs*, comme l'oxygène et les acides, au pôle positif.

On obtient par des appareils énergiques de ce genre les phénomènes d'ignition, de fusion et de décomposition les plus remarquables.

Quand deux petits cônes de charbon sont fixés à l'extrémité des fils conducteurs d'une forte pile et engagés dans le vide, il se manifeste à leur contact la lumière la plus vive et la plus pure que l'on connaisse. Comme il n'y a pas d'oxygène, il n'y a pas combustion, et les deux cônes n'éprouvent aucune altération. Ce phénomène remarquable, où se développent une lumière et une chaleur de la plus grande intensité, donne lieu de penser que la lumière et le calorique ne sont autre chose que la réunion des deux fluides électriques, positif et négatif.

Il existe également entre le magnétisme et l'électricité diverses relations qui tendent à faire conclure leur identité. Ainsi il y a, suivant les cas, attraction ou répulsion entre le conducteur d'une pile et une aiguille aimantée ; on aimante des aiguilles non magnétiques par l'influence des courants voltaïques, ou bien encore par une série d'étincelles tirées de la machine, etc. ; et, ce qui paraît décisif, on est parvenu à composer des appareils magnétiques qui donnent des étincelles comme les conducteurs électriques.

Enfin la chaleur développe aussi l'électricité, comme le prouvent les courants qui se manifestent sur un circuit métallique dont les éléments sont élevés à des températures différentes.

Ainsi on est autorisé à conclure que les quatre ou cinq fluides, que l'on avait regardés d'abord comme autant de principes différents, ne sont qu'un même principe, lequel est susceptible d'actions et de mouvements multiformes, suivant son intensité ou sa quantité. Et ce fluide unique serait l'*éther*, qui, remplissant l'espace et mis en vibration par différents agents et de différentes

approximativement la proportion suivant laquelle chacune des substances élémentaires entre dans cette composition. Nous allons les classer d'après leur degré d'importance.

Corps simples non métalliques.

OXYGÈNE.... Il entre pour 1/5 dans la composition de l'air; pour 1/3 dans la composition de l'eau en volume, et pour 89/100 en poids. Il se trouve en si grande quantité dans les diverses roches, qu'on peut regarder avec raison l'enveloppe terrestre comme une immense croûte oxydée.

HYDROGÈNE. Il entre pour 2/3 dans la composition de l'eau en volume, et 11/100 en poids. Pour évaluer son volume, il faut calculer la quantité énorme d'eau suspendue à l'état de vapeur dans l'atmosphère, disséminée mécaniquement dans le sein de la terre, et contenue dans les fleuves, les lacs et les mers dont la profondeur moyenne est de 5,000 mètres environ. La houille contient aussi une proportion considérable d'hydrogène (21,66 pour cent), ainsi que les plantes et les animaux.

AZOTE..... Il forme les 4/5 de l'atmosphère; il est contenu également dans la houille pour les 15 ou 20 centièmes, dans les corps organisés, etc.

manières, deviendrait tour à tour chaleur, lumière, électricité, magnétisme. Ce résultat est conforme à l'économie du système du monde, où les effets les plus variés et les plus complexes sont produits par un petit nombre de lois universelles.

CARBONE. ... Il forme plus des 70/100 de la houille ; mais c'est surtout dans le calcaire que se trouve la quantité la plus considérable du carbone. C'est aussi l'un des éléments des substances végétales et animales.

Bases métalliques des alcalis et des terres [1].

SILICIUM. ... Prodigieusement répandu, il entre dans la composition des roches d'origine, soit chimique, soit mécanique, suivant une portion énorme. 48,4 de silicium et 51,6 d'oxygène composent la silice, laquelle constitue au moins les 45/100 de l'écorce minérale du globe.

ALUMINIUM. .. (Oxyde *alumine*) est aussi généralement répandu que le silicium, mais en bien moindre quantité ; il est la base des diverses argiles, etc.

POTASSIUM. .. Forme les 5 ou 6/100 de la masse totale des granits et des roches, appartenant aux terrains stratifiés inférieurs.

SODIUM. .... Se rencontre abondamment dans un grand nombre de roches ; il est la base du sel gemme et de l'un des sels dissous dans l'Océan, le *chlorure de sodium* ou *sel marin* [2].

[1] Dans l'ancienne nomenclature chimique, la chaux, la magnésie, l'alumine, etc., étaient appelées *terres*.

[2] La potasse et la soude sont des oxydes de potassium et de sodium ; on les appelle encore *alcalis fixes* et *alcalis caustiques*. (καίω, brûler.)

MAGNÉSIUM..	(Oxyde *magnésie*) commun dans les roches des terrains stratifiés inférieurs, dans les roches sédimentaires, dans le calcaire, etc.
CALCIUM....	(Oxyde *chaux*) considérablement répandu sur les continents, dans toutes les roches, mais particulièrement dans la partie moyenne et supérieure des terrains stratifiés.

Métaux dont les oxydes ne sont ni des alcalis ni des terres.

FER........	Dans ses divers états d'oxyde, de carbonate, de silicate, de carbure, de sulfure, etc., constitue à peu près les 2/100 de l'écorce minérale du globe.
MANGANÈSE.	Est presque aussi généralement répandu dans les roches que le fer, mais il s'y trouve en quantité plus petite.

Ainsi la presque totalité de la matière gazeuse, liquide, solide, qui nous soit connue à la surface et dans les entrailles de la terre, ne serait composée que d'une douzaine de substances primitives simples ou élémentaires, diversement combinées entre elles. « La seule explication satisfaisante que l'on puisse donner des arrangements merveilleux et pleins d'ordre qu'offrent à la surface du globe les matériaux élémentaires, sous les rapports de dimensions, de poids et de nombre, est celle qui, pour expliquer l'origine de tout ce qui est au-dessus de nous, au-dessous de nous et autour de nous, s'élève jusqu'à la volonté et à l'action d'un Créateur unique et tout-puissant, qui a réuni, dans le premier travail de la création, cette infinité d'arrangements disposés à l'avance dans la vue des systèmes à venir[1]. »

Le règne organique, considéré sous le rapport des éléments qui entrent dans la composition des corps qui le constituent, a sa base, comme nous venons de le voir, dans le règne inorganique. Ainsi les substances végétales sont composées d'oxygène, d'hydrogène et de carbone; quelques-unes seulement admettent de plus un quatrième élément, l'azote. L'oxygène, l'hydrogène, le carbone et l'azote sont les éléments constituants des substances animales. Ces trois ou quatre principes élémentaires donnent naissance, par leurs combinaisons extrêmement variées, à un nombre considérable d'éléments secondaires qu'on appelle *principes immédiats*, parce qu'ils composent immédiatement les tissus divers, les produits, les fluides, etc., que l'analyse étudie dans les végétaux et dans les animaux. Est-il rien de plus propre à manifester l'existence d'une intelligence créatrice infiniment puissante et sage, que ces lois uniformes et constantes par lesquelles les particules d'une matière essentiellement inerte viennent se ranger ainsi dans un certain ordre dont il résulte des corps organisés, c'est-à-dire des corps dont les parties sont évidemment entre elles dans des rapports calculés et prévus pour un certain but utile? Et à moins de repousser toutes les inductions sur lesquelles l'esprit humain se repose avec le plus de confiance, à moins de renier, avec sa propre raison, la raison de

[1] Buckland, *la Géol. et la Min. dans leurs rapports avec la Théol. nat.*

tous les siècles, comment pourrait-on, dans ce vaste système d'arrangements mécaniques obtenus avec un si petit nombre d'éléments primordiaux, et adaptés à une infinité de fonctions complexes, méconnaître un plan, un dessein, et par conséquent, l'intervention d'une volonté suprême, d'un agent souverainement intelligent qui a préordonné et qui maintient en action tous ces mécanismes innombrables, si beaux et si parfaits, offerts à notre étude et à notre admiration dans l'immense série des organisations animales et végétales ?

§ III.

Principaux minéraux qui entrent dans la composition des roches.

QUARTZ..... (Acide silicique), *silice*, *cristal de roche*; substance hyaline [1], amorphe [2] ou cristallisée, incolore ou colorée par les oxydes métalliques, infusible, base de toutes les pierres précieuses connues sous le nom de *gemmes*, à l'exception du diamant (carbone pur), du saphir et du spinelle (alumine presque pure). Le plus beau cristal de roche vient de Madagascar, du Brésil, de Sibérie, etc. On en trouve aussi de très-beau en Suisse, dans le Dauphiné, etc.

[1] Ὕαλος, verre.

[2] Ἄμορφος, informe.

FELDSPATH.. de l'all. *feld*, champ, et *spath*, pierre ou terre.

Base principale du granit, du gneiss, de la syénite, des porphyres : deux espèces, l'*orthose* et l'*albite*.

L'*orthose* (trisilicate d'alumine et de potasse), en masses blanchâtres ou rosées, fusible en émail blanc. Le *kaolin* ou terre à porcelaine est un feldspath qui a perdu une grande partie de la potasse qu'il contenait, et où la quantité d'alumine a augmenté. (Carrières à Saint-Yrieix qui fournit la manufacture de Sèvres, à Alençon, à Bayonne, etc.)

L'*albite* (trisilicate d'alumine et de soude), à peu près mêmes caractères que l'orthose, mais plus rare dans les terrains primitifs.

MICA.......

(*Micare*, briller). — Silicate d'alumine et de potasse. — Cristallin, de couleurs variées et brillantes, ayant tantôt l'éclat de l'argent, tantôt celui de l'or. Réduit en paillettes, il sert, sous le nom impropre de *poudre d'or* ou *d'argent*, pour sécher l'écriture. En Russie, où l'on en trouve des lames qui ont plus d'un mètre de côté, on s'en sert au lieu de vitres aux fenêtres, principalement pour les vaisseaux de guerre, parce qu'il résiste aux explosions de l'artillerie. (Environs de Limoges et de Saint-Yrieix [1].)

[1] Le talc, la moins dure de toutes les substances minérales, diffère peu du mica, et forme quelquefois avec lui des roches appelées *micaschistes* et *schistes argileux*.

DIALLAGE...	(Silicate d'alumine et de bioxyde de fer). — Tendre, cristallisant en lames rhomboïdales[1], brillantes et d'un beau vert d'herbe. On en fait des tabatières, des bagues, etc. (Corse).
SERPENTINE..	(Silicate de magnésie hydraté[2]). — Composée de talc et de diallage, renfermant divers minéraux disséminés, qui y forment des taches analogues à celles d'une peau de serpent; de là le nom du minéral[3].
AMPHIBOLE...	Comprend trois espèces minérales distinctes : La *Trémolite*, blanche, en masses fibreuses et soyeuses; c'est à cette espèce qu'on rapporte l'amiante (Trémola, en Suisse). L'*Actinote* (ἀκτὶν, rayon), d'un vert in-

[1] Ῥόμβος, *rhombe*, losange qui offre quatre côtés parallèles deux à deux... *ide*, *idal*, terminaison qui vient du grec εἶδος, *ressemblance*.

[2] On appelle *hydrates* certaines substances qui forment avec l'eau une union si intime qu'elle devient l'une des parties composantes de ces substances; la chaux éteinte est un *hydrate*. Dans ces sortes de combinaisons, l'eau joue le rôle d'acide.

[3] On travaille au tour ou plus en grand, plusieurs variétés de serpentine; on en fait des vases de toutes sortes de formes, des boîtes, des écritoires, des lampes, etc., des colonnes et autres ornements d'architecture. (Var, Haute-Vienne, etc.)

Cette roche forme quelquefois à elle seule des montagnes entières. Une de ces montagnes près de Bayreuth (Allemagne) présente un phénomène magnétique bien extraordinaire : elle fait l'office d'un aimant gigantesque, et, à la distance de 7 mètres 150 millimètres, le pôle nord de l'aiguille est attiré par l'un de ses flancs et repoussé par l'autre. (Humboldt.)

tense, translucide, en baguettes ou en aiguilles rayonnées.

AMPHIBOLE.. La *Horneblende*[1], compacte, vert noirâtre; elle forme quelquefois à elle seule des roches très-étendues, nommées *Amphibolites*.

Toutes ces espèces d'amphiboles renferment des proportions variables de silice, de magnésie et d'oxyde de fer (Alpes, etc.)

PYROXÈNE... (Silicate de chaux, de magnésie et d'oxyde de fer). — Embrasse une foule d'espèces; blanche, verte ou noire, translucide, cassante, se fond en émail noir; se trouve surtout dans les roches volcaniques (Auvergne, etc.) — πῦρ, *feu*, ξένος, *étranger*, fausse dénomination.

GRENAT..... (Silicate d'alumine, de magnésie ou d'oxyde de fer). — Rouge foncé ou brun, transparent, cassant, employé dans la bijouterie; se rencontre dans des couches métallifères primitives; le violet velouté est le plus estimé (Pyrénées, etc.) — Couleur et forme d'un grain de grenade.

CALCAIRE ... ou carbonate de chaux, vulgairement *pierre à chaux*. Substance minérale extrêmement abondante dans la nature. Le calcaire offre plus de 1,400 variétés de cristallisation, souvent colorées par des oxydes métalliques : on le trouve aussi en masse amorphe. Il constitue les montagnes calcaires, les marbres, les albâtres, les craies, les

[1] De l'allemand *horn*, corne, et *blenden*, tromper; — Ἀμφίβολος, ambigu. Ces noms indiquent la difficulté de reconnaître ce minéral.

CALCAIRE... coraux, les coquilles, les moellons, les marnes, etc. Les cristaux calcaires se distinguent de ceux du quartz en ce que ceux-ci seuls font feu au briquet. Le calcaire est saccharoïde (*saccharum*, sucre), compacte-fin, oolithique (ὠὸν, œuf, λίθος, pierre), grossier, siliceux, argileux, etc. C'est un sel formé par l'acide carbonique et la chaux. On reconnaît le carbonate de chaux et tous les carbonates sans exception, à l'*effervescence* ou bouillonnement qui se manifeste lorsqu'on en jette la poudre dans un acide quelconque.

DOLOMIE.... (De Dolomieu, célèbre géologue). — Carbonate de chaux et de magnésie qui offre un grand nombre de variétés.

GYPSE (γῆ, terre, ἕψω, cuire.) (Sulfate de chaux hydraté). — Matière tendre, en lames très-minces, qui blanchissent par l'action de la chaleur, en dégageant l'eau qu'elles contiennent; incolore ou jaunâtre, amorphe ou cristallisé; il se laisse rayer par l'ongle. Montmartre fournit le meilleur plâtre qui existe au monde.

C'est avec le gypse lamelleux et compacte, nommé *albâtre*, qu'on fait des vases, des pendules, des statues, etc. [1].

[1] Les espèces minérales participent à la composition de l'écorce du globe dans les proportions suivantes :

Le feldspath, pour les..........................	45/100
Le quartz, pour les..........................	35/100
Le calcaire, pour les..........................	5/100
Tous les autres minéraux réunis, pour les..........	15/100

(Cordier.)

CHAPITRE II.

AÉROGRAPHIE. — HYDROGRAPHIE. — GÉOGNOSIE.

§ I.

Air et atmosphère. — Météores aqueux, ignés, aériens. — Électricité atmosphérique. — Lignes isothermes. — Importance de l'air.

Une substance élastique, transparente, gazéiforme, incolore, l'air, forme autour du globe terrestre une enveloppe sphéroïdale dont la hauteur est estimée entre 5 et 10 myriamètres; c'est ce qu'on appelle l'*atmosphère*. L'air est loin d'être homogène; sur 1000 parties, il en contient 792 de gaz azote et 208 d'oxygène avec $\frac{4.9}{10000}$ d'acide carbonique, proportions qui sont les mêmes à toutes les hauteurs et à toutes les latitudes. Outre ces principes, l'atmosphère est toujours chargée d'une quantité plus ou moins considérable de vapeurs et d'exhalaisons animales, végétales ou minérales qui s'échappent incessamment de la terre et des eaux [1].

[1] Les gaz azote et oxygène ne sont point combinés, mais à l'état de simple mélange dans l'air atmosphérique. Ce mode de composition est loin d'être indifférent dans les desseins de la nature : il en résulte plusieurs avantages pour les êtres organisés. Comme une combinaison exige plus d'efforts qu'un mélange, pour être détruite, il aurait fallu donner aux organes pulmonaires des ani-

L'air est soumis à la loi de la pesanteur. Une colonne d'air d'un centimètre carré pèse 1 kilogramme 033; la surface de tout le globe supporte donc un poids de 11,449,000,000 de centaines de millions de livres. La densité du fluide aérien diminue à mesure qu'on s'élève au-dessus de la surface de la terre. Aussi sur les hautes montagnes éprouve-t-on une oppression particulière qui provient de ce que le volume de l'oxygène n'est plus suffisant, ni la pression de l'air assez considérable pour l'exigence de nos habitudes; la respiration est accélérée, les vaisseaux sanguins les plus ténus commencent à céder, etc. M. de Humboldt rapporte que lorsqu'il gravit les Andes, il jaillit du sang de ses lèvres et de ses oreilles, et qu'il éprouva beaucoup de difficultés à

maux et aux organes respiratoires des végétaux, une plus grande énergie que celle qu'ils possèdent, et cette complication en aurait entraîné une foule d'autres dans l'organisation.

L'oxygène est plus soluble que l'azote, ce qui favorise l'existence des animaux qui ne respirent pas l'air en nature, et ne reçoivent que l'impression de l'oxygène dissous dans l'eau.

De plus, le mélange des deux gaz aériens est en proportion constante, ce qui permet aux animaux de vivre dans toutes les parties du globe, et aux plantes de se fixer loin des lieux où elles ont pris naissance. Sans cette uniformité, les animaux n'auraient pu résister à des changements de pays aussi divers que ceux que parcourent les oiseaux et les poissons dans leurs voyages lointains et périodiques. La nature, loin de présenter cette variété que les migrations introduisent dans ses productions, aurait été triste et monotone. L'homme n'aurait pu se transporter dans toutes les régions de la terre, et amener avec lui les animaux et les végétaux qui peuvent lui être utiles. Il n'aurait pas pu, sans compromettre son existence, quitter les lieux qui l'ont vu naître, où il aurait été fixé par un destin impérieux. Voilà une partie des avantages d'un fait en apparence insignifiant, l'état de mélange et l'uniformité de composition de l'air atmosphérique.

allumer du feu et à l'entretenir, toujours par la même raison, le manque de la pression nécessaire et la rareté de l'oxygène, source de toute combustion comme de toute chaleur animale. La Condamine perdit l'ouïe et le tact sur le pic du Chimborazo. L'homme cesserait de vivre au-dessus de 7,000 mètres [1].

L'air est le conducteur de la lumière et du son; on doit le considérer comme un immense laboratoire où se passent les opérations chimiques les plus variées : composition, dissolution, oxydation des corps, etc., etc.

C'est dans les moyennes régions de l'atmosphère que se forment les météores; ils ont tous pour agent principal et immédiat l'électricité; ce sont :

La *pluie;* sa formation a lieu lorsque deux masses d'air saturées de vapeur, et à des températures inégales, viennent à se mêler et à sursaturer l'espace, qui

[1] Tout le monde sait que la densité ou la rareté de l'air détermine un abaissement ou une élévation de la colonne de mercure contenue dans le tube de verre d'un baromètre, ce qui fournit un moyen de mesurer les hauteurs des montagnes avec une grande exactitude. Par exemple, si, au niveau de la mer, la hauteur moyenne du baromètre est de 750 millimètres, à la hauteur de 5,500 mètres elle sera de 578 millimètres ; à la hauteur de 11,000 mètres, elle sera de 189 millimètres, et ainsi de suite. Le baromètre sert encore à indiquer les perturbations qui surviennent dans l'atmosphère par une foule de causes dont la nature et le mode d'action sont encore à peu près ignorés. Si le temps est beau, la colonne mercurielle s'élève, l'air étant alors plus lourd; par un mauvais temps, l'air est plus léger, et la colonne baisse. Le mouvement de flux et reflux occasionné dans l'atmosphère par l'attraction combinée de la lune et du soleil doit produire des oscillations périodiques dans les hauteurs du baromètre; mais, sur ce point, les savants ont été jusqu'ici peu d'accord.

laisse alors précipiter une partie de l'eau que l'atmosphère ne peut plus soutenir [1]. On a calculé que sous nos climats (45° de latitude) la couche de pluie qui tombe annuellement est de 8 décimètres. A partir d'Upsal, où il tombe 43 centimètres d'eau, on arrive successivement près de l'équateur jusqu'à 307 centimètres pour l'année seulement.

La *rosée*; elle est produite par le refroidissement occasionné dans la partie inférieure de l'atmosphère et à la surface du sol par le rayonnement du calorique qui se fait sans compensation lorsque le ciel est serein et que les nuages ne s'opposent point à sa communication avec les espaces planétaires, dont la température est environ à 60° au-dessous de zéro. C'est une condensation de la vapeur d'eau dont l'air est chargé.

La *neige*; elle provient de gouttelettes d'eau gelées dans les hautes régions de l'atmosphère, ou durant leur chute; ces gouttelettes se cristallisent en étoiles à six rayons si le temps est calme, ou tombent en flocons irréguliers si l'air est agité.

La *grêle*; ce phénomène attend encore une explication, celle de Volta étant aujourd'hui regardée comme plus ingénieuse que rigoureuse.

Le *tonnerre* et la *foudre* doivent leur origine à l'é-

[1] L'eau, dans les nuages, est à l'état *vésiculaire*, c'est-à-dire composée de petits globules creux, ce qui explique peut-être la légèreté des nuages. M. Gay-Lussac, parvenu dans son voyage aérostatique à une hauteur de 1800 mètres, vit des nuages aussi élevés au-dessus de lui que les nuages ordinaires le paraissent au-dessus de la terre. Cependant, en terme moyen, on n'en découvre presque pas au-dessus de 2800 mètres dans nos climats et de 4000 mètres entre les tropiques.

lectricité atmosphérique, dont la source a donné lieu elle-même à plusieurs explications. Les uns ont cru la trouver dans l'évaporation de l'eau, dans la végétation, dans les compressions et dilatations de l'air, dans le frottement de ce fluide élastique contre le sol ; d'autres ont considéré la terre comme une vaste pile voltaïque, etc.[1]. Quoi qu'il en soit, on admet généralement qu'en vertu de toutes les actions qui ont lieu dans l'intérieur du globe et à sa surface, il se développe dans diverses portions de sa masse, ici un excès d'électricité positive, là un excès d'électricité négative. Ces différentes électricités se portent à la surface de la terre et se répandent dans l'atmosphère, ce qui établit l'équilibre entre chaque partie du sol et la partie correspondante de l'atmosphère. Mais s'il survient quelque perturbation dans les causes qui développent l'électricité, et que celle-ci tende à se disposer d'une autre manière, ce changement s'effectue assez promptement dans l'intérieur du globe, où les matières sont suffisamment conductrices; mais dans l'atmosphère, l'électricité éprouve de la résistance pour rentrer dans le sol, parce que l'air est mauvais conducteur. Toutefois cette rentrée s'exécute sans secousse si l'atmosphère est saturée de vapeurs; mais si, comme il arrive surtout en été, les couches d'air inférieures sont très-éloignées de leur point de saturation, l'électricité atmosphérique s'accumulera dans la région des nuages, et la communication

[1] L'électricité atmosphérique est *positive* quand le temps est serein, et plus considérable en hiver qu'en été ; son intensité est aussi plus grande durant le jour; elle décroît jusqu'à une heure ou deux du soir, après quoi elle augmente jusqu'au coucher du soleil, puis elle recommence à diminuer.

entre le ciel et la terre ne s'établira que par une suite de phénomènes violents. L'*éclair* est l'étincelle électrique qui distribue l'électricité entre l'atmosphère et le sol ; il est instantané, et il a quelquefois plus d'une lieue de longueur, ce qui fait varier l'intensité des détonations suivant la distance des points où se sont produites les décharges électriques [1].

L'aurore *polaire* ou *boréale* est un phénomène atmosphérique dont on n'a pu jusqu'ici donner aucune explication satisfaisante. Toutefois il paraît exister une liaison intime entre les causes de l'aurore boréale et celles du magnétisme terrestre ; on suppose qu'elle transmet l'électricité des pôles à l'équateur, et rétablit ainsi l'équilibre électrique de la terre [2].

[1] Le dégagement le plus considérable d'électricité dans l'atmosphère, par l'action du soleil, ayant lieu sous la zone torride, l'excédant du fluide qui tend toujours à se mettre en équilibre, se répand vers les pôles à travers les régions tempérées, et quand il rencontre dans son cours un air sec qui met obstacle à son écoulement, il s'accumule par l'afflux continuel qui arrive du sud. Telle est l'origine des orages qui dans nos contrées se dirigent presque toujours du midi au nord.

[2] Faraday. — Depuis le mois de novembre 1838 jusqu'en avril 1839, M. Lottin a aperçu par 70° de latitude nord 143 aurores boréales.

Des découvertes récentes tendent à établir qu'un courant continuel de matière électrique, circulant autour du soleil, détermine dans les régions supérieures de son atmosphère des phénomènes du genre de ceux qui se manifestent d'une manière non équivoque, quoique sur une petite échelle, dans nos aurores boréales ; que le soleil est un globe électrique d'une grandeur immense ; que l'électricité est la véritable cause de l'incandescence perpétuelle du soleil, et que, comme dans les aurores boréales, le feu éthéré et élémentaire est le seul qui soit en activité dans les couches les plus hautes et les plus raréfiées de son atmosphère.

On ne connaît pas davantage l'origine certaine des *aérolithes*, corps pierreux ou métalliques tombés du ciel, et ordinairement couverts d'une croûte noire vitrifiée. Suivant les uns, les aérolithes sont formés dans l'atmosphère par la condensation subite des parties qui les composent et qui s'y trouvaient répandues à l'état de vapeurs. D'autres (Werner, Laplace, etc.) veulent que ce soient des fragments lancés par les volcans de la lune; mais il est reconnu aujourd'hui que la lune n'a pas de volcans. D'autres, enfin, pensent que ce sont de petites planètes ou comètes errantes qui s'enflamment et éclatent lorsqu'elles viennent à entrer dans la sphère d'attraction de la terre ; c'est l'opinion de Chladni et de Lagrange, et celle qui paraît réunir le plus de probabilités.

Quant aux *étoiles filantes*, elles occupent beaucoup les savants aujourd'hui; et, si l'on en croit M. Arago, elles sont sur le point de nous révéler un nouveau monde planétaire. On pense donc qu'il existe des myriades de corps tournant en groupe autour du soleil, et dont les orbites rencontrent le plan de l'écliptique vers le point que la terre occupe chaque année entre le 11 et le 13 novembre, époque à laquelle on en a aperçu une multitude prodigieuse en Amérique et dans d'autres parties du globe.

La vitesse de ces météores est quelquefois de 12 lieues par seconde, vitesse bien supérieure à celle d'aucune planète connue. Leur hauteur serait de 25 lieues de poste, et même, suivant quelques observateurs, de 180 lieues au-dessus de la surface de la terre, et dans une région qui n'offre aucun aliment à la combustion.

D'après les observations de M. Herrich, confirmées

par Herschell, trois millions d'étoiles filantes pénétreraient journellement dans notre atmosphère [1].

La température de l'air s'abaisse à mesure qu'on s'élève. On appelle *isothermes* [2] des lignes qui passent par des points jouissant d'une même température moyenne. Ces lignes ne sont pas parallèles entre elles, mais elles forment des courbes irrégulières plus ou moins écartées des parallèles à l'équateur, à partir du 22e degré de latitude environ [3]. Le globe a deux sources de chaleur : celle du soleil et celle de l'intérieur de la terre ; cette dernière n'influe sur la température de la surface que pour moins de 1/30e de degré. Aujourd'hui il paraît démontré par des observations comparatives,

[1] La périodicité de ces apparitions d'astéroïdes est une opinion qu'on a reconnu avoir été trop légèrement admise ; elle est aujourd'hui abandonnée. M. Coulvier-Gravier, qui a fait sur ces météores des observations suivies depuis 1833, affirme que leur apparition a les plus grands rapports avec les variations atmosphériques ; que toutes les fois qu'on aperçoit dans une même nuit, dans une même heure, des centaines d'étoiles filantes sillonner la sphère céleste dans tous les sens, cela indique que l'air supérieur qui s'étend bien au delà des limites de l'atmosphère sensible, parcourt dans ce temps tous les points de l'horizon, et que le mouvement extraordinaire de ces étoiles cesse aussitôt que l'air inférieur court dans la même direction que l'air supérieur.

[2] Ἴσος, égal, et θέρμη, chaleur.

[3] Ainsi, à Kasan, à la latitude de 55°,48, la même à peu près que celle d'Édimbourg, la température annuelle moyenne est de 3°,11 centigrades, tandis qu'à Édimbourg elle est de 8°,8 centigr. Mais, à Kasan, la température moyenne de l'été est de 18°,25 centig., tandis qu'à Édimbourg elle n'est que de 14°,6 centig. A Québec, les étés sont aussi chauds qu'à Paris, et les hivers y sont aussi rigoureux qu'à Saint-Pétersbourg. A l'île Melville (75° de latit. nord), la température est à 48°,67 centig. au-dessous de zéro en hiver, et en été la chaleur y est insupportable.

qu'il y a équilibre entre la chaleur que l'action du soleil développe chaque année à la surface de la terre, et celle que la terre rayonne annuellement vers l'espace [1].

La principale cause des vents ou des perturbations atmosphériques paraît devoir être cherchée dans les effets du calorique, qui rompt l'équilibre des couches aériennes par la dilatation, et détermine ainsi un courant d'air plus froid qui vient occuper l'espace où se trouve un fluide moins dense. Mais, il faut le dire, les diverses théories que l'on a proposées pour expliquer les vents *alizés* et les *moussons* [2], sont sujettes à des objections qui les rendent au moins incertaines. Pour les *brises*, pendant le jour, elles soufflent de la mer, qui est alors moins chaude que la terre; mais, sur le soir et pendant la nuit, elles s'élèvent de la terre, parce qu'alors l'air de la mer est plus léger et moins froid que celui de la terre. Quant aux vents particuliers,

[1] La distribution de la chaleur peut varier et varie en effet pour la même contrée, suivant une foule de circonstances; mais la quantité absolue de calorique gagnée ou perdue durant une année reste invariable pour la terre entière. Ainsi un pays ne peut jouir d'une suite d'étés chauds qu'à la condition indispensable que cette même saison sera froide dans quelque autre région. La présence ou l'absence des taches observées dans le soleil par les astronomes est tout à fait sans influence sur les climats terrestres. La température moyenne annuelle est toujours restée dans ses limites, et n'a différé d'une année à l'autre que de 1° à 2° du thermomètre centigrade.

[2] D'*alis*, vieux mot français qui signifiait uniforme et régulier; *mousson*, mot arabe qui signifie *saison*, les vents qu'il désigne soufflant six mois d'un côté et six mois d'un autre dans les parages des mers orientales.

mille causes peuvent leur donner naissance, et ils échappent entièrement à l'analyse [1].

L'air est le principe de toute vie animale ou organique. Supprimez l'air seulement quelques instants, et soudain tous les êtres animés expirent, les plantes se flétrissent et meurent, toute vie disparaît, l'univers devient une solitude désolée où règnent de toutes parts l'immobilité et le silence de la mort. Certes, pour l'homme qui sait observer et réfléchir, tout dans la nature, depuis le grain de sable jusqu'à la masse de la montagne, depuis l'humble gramen jusqu'au baobab au tronc de 30 mètres de circonférence, depuis l'insecte microscopique jusqu'à l'animal le plus gigantesque, tout proclame dans un concert unanime et solennel l'unité d'un Créateur tout-puissant, infiniment intelligent et sage; mais de tant de preuves d'un dessein évident et d'un plan unique dans la création, l'organisation et la distribution des êtres, il n'en est pas de plus palpable que celle qui nous est offerte par l'existence de cet appareil merveilleux, le poumon et ses appendices, placé dans le corps de l'homme et des animaux, et dont le mécanisme est si parfaitement adapté aux fonctions qu'il est destiné à remplir au sein du fluide aérien qu'il *aspire* et *expire* tour à tour, et dont, par une élaboration admirable et incessante, il unit l'oxygène aux liquides sanguins pour transformer ceux-ci en sang artériel, rutilant et écumeux, propre, seulement après cette opération chimique, à circuler dans les veines du corps dont il est la nourriture et la vie [2].

[1] On pense toutefois, avec quelque raison, qu'ils ont pour cause l'électricité.

[2] Il n'y a guère qu'un demi-siècle que l'on connaît les principes

§ II.

Eau, sa composition, etc. — Glaces polaires. — Marées, courants, salure, température, profondeur, phosphorescence, stabilité de l'Océan, etc.

L'eau est un protoxyde d'hydrogène, c'est-à-dire qu'elle est composée de 88,29 d'oxygène et de 11,71 d'hydrogène. Elle renferme habituellement de l'air pour à peu près 1/25 de son volume, et tient en dissolution une foule de matières étrangères, des sels divers, etc,

L'eau existe 1° à l'état de solide sous la forme de neige, de grêle et de glace; 2° à l'état de liquide dans les mers, les lacs, les rivières, les fontaines; 3° à l'état de fluide élastique et de poussière d'eau dans l'air, les nuages, les brouillards.

Lorsque la température environnante est au-dessous de zéro, l'eau se gèle et acquiert en se glaçant un volume qui surpasse de 1/10 celui qu'elle avait à l'état fluide, contrairement à ce qui se passe dans les autres corps que le froid condense toujours. Cette dilatation permet à la glace de demeurer suspendue sur l'eau [1], et lui donne une force expansive si prodigieuse qu'elle

constituants de l'air. Pendant ce demi-siècle d'observations, l'analyse chimique n'a constaté dans leurs proportions aucun changement appréciable.

[1] Serait-il nécessaire de faire remarquer ce qu'il y a de providentiel dans cette loi exceptionnelle de la congélation de l'eau? Sans cette légèreté spécifique de la glace, les glaçons, à mesure qu'ils se formeraient, tomberaient au fond des étangs et des rivières, qui seraient bientôt complétement gelés.

peut crever un canon de fer épais d'un doigt, rempli d'eau, bien fermé et soumis à une forte gelée, ce qui, dans ce cas, équivaut à la force nécessaire pour soulever un poids de 14,000 kilogrammes.

Aux deux extrémités opposées du globe, sous un ciel presque toujours tranquille et sans nuages, existent deux immenses coupoles de glace dont les pôles ne paraissent pas être exactement les pôles géographiques : c'est sur les bords de ces coupoles qu'ont lieu ces mouvements de glaces qui s'opèrent sur de si gigantesques proportions. Il s'en détache des fragments énormes, des montagnes hautes de 195 et jusqu'à 300 mètres, des îles de glace qui s'en vont roulant vers les latitudes plus basses. « Rien de plus sublime et de plus effrayant dans ces régions que l'effet des mouvements accidentels des *champs de glace*. On les voit fréquemment tourner avec une vitesse de plusieurs milles par heure. Une telle masse, quand elle touche un champ en repos, ou, mieux encore, quand elle est arrêtée par un champ qui est mû dans une direction contraire, produit un choc dont l'effet surpasse tout ce que l'imagination pourrait inventer. Une masse du poids de dix millions de tonnes arrêtée dans sa course ! qu'on s'en représente les suites [1] ! »

On doit considérer les deux pôles glacés du monde comme la source de deux énormes courants destinés à

[1] Scoresby, *Annales de chimie et de physique*, t. V. — C'est à des débâcles de glaces polaires s'avançant vers le sud et refroidissant la zone tempérée de l'hémisphère boréal, qu'on a attribué la température extraordinaire de certaines années, par exemple, celle de 1816. — Une débâcle considérable a eu lieu en 1829 dans les glaces du pôle antarctique.

rafraîchir les mers tropicales, de même que les glaciers qui couronnent la cime des hautes montagnes sont les réservoirs qui alimentent la plupart des grands fleuves.

L'eau, dans son état de fluidité ordinaire, est le grand dissolvant de la nature et l'un des plus puissants agents de la formation des corps dans chacun des trois règnes.

L'immense réservoir d'où sortent, par une incessante évaporation, presque toutes les eaux qui circulent sur notre globe, a reçu le nom d'Océan. Le soulèvement et l'abaissement successifs de ses eaux, s'opérant deux fois dans l'espace d'un jour lunaire (24 h. 50′ 48″), est ce qu'on appelle flux et reflux ou haute et basse mer. La coïncidence frappante qui existe entre les marées et les mouvements de la lune, a fait attribuer ces oscillations des mers à l'attraction de cet astre et à celle du soleil; mais l'action de celui-ci est beaucoup moins intense[1]. Si les eaux pouvaient instantanément s'équilibrer sous la force attractive de la lune à mesure que celle-ci passe dans chaque méridien, leur sommet se dirigerait toujours vers cet astre; mais, en raison de leur inertie ou résistance, la haute mer n'a lieu qu'environ à 30° à l'*est* de la lune dans l'hémisphère où est la lune, et au point diamétralement opposé dans l'autre hémisphère. Pour comprendre comment il peut y avoir ainsi haute mer simultanément aux deux points opposés d'un même méridien, il faut considérer que la lune

[1] Cette attraction du soleil sur l'Océan n'est que de 1/38448000 de la pesanteur à la surface de la terre, et celle de la lune un peu plus de deux fois autant.

attire avec d'autant plus de force les particules qui composent le globe terrestre, que ces particules sont à une moindre distance de ce satellite. Cette attraction diminue donc la pesanteur de ces mêmes particules, qui ont alors une tendance à abandonner la terre. Ainsi, comme la lune attire plus puissamment le centre de la terre que les particules d'eau de l'hémisphère qui lui est opposé, il en résulte que l'attraction propre de la terre sur ces mêmes particules d'eau est diminuée, par conséquent leur pesanteur est moindre, ce qui détermine un soulèvement des eaux à peu près égal à celui qui a lieu immédiatement au-dessous de la lune.

Le phénomène des marées est donc un effet de cette grande loi de la gravitation universelle qui est le plus puissant ressort du monde, et nul doute que ces perpétuels mouvements des mers ne contribuent à prévenir la corruption de leurs eaux, qui deviendraient bientôt, par la stagnation, un immense foyer pestilentiel.

Outre ces mouvements de flux et de reflux, on observe que certaines parties de l'Océan se meuvent d'une manière presque constante dans des directions qui sont sensiblement les mêmes, tandis que d'autres, contiguës, sont en repos ou se meuvent dans une direction opposée : ces mouvements divers s'appellent *courants*. Le plus constant et le plus étendu [1] est le *courant équatorial*, qui porte d'orient en occident les eaux des mers intertropicales, dans une direction semblable à celle des vents alizés. Un autre mouvement, dont nous avons déjà parlé, porte les eaux des pôles vers la zone tor-

[1] Il occupe un espace de 30 degrés de chaque côté de l'équateur.

ride pour y rétablir l'équilibre, qui, sans cela, serait rompu par l'immense évaporation due à la chaleur du soleil sous ces chaudes latitudes. Mais les molécules aqueuses de ces *courants polaires* étant, pendant un certain temps, animées d'une vitesse de rotation beaucoup plus lente que celle qui emporte les molécules placées à la surface du globe sous l'équateur, il en résulte qu'à mesure qu'elles arrivent, elles semblent être poussées dans un sens contraire à celui de la marche de la terre, c'est-à-dire de l'*est* à l'*ouest*; et c'est là l'origine du grand *courant équatorial.* Ce dernier, vers le 10e degré de latitude sud, détourné de sa direction par la côte d'Amériqúe, et poussé vers le *nord-ouest*, se précipite dans le golfe du Mexique, puis longeant, sous le nom de *Gulf-Stream*, toute la côte d'Amérique jusqu'au banc de Terre-Neuve, il se réunit au grand courant occidental des tropiques vers le 21e degré de latitude nord, après un circuit de 3,800 lieues [1].

Une foule de causes locales, la configuration des terres, les chaînes sous-marines, les décharges des grands fleuves, les vents, etc., donnent naissance à beaucoup de courants particuliers qui suivent différentes directions. Du reste, le problème de l'origine des courants a été diversement résolu par les savants, et les explica-

[1] Ce sont les diverses branches dans lesquelles ce courant se divise qui amènent sur nos côtes, et jusque sur celles d'Islande et du Spitzberg, les fruits et les plantes des tropiques avec une portion de la chaleur qui règne dans les climats équatoriaux. La température de ce courant est encore de 20 degrés sous le parallèle de Charlestown (33° lat. nord), tandis que les eaux qui sont au dehors du courant sont à environ 6 degrés plus bas.

tions qu'on en a données sont en général assez peu satisfaisantes.

Le principe de la salure de la mer est un autre problème dont la science n'est pas moins embarrassée. Les uns ont avancé gratuitement qu'elle contenait sur son fond des mines de sel; d'autres veulent que cette salure soit entretenue tout à la fois par des sources thermales situées sous l'eau de la mer, et par les fleuves qui y transporteraient des molécules salines qu'ils balaient dans leur cours; mais ce fait, très-contestable d'ailleurs, paraît hors de toute proportion avec l'immense étendue des mers. Il est beaucoup plus vraisemblable que cette salure remonte à l'origine même des choses, comme ayant été nécessaire dès le commencement pour maintenir l'incorruptibilité de l'Océan. Si, comme on le suppose, cette salure n'était survenue qu'accidentellement aux eaux de la mer, n'eût-elle pas fait périr les myriades d'animaux qui en peuplent les abîmes [1] ?

Les mers couvrent à peu près les trois quarts de la surface du globe; leur profondeur moyenne paraît être, d'après les calculs de Laplace, entre 3,200 et 4,800 mètres [2]. Cette profondeur diminue à mesure qu'on appro-

[1] Selon le célèbre chimiste suédois Cronstœdt, le sel marin se forme journellement au sein des mers. Il paraîtrait d'abord que l'acide chlorhydrique que l'on tire du sel est le produit de l'atmosphère, puisqu'on le trouve libre à la surface de l'Océan, tandis qu'on ne le trouve point dans les eaux marines, à quelque profondeur qu'on les prenne.

L'eau de la mer contient de 3,27 à 8,91 de sel pour cent d'eau, ou environ un vingt-huitième de son poids.

[2] M. Scoresby a descendu la sonde dans les mers australes à une profondeur de 2,470 mètres sans rencontrer de fond. C'est l'expérience la plus remarquable qui ait été faite en ce genre.

che des rivages. Quant à la température de l'Océan, il paraît, d'après un grand nombre d'observations, qu'entre les tropiques elle décroît, tandis que dans les mers polaires, elle augmente avec la profondeur. Au-dessous de 600 mètres, le changement de température devient inappréciable et semble être à toutes les latitudes d'environ 4°.

Le phénomène de la phosphorescence de la mer, presque nul dans le nord, peu brillant dans les zones tempérées, présente un spectacle magnifique dans les mers équatoriales. Il n'est pas dû à une cause unique : tantôt ce sont des myriades d'animalcules phosphoriques qui font ressembler la surface des eaux à une immense plaine de feu ; tantôt ces lueurs sont dues à des matières huileuses provenant de la décomposition de plantes et d'animaux marins ; d'autres fois à des phénomènes électriques, etc.

Si l'on s'en rapportait seulement à la faiblesse de nos organes, il serait démontré que les rayons solaires ne pénètrent pas dans la profondeur des mers au delà de 300 mètres. Mais on cite des *fucus* de plus de 1000 mètres de longueur, des roches madréporiques s'élevant verticalement du fond de la mer dans des parages où la sonde reste flottante, et le corail ordinaire se pêche à plus de 300 mètres au-dessous de la surface des eaux. D'où l'on doit conclure que la lumière n'est pas nécessaire à l'existence de ces êtres organisés, ou que des rayons inappréciables pour nos organes arrivent jusqu'à des profondeurs considérables et suffisent aux êtres que la nature y a fixés [1].

[1] Toutefois, c'est dans des eaux relativement peu profondes

On n'a remarqué, depuis 2,000 ans qu'on a des points de comparaison, aucun changement sensible en général dans le niveau ou dans le volume des eaux de l'Océan, en sorte que sa masse actuelle paraît être dans un état stationnaire [1]. Il y a certaines méditerranées au contraire, telles que la Baltique et la mer Noire, dont le niveau change avec les saisons par suite de la quantité d'eau plus ou moins considérable que les grands fleuves leur apportent [2].

(moins de cent brasses) que vit la plus grande masse de poissons, de crustacés et de mollusques. Ceux de ces animaux qui habitent à des profondeurs considérables, tels que le *pomatomus telescopium*, poisson excessivement rare dans la Méditerranée et dont l'œil est énorme (famille des percoïdes, de Cuvier), ont été pourvus d'organes de la vision, modifiés de manière à tirer parti de tous les rayons de lumière qui peuvent pénétrer jusque dans leurs retraites profondes. Il peut y avoir, dit M. de la Bêche, des espèces nombreuses, des genres entiers peut-être, dont nous n'arriverons jamais à avoir connaissance dans l'état ordinaire des choses. *Recherches sur la part. théor. de la Géologie*, p. 166.

[1] Un physicien allemand (Hoff), supposant la superficie qu'occupent les mers égale seulement aux deux tiers de la surface totale du globe, a calculé que pour élever d'un pouce le niveau des eaux, il faudrait qu'il y tombât une masse égale à 22 milles cubiques allemands, c'est-à-dire aussi grande que tout le delta du Nil, sur une hauteur de 5000 pieds. Que l'on juge par là de la quantité de matières solides qu'il faudrait pour produire une augmentation de quelques mètres.

[2] Voyez, *chapitre* VII, quelques autres considérations sur l'économie hydraulique de notre planète.

§ III.

La terre. — Classification des terrains. — Couches et leurs accidents divers. — Roches. — Bancs. — Lits. — Typhons. — Dykes. — Failles. — Fossiles, etc.

La planète que nous habitons est un sphéroïde de 10,000 lieues métriques de circonférence. Son étendue en superficie est de 5,098,587 myriamètres carrés; son volume, de 1,082,634,000 myriamètres cubes.

Les continents ne s'élèvent pas au-dessus de l'Océan d'une hauteur moyenne qui excède une demi-lieue : des feuilles de papier découpées et collées sur un globe de 432 millimètres, représenteraient cette saillie, et les plus petits grains de sable indiqueraient les plus hautes montagnes [1].

[1] La terre décrit, dans sa révolution annuelle autour du soleil, 6 lieues 3/4 par seconde, et dans son mouvement de rotation sur elle-même 6 lieues 1/4 par minute, entraînant avec elle la lune, son satellite, dont la vitesse est de 840 lieues par heure. Ce mouvement de rotation de la terre est uniforme; la durée du jour n'a pas diminué de la centième partie d'une seconde depuis l'époque de l'école grecque d'Alexandrie, et la durée de l'année sidérale ne subit non plus aucune variation séculaire appréciable.

« Dieu, dans sa sagesse, a disposé ses ouvrages dès le commencement; il en a distingué toutes les parties dès leur origine, et il les a fondés pour les siècles des siècles. Il les a ornés pour jamais, et aucun d'eux n'a langui, ni défailli, ni manqué à sa destination. » L'Eccl. XVI, 26, 27.

Laplace, recherchant l'époque de la coïncidence de la ligne équinoxiale avec le grand axe de l'orbite terrestre, a obtenu ce résultat remarquable, que cette coïncidence a eu lieu 4,000 ans avant l'ère chrétienne, époque assignée par nos livres sacrés à la création du monde.

Jusqu'ici on n'a guère pénétré dans l'intérieur de la terre à une plus profonde limite que 400 mètres au-dessous du niveau de l'Océan. Or le rayon ou demi-diamètre de l'équateur est de 6,376,851 mètres : ce que nous connaissons de l'intérieur du globe n'équivaut donc pas à 1/15900 du rayon terrestre. Ainsi, les plus profondes mines ne seraient, par rapport à la masse de notre planète, que comme des piqûres d'épingle dans la peau d'un éléphant.

En considérant l'ensemble des différentes couches qui forment la croûte extérieure de notre planète, depuis les plus profondes qu'il nous ait été permis d'étudier, jusqu'aux plus superficielles, on reconnaît que le globe est composé de deux parties : l'une, centrale, en est comme le noyau ; l'autre, périphérique, est son enveloppe. De ces deux séries distinctes, la plus profonde est de nature cristalline, formée d'immenses masses de silicates de potasse, de soude, d'alumine, etc., et comme ces roches[1] granitiques ne renferment aucun débris

[1] On appelle *roches*, en géologie, des masses minérales assez considérables pour jouer un rôle dans la structure de la terre, tandis que le nom de *minéral* ne désigne que des matières en petite quantité. Les roches se distinguent des *espèces minéralogiques* en ce que celles-ci sont toujours le résultat d'un ou de plusieurs éléments en proportions définies, tandis que les roches sont le produit d'un mélange mécanique dont les composants sont quelquefois visibles à l'œil. Telles sont les *roches composées*, appelées *granit, craie, argile*, etc.

On appelle encore *roches*, quoique improprement, des *espèces minérales simples* qui se présentent en grand, comme le *marbre*, le *fer oxydé*, etc.

Les *roches* ont reçu différents noms d'après leur composition, leur structure, leur état d'agrégation : *granitoïdes, porphyroï-*

d'êtres organisés, on les a naturellement supposées les plus anciennes et, pour cela, désignées par le nom de *terrains primitifs* ou de *cristallisation*.

La seconde série comprend ce qu'on est convenu d'appeler *terrains secondaires* ou *sédimentaires*. Ce sont des couches[1] superposées aux roches cristallines, plus minces et plus nombreuses que ces dernières, *horizontales* et quelquefois *onduleuses* dans les plaines, plus ou moins *inclinées* ou *verticales* à l'approche des montagnes; tantôt *brisées* ou *arquées*, tantôt *contournées* ou en *zigzag*, *régulières*, *irrégulières*, etc., composées de carbonate calcaire dans ses différents états, mêlé de galets, de sable, de grès, et présentant, dans leurs diverses *assises*, des débris d'êtres organisés, végétaux et animaux.

Tels sont les deux ordres établis pour l'ensemble des terrains qui composent notre planète. Mais l'ordre des terrains sédimentaires a été lui-même divisé par les géologues en plusieurs séries ou *formations* : ainsi, entre les terrains de cristallisation et les terrains sédimentaires, ils distinguent des couches de roches qui semblent tenir tout à la fois de la nature des uns et des

des, *feuilletées*, *compactes*, *grenues*, *arénacées*, *cellulaires*, *schisteuses*, *oolithiques*, *gypseuses*, etc. Le nombre total des roches ne dépasse pas une trentaine, et les terrains qui composent la croûte solide du globe se réduisent à peu près, les terrains primitifs exceptés, aux trois roches, *grès*, *argile* et *calcaire*.

[1] Ce mot est quelquefois remplacé par celui de *strate* (*stratum*); on nomme *dépôt* le résultat d'une précipitation mécanique ou chimique qui s'est opérée dans un liquide. Une *couche* est une masse minérale, beaucoup plus étendue en longueur et en largeur qu'en épaisseur.

autres; ils les ont appelés *terrains transitaires* ou de *transition*[1].

Immédiatement après les *terrains transitaires*, ils ont placé les *terrains secondaires* proprement dits, formés de grands dépôts de craie.

Puis viennent les *terrains tertiaires*, offrant de nombreux débris de mammifères.

Enfin, la surface la plus superficielle de nos continents se compose de couches meubles d'une origine récente, comparativement à celles des autres terrains. Ces couches sont de deux ordres, dont l'un paraît manifestement devoir être attribué au dernier des cataclysmes dont la terre a été le théâtre, et qui, pour cette raison, est appelé *terrain diluvien;* l'autre, produit par des causes encore actuellement agissantes, comme les pluies, le cours des rivières, etc., a reçu le nom d'*alluvien.*

Une septième division comprend les *terrains volcaniques.*

Remarquons que ces divers terrains ne s'observent presque jamais dans une même localité selon l'ordre complet de superposition dans lequel nous venons de les admettre. Les zones minéralogiques ne sont pas partout en même nombre ni d'une même étendue; quelquefois, une ou plusieurs sont absentes ou sont remplacées par des équivalents; d'autres ont un *horizon* plus ou moins étendu que leurs inférieures ou leurs supérieures. Ainsi souvent, à la surface du sol, au lieu du terrain tertiaire ou du terrain alluvien, on rencon-

[1] Voy. le *Tableau figuratif* des terrains et son explication à la fin de l'ouvrage.

tre les terrains primitifs ou les terrains secondaires, et il arrive fréquemment qu'une couche inférieure est successivement en contact avec deux, trois, quatre couches supérieures, par suite de la différence d'étendue de ces dernières : une pareille couche s'appelle alors *couche indépendante*. Par opposition, on appelle *couches subordonnées* des couches ordinairement de peu d'étendue, inconstantes dans leur apparition, distinctes par leur nature de celles dont elles dépendent : ce sont, par exemple, des *lits* intercalés de houille, de sel gemme, de gypse, etc. [1].

Pour expliquer comment il est arrivé que le terrain tertiaire, par exemple, se trouve appliqué immédiatement sur les terrains primitifs, par suite de l'absence des terrains *transitaires* et *secondaires*, on suppose que les *terrains primitifs* ont préexisté à tous les autres, et que, par conséquent, c'est sur leur surface extérieure très-inégale, présentant des enfoncements et des saillies plus ou moins considérables, que les terrains de formation ultérieure se sont successivement déposés. Ainsi les parties les plus déclives des grands bassins ont été occupées d'abord par les terrains *secondaires*; puis les causes qui ont donné lieu à la formation de ces derniers ayant cessé d'agir avant que ces immenses bassins fussent entièrement comblés, les terrains tertiaires ont dû se déposer sur les parties les plus saillantes des roches cristallisées primitives qui

[1] Le nom de *lit* désigne des couches meubles, celui de *bancs* des couches cohérentes, accidentellement intercalées dans un système de couches d'une autre espèce. — Les *typhons* sont de grandes masses minérales non stratifiées, comme les *granits*, les *porphyres*, etc. (*a*, *b*, *c*, etc.)

avaient été laissées à nu. Si après le dépôt des terrains *tertiaires*, quelques sommités des terrains massifs sont encore restées à découvert dans certaines localités, on comprend facilement pourquoi ils ne portent que les terrains de formation *diluvienne* ou même *alluvienne*.

On appelle *système* plusieurs groupes de couches superposés les uns aux autres, et formant des ensembles distincts. La *direction* des couches est la ligne horizontale menée suivant leur plan : elle s'indique dans la longueur des couches; leur *inclinaison* est l'angle que le plan des couches fait avec l'horizon; leur *puissance* est la même chose que leur épaisseur ; leur *allure* est l'ensemble des caractères relatifs à leur position, etc.

Quant à l'ordre successif qu'observent les couches dans la formation de leur série, cet ordre n'est jamais interverti : jamais un terrain d'une époque antérieure ne se trouve placé au-dessus d'un terrain qui devrait lui être postérieur. On ne rencontre nulle part le terrain *secondaire*, par exemple, superposé au terrain *tertiaire*, etc. L'arrangement de ces diverses masses minérales dépend au contraire de règles telles, que, si l'on voit une roche, on peut sûrement présumer qu'elle est accompagnée, suivie, ou précédée d'autres roches offrant des caractères particuliers.

Si les *couches* ou *stratifications* sont placées horizontalement les unes au-dessus des autres selon leur largeur, elles sont dites en *superposition concordante* ou *parallèle*; si au contraire, comme cela arrive au voisinage des montagnes, elles se relèvent brusquement, et se trouvent placées comme de champ dans l'épaisseur de l'écorce terrestre, cette disposition est appelée *superposition contrastante* ou *discordante*.

Nous devons mentionner encore les *dykes* et les *failles*. Les premiers sont des injections de roches diverses, *granitiques*, *basaltiques*, *trachytiques*, etc., variant pour les dimensions depuis moins de 20 millimètres jusqu'à une épaisseur indéfinie, partant de profondeurs qui nous sont inconnues, traversant des terrains de tout âge, et s'épanchant en masses saillantes à leur surface. On les suppose d'origine ignée. (Voy. le tableau *a* 1. *b*. *c*. *d*., etc.)

Les *failles* ou dislocations sont des fissures ordinairement remplies d'argile, qui traversent les couches et descendent à une profondeur que rarement on a pu reconnaître. Elles coïncident avec un abaissement, ou, ce qui revient au même, avec un exhaussement des couches de l'un ou l'autre de leurs côtés, et interrompent ainsi leur continuité[1]. (Voy. le Tableau *g*.)

La classification des terrains que nous avons adoptée comme la plus répandue et la plus commode, a été remplacée par diverses nomenclatures synonymiques dans plusieurs ouvrages modernes. Dans l'état actuel de la science, toute classification de terrains n'est que provisoire, la connaissance que nous avons de la structure intime du globe étant principalement restreinte à quelques parties de l'Europe. Les divisions que l'on prétendrait établir d'une manière absolue, d'après la présence caractéristique de certains *fossiles*[2] dans nos

[1] On dit aussi *retraits*, *fendillements*, *joints*, etc.

[2] Un fossile (de *fossa*, fosse) est un corps organisé, animal ou végétal, enfoui dans la terre à une époque indéterminée, et qui s'y est conservé ou y a laissé des traces non équivoques de son

contrées, seraient trouvées probablement défectueuses sur d'autres points éloignés et encore géologiquement inconnus. Est-il naturel, en effet, de supposer qu'aux diverses époques de formation, les végétaux et les animaux se soient trouvés les mêmes partout sur la surface de la terre?... Ce qui contribue surtout à cette

existence. Si ; à la matière organique d'un corps s'est substituée une substance inorganique, telle que la silice ou le calcaire, ce corps prend le nom de *pétrification*.

On trouve des corps organisés changés en *agate*, en *quartz*, en *tripoli*, en *mine de fer*, en *minerai aurifère*, etc. On a trouvé, près de Grignon, des morceaux de bois agatisés, contenant des larves d'insectes dont on reconnaît parfaitement l'organisation, et, chose étonnante, il est de ces larves qui sont mobiles dans leur alvéole. On cite des crabes fossiles dont les œufs même, qu'on voit sous la queue, sont pétrifiés, et des noix fossiles changées en silex, mais dont la coquille et le zeste sont demeurés à l'état ligneux. Ces phénomènes sont restés jusqu'ici chimiquement inexplicables.

On appelle *empreintes* les traces représentées en creux sur une roche par la surface extérieure d'un corps organisé, et les *moules* sont les empreintes intérieures laissées par un pareil corps.

On a tenté quelques expériences pour tâcher d'apprécier l'opération de la nature dans la pétrification des corps organisés. Le professeur Goppert, de Breslaw, ayant fait immerger diverses substances animales et végétales dans différentes eaux tenant en solution les unes des matières siliceuses, les autres des matières calcaires, etc., a trouvé, au bout de quelques semaines, ces corps organiques en partie minéralisés. Des tranches verticales et très-minces de sapin d'Écosse, trempées durant plusieurs jours dans une solution de sulfate de fer, puis séchées et exposées à une chaleur rouge, ont perdu, par ce dernier procédé, toute la matière végétale dont elles étaient composées, et n'ont plus présenté qu'un oxyde de fer, qui avait pris si exactement la forme du sapin qu'en le regardant au microscope on y distinguait jusqu'aux vaisseaux pointillés particuliers à la famille des conifères.

diversité de système dans la classification des terrains, et ce qui fait que chaque géologue a, pour ainsi dire, sa méthode particulière, c'est la difficulté de déterminer avec précision le point où finit un groupe et où commence le groupe suivant, à cause de l'alternance répétée des roches qui les caractérisent, et du mélange plus ou moins intime des unes et des autres ; le même embarras se présente quand il s'agit de tracer les subdivisions de chaque groupe.

CHAPITRE III.

TERRAINS PRIMITIFS OU NON FOSSILIFÈRES.

Les terrains primitifs sont de deux sortes, les non stratifiés et les stratifiés.

§ I.

Roches des terrains primitifs non stratifiés [1].

GRANIT..... (Orthose, quartz et mica [2]). — Structure grenue; blanc, gris, rose, moucheté, etc. Il se montre dans les assises les plus profondes du globe qu'il enveloppe tout entier, et sert de fondement à toutes les autres roches qui lui sont superposées. Il constitue des montagnes escarpées (Alpes, Pyrénées, Vosges, où il a jusqu'à 480 mètres de puissance, etc.). Il varie à l'infini, suivant que les trois minéraux qui le composent y sont plus ou moins prédominants, ou que l'un d'eux disparaît, ou qu'il s'y mêle quelque nouveau minéral. Les roches suivantes et beaucoup d'autres qu'il est inutile de décrire ici, ne sont, au fond, que des variétés granitiques.

[1] Voyez le tableau de l'état du globe à ses différents âges *a. a* 1. *b. c. d. d*1. *h. o.* et son explication à la fin du volume.

[2] Le lecteur se rappelle les notions de minéralogie que nous avons données ch. I, § III.

SYÉNITE [1]. .. (Quartz, orthose et actinote). — Granulaire; grise, rougeâtre ou verdâtre (Mont-Blanc, Vosges, Bretagne, etc.). — Le diorite offre à peu près la même composition, mais la structure en est compacte.

PROTOGYNE.. (Feldspath blanc, quartz vitreux et talc lamelleux.) — Roche granitoïde ou schistoïde; verdâtre; passe à la syénite, au diorite, etc., et constitue le massif du Mont-Blanc et des montagnes environnantes jusqu'au Mont-Rose.

PORPHYRE [2].. Nombreuses variétés. Ce sont des roches contenant des cristaux de divers minéraux disséminés dans une pâte dont la nature varie, et d'après laquelle ces roches sont dénommées : ainsi l'on dit : porphyre *quartzifère* (rouge), *feldspathique*, *serpentineux* (vert), *pyroxénique* (noir); passant au *granit*, au *trachyte*, etc. (Cordilières dans une étendue de 2,500 lieues, Alpes, etc.).

TRAPP [3]..... Dur; d'un vert foncé. — Nombreuses variétés appelées *roches trappéennes*, qui sont *porphyroïdes*, *amphiboliques*, *pyroxéniques*, *feldspathiques*, suivant la composition.

[1] De *Syène*, ville de la haute Égypte, d'où on la tirait pour les monuments (obélisque de Louqsor, etc.).

[2] Πορφύρα, *pourpre*, le plus beau est rouge.

[3] Mot suédois qui signifie *escalier*.

TRACHYTE [1]..	Roche feldspathique, contenant accidentellement du pyroxène, du mica, de l'amphibole, etc., grisâtre, rougeâtre, etc., poreuse. Elle forme à elle seule des plateaux, des pics fort élevés (Chimborazo, Mont-Dore, etc.).
BASALTE [2]...	(Feldspath et pyroxène). — Noir, grisâtre, texture grenue. Répandu sur toute la surface du globe en grandes masses amorphes, en concrétions globuleuses, en colonnes prismatiques quelquefois de 188 mètres de hauteur (Écosse, Irlande, Auvergne, Silésie, Océanie, etc.).

Telles sont les principales roches que l'on regarde communément comme non stratifiées. Les passages qui les lient l'une à l'autre sont si nombreux, elles éprouvent tant de modifications, se présentent sous des aspects si variables, offrent une si grande diversité de texture et de composition, qu'il devient extrêmement difficile d'établir entre elles des distinctions précises.

Un caractère bien remarquable de ces roches, c'est qu'elles paraissent toutes avoir été lancées des profondeurs de la terre, selon différentes directions, à travers les formations supérieures entre lesquelles elles se sont intercalées en lits irréguliers, ou à la surface desquelles elles se sont épanchées en masses plus ou moins considérables. Des masses de granit, par exemple, ont pénétré à travers d'autres granits, et l'on en trouve jusqu'au-dessus de la série oolithique et de la

[1] Τραχὺς, rude.

[2] De l'éthiopien *basal*, fer, couleur de fer : nom transmis par Pline.

craie, dernière stratification de la période secondaire (Weinbohla en Saxe, Dauphiné[1], etc.). D'où l'on est porté à conclure que ces phénomènes d'injections et d'épanchements sont de différents âges, et se sont renouvelés presque à toutes les époques de formations sédimentaires. Suivant quelques géologues, ce serait de cette différence d'âge que viendrait la variété de leur nature.

En général, les hautes montagnes granitiques présentent une diversité de formes qui étonne le voyageur. Leurs cimes escarpées se terminent en pointes, et ressemblent à des pyramides qui seraient posées sur leur sommet; les flancs, privés de végétaux, n'offrent que de grandes masses qui fatiguent l'œil par leur nudité. Ces flancs sont quelquefois surmontés de piliers massifs ou d'aiguilles élancées (Mont-Blanc), qui semblent menacer de leur chute l'explorateur qui les examine. On n'aperçoit à chaque pas que des parties saillantes,

[1] Les diverses masses stratifiées de toutes les périodes ont subi une foule de modifications par le contact avec les roches d'origine ignée. Beaucoup de grès sont devenus des quartz et des jaspes près des roches trappéennes; des schistes anciens offrent une compacité et un aspect particulier dans le voisinage des syénites, des porphyres, etc. Le calcaire compacte et la craie ont été convertis en marbres cristallins. Dans certains cas, il y a eu vitrification, empâtement, etc.; dans d'autres, des grès, des marnes, des argiles ont été changés en masses endurcies et divisées en prismes, etc. — Suivant M. Darwin, le granit des Cordilières du Chili, près du col de Uspellata (4550 mètres de hauteur), était fluide à l'époque de la formation des couches tertiaires qui sont traversées par des dykes granitiques et qui ont été rendues cristallines par le contact de ces masses en fusion. — Toutes ces altérations de roches ne peuvent s'expliquer d'une manière satisfaisante que par l'hypothèse de l'injection ignée.

qui supportent des groupes de roches amoncelées, disposées quelquefois de la manière la plus bizarre, et formant d'autres fois des passages souterrains ou de profondes cavernes. Ces montagnes présentent des vallées parsemées de roches brisées de toutes les dimensions, à angles tantôt aigus, tantôt émoussés. Les vallées commencent ordinairement par un cirque plus ou moins évasé, dont les parois sont souvent verticales; généralement très-nombreuses, elles semblent couper les chaînes des montagnes dans toutes les directions, et tombent les unes dans les autres en formant des angles plus ou moins ouverts. Ces vallées et les gorges qui y aboutissent paraissent d'autant plus profondes, qu'elles sont ordinairement étroites et qu'elles offrent des pentes rapides. C'est ainsi que le Ben-na-muich-Duidh, en Écosse, est environné de précipices de 1,000 pieds de hauteur.

§ II.

Roches des terrains primitifs stratiformes. — Preuve physique d'un commencement dans l'apparition de la vie à la surface du globe. (Voy. le Tableau 28, 29, 30, 31.)

QUARTZITES..	Grès quartzeux solidifiés par la chaleur ignée; sédiments travaillés par des vapeurs aqueuses et chaudes qui les ont consolidés en ramollissant la surface des grains de quartz et les soudant ensemble.
GNEISS......	Mêmes principes constituants que le granit; mais comme le mica y prédomine, il en rend la structure schisteuse ou feuil-

GNEISS......	letée ; en dépôts considérables au-dessus du granit, ou alternant avec lui. (Bourgogne, Auvergne, Alpes, etc., etc.)
MICASCHISTE [1]...	(Quartz et feuillets de mica.) — En grandes masses stratifiées au-dessus du gneiss, ou en couches peu épaisses intercalées.
SCHISTE.....	(Paillettes de mica sans quartz.) — Appelé aussi *phyllades* [2]. On connaît des schistes *argileux*, *chloriteux* [3], *talqueux*, *amphiboliques*, etc. (Bretagne, etc.).
CALCAIRE...	(Saccharoïde ou primitif.) — Roche blanche, à grains durs et serrés, mêlée accidentellement de talc, de mica, etc. (Pyrénées, Grèce, Italie, etc.).

Les terrains gneissiques sont les plus riches en mines métallifères ; et quant au relief du sol formé par eux, il offre souvent des sites escarpés, pittoresques, à la fois gracieux et sauvages.

Il se fait entre ces roches de si intimes mélanges, les passages de l'une à l'autre, sans ordre déterminé, sont si fréquents, que la classification complète en devient impossible. En nous bornant à une vue générale, nous trouvons que les espèces minérales prédominantes dans la composition de la masse entière, sont surtout le quartz, le feldspath, le mica et l'amphibole, avec une bien moindre proportion de chlorite,

[1] De *mica* et de σχίζω, fendre, diviser.

[2] De φύλλον, feuille ; disposition en feuillets.

[3] De *chlorite* (χλωρὸς, verdâtre), silice, fer, alumine, magnésie et potasse.

de talc, de tourmaline[1], de stéatite[2] et de calcaire. On peut dire généralement que le gneiss et le micaschiste recouvrent la plus grande partie de la surface du globe, et que les autres roches de cette même série leur sont plus ou moins subordonnées.

Remarquons encore que les minéraux qui composent les roches primitives stratifiées sont précisément ceux qui constituent les roches non stratifiées, et qu'il n'y a de différence en général que dans la stratification des unes et la non-stratification des autres. Cette différence dans le mode de gisement a fait conclure aux géologues que les conditions sous lesquelles ces deux classes de roches avaient été produites, doivent avoir été distinctes. Suivant l'opinion la plus commune, la formation des terrains de la première classe devrait être attribuée à une masse immense de métaux et de bases métalloïdes terreuses ou alcalines, laquelle, liquéfiée d'abord ou sublimée par une chaleur intense,

[1] La tourmaline est une pierre précieuse que l'on trouve au Brésil, à Ceylan, en Bohême, etc., et dans la composition de laquelle prédominent la silice et l'alumine. Sa transparence diffère suivant qu'on examine cette pierre parallèlement ou perpendiculairement à son axe. Dans le premier cas, elle est opaque; dans le second, transparente. Ce caractère ne se présente dans aucun autre minéral. Chauffée, elle manifeste à une extrémité l'*électricité vitrée*, à l'autre l'*électricité résineuse*.

[2] M. de Humboldt rapporte que les Otomaks, sauvages des bords de l'Orénoque, se nourrissent, pendant trois mois de l'année, d'une espèce d'argile à potier, et que beaucoup d'autres sauvages mangent de grandes quantités de stéatite (στέαρ, suif) qui ne contient pourtant aucune substance nutritive. — Une espèce de silex farineux, composé en grande partie de débris d'animalcules microscopiques, sert aussi d'aliment en Laponie, dans les temps de disette, mêlée à de la farine de blé et d'écorce.

se serait peu à peu refroidie, puis oxydée par la précipitation de l'eau. Celle des terrains de la seconde classe serait due au pouvoir dissolvant des mers primitives et aux agents atmosphériques, à la violence des pluies, des torrents, des inondations, qui auraient désagrégé les roches granitiques dont les matériaux, par l'effet de la chaleur centrale, se seraient dans la suite convertis en lits de *gneiss*, de *schiste*, etc. Nous examinerons donc, dans la Géogénie, la valeur des principales théories et des systèmes les plus en crédit qui ont été proposés par les savants pour expliquer l'origine du noyau de notre planète et les phénomènes qui ont dû accompagner et suivre sa formation.

Le principal caractère du terrain primordial est de ne contenir aucune trace de restes organiques. Il a donc été un temps où la terre et les eaux se trouvaient dans des conditions incompatibles avec toute existence animale et végétale; les systèmes organiques ont donc eu un commencement; il y a donc eu une première époque, un point de départ pour la manifestation de la vie sur notre globe; l'hypothèse d'une série infinie de générations successives, outre la contradiction qu'elle renferme, a donc de plus, contre elle, les faits les plus évidents de la science. Ainsi sont ruinées de fond en comble ces superbes théories de certains philosophes spéculatifs qui, pour expliquer l'origine des êtres organisés actuellement existants, ont imaginé, les uns une succession éternelle des mêmes espèces, les autres des évolutions, des transformations d'espèces s'élevant progressivement depuis les rudiments de la vie les plus simples jusqu'aux formes les plus parfaites, depuis la monade jusqu'à l'homme, rejetant ainsi toute action divine dans la création et la disposition du monde, contrairement à toutes les traditions du genre humain et aux inductions les plus décisives de la science[1].

§ III.

Matières utiles des terrains primitifs. — Eaux minérales.

Architecture. — Le granit et la syénite sont les pierres d'appareil les plus solides et les plus inaltérables qu'on puisse mettre en œuvre ; mais leur exploitation est dispendieuse. Ils ont fourni ces statues, ces colonnes, ces monolithes gigantesques qui couvraient l'Égypte. Les ruines de la Syrie, notamment celles de Balbek, présentent des blocs de granit blanc de 11 mètres de long sur 3 mètres de hauteur. On cite de nos jours le piédestal de la statue équestre de Pierre le Grand, à Saint-Pétersbourg, qui est un granit de 3,000,000 de livres[2]. Il y a de belles exploitations de granit dans les Vosges, la Normandie, la Bretagne, etc.

[1] « La géologie nous démontre qu'il y eut une époque où les êtres organisés n'existaient pas encore ; ces êtres ont donc eu un commencement postérieur à cette époque, et ce commencement ne peut être attribué qu'à la volonté, au *fiat* d'une puissance créatrice infiniment sage et infiniment intelligente. » Buckland, *La Géol. et la Minér.*, etc., t. I, p. 51.

« .... Mais ce qui étonne davantage encore, et ce qui n'est pas moins certain, c'est que la vie n'a pas toujours existé sur le globe, et qu'il est facile à l'observateur de reconnaître le point où elle a commencé à déposer ses produits. » Cuvier, *Ossements fossiles*, *Disc. prélim.*, t. I, p. 9.

[2] Ce bloc de granit a été extrait d'un marais de la Finlande et appartient aux blocs erratiques. Voy. chap. x, § I.

Pour la décoration intérieure des édifices, outre plusieurs espèces de *granits* susceptibles d'un beau poli et de nombreuses variétés de *syénites* diversement colorées (le *kersanton*, en Bretagne); on emploie les *porphyres* aux cristaux blancs sur un fond noir, rouge ou vert [1] (Vosges, Pyrénées); — les *trapps* noirs unis ou veinés; — les marbres [2] dits *statuaires*, dont les carrières sont exploitées, depuis le temps de Jules César, à Carrare, dans le duché de Modène, où ils occupent plus de 1,200 ouvriers [3]; — le *cipolin* fond blanc à rubans verdâtres; — le *vert antique*, qui se vend jusqu'à 160 francs les 32 décimètres cubes à Paris; — un grand nombre de marbres *gris* ou *rubanés* à lignes parallèles; — des *pierres à plâtre* de qualité supérieure; — le bel *albâtre* gypseux, d'un blanc de lait, moins dur que l'*albâtre* calcaire avec lequel il ne faut pas le confondre : c'est au premier qu'on doit rapporter le proverbe : *Blanc comme l'albâtre* (Lagny, près Paris, etc.).

[1] Les colonnes de Ste-Sophie de Constantinople sont de porphyre rouge; elles ont 13 mètres d'une seule pièce.

[2] Les anciens confondaient avec le marbre les granits et les porphyres qui sont beaucoup plus durs; de là cet adage poétique : *dur comme du marbre*. — La sensation du froid que nous éprouvons en portant la main sur du marbre, vient de ce qu'étant poli, il la touche dans un plus grand nombre de points; les marbres non polis ne donnent point lieu à cette illusion, et ne sont point plus froids que les autres pierres.

[3] Ces beaux marbres blancs saccharoïdes sont rapportés aujourd'hui par plusieurs géologues à la formation du lias (terrain secondaire). — Les statues antiques de la Vénus de Médicis, de la Minerve colossale, de Diane chasseresse, de la Junon du Capitole, sont en marbre de Paros. La plupart des monuments de sculpture moderne sont en marbre de Carrare.

D'importantes ardoisières ont été ouvertes dans les schistes primitifs de plusieurs contrées, et leurs produits sont exportés au loin (Charleville, etc.).

ARTS MÉCANIQUES. — La *pierre ollaire* (*olla*, marmite), espèce de serpentine coriace dont on fabrique, avec le tour, des poêles à feu[1] et des vases de ménage (Valais, Corse, etc.). — La *pierre à rasoir* (schiste argilo-siliceux) pour affûter la coutellerie fine (Liége). — Le *kaolin* (mot chinois) ou *terre à porcelaine*[2], feldspath privé d'une partie de la potasse qu'il contenait. Les kaolins sont blancs, friables et maigres au toucher ; purs (partie égale de silice et d'alumine), ils ne deviennent friables que par l'addition de 15 à 20 pour 100 de feldspath ordinaire. — Le *pé-tun-tzé* (autre mot chinois) est un feldspath blanc laminaire fusible, employé pour la *couverte* ou vernis de la porcelaine. — L'*émeri*, roche très-dure, composée de fer, de silice et de saphirs impurs; pulvérisée, elle sert à polir, à graver les pierres, etc. (île de Naxos). — La

[1] On cite celui du réfectoire des religieux hospitaliers du Grand-Saint-Bernard.

[2] Les Orientaux, et surtout les Japonais, fabriquent de temps immémorial des porcelaines célèbres. Ce n'est que dans le dernier siècle qu'on fit en France quelques essais malheureux; aujourd'hui la porcelaine de Sèvres surpasse pour la qualité, l'élégance des formes, l'éclat des couleurs, le goût et le fini des peintures, et la sévérité du style dans les ornements, toutes les porcelaines connues. — La bonne porcelaine est demi-transparente, soutient, sans s'altérer, l'extrême froidure ou l'extrême chaleur; la cassure doit présenter un grain très-fin et très-serré; les qualités externes sont une blancheur éclatante, nette, uniforme, des couleurs vives et bien fondues, des formes nobles et agréablement variées. Les porcelaines des Indes ne sont pas toujours d'un très-beau blanc.

pierre de touche (*trapp*, *jaspe* noir, etc.), dont on se sert pour essayer les métaux précieux. — Quelques *granits micacés* et certains *stéatites* employés comme pierres *réfractaires*, pour la construction des creusets et des fourneaux de fusion (Indre). — L'*amiante*, minéral curieux, composé de filaments soyeux et flexibles dont on fait de la toile, de la dentelle, du papier incorruptible (fabrique de madame Perpenti, à Côme, etc.).

Bijouterie. — Les matières employées par la bijouterie, comme *pierres précieuses* [1], se trouvent principalement dans les fissures ou filons des roches granitiques à gros grains où brillent de grandes lames de mica. Ce sont d'innombrables variétés de quartz hyalin, — incolore (*cristal de roche*, dont l'optique fait usage); — violet ou vert (*améthiste*) [2]; — jaune ou enfumé (*topaze*); — orangé (*hyacinthe*), etc. — Le quartz-agate et ses variétés, — *calcédoine* (blanche), — *saphirine* (bleue), — *sardoine* (brune), etc. — Le quartz-résinite, — *opale* (blanchâtre), — *hydrophane*, la seule pierre qui d'opaque devienne transparente dans l'eau, etc.

Les diverses espèces de *tourmalines* qui offrent une si belle série de couleurs, l'*émeraude*, *aigue-marine*,

[1] Les pierres précieuses sont colorées par quatre oxydes et un acide métalliques (fer surtout, nickel, manganèse, chrome, acide chromique), et ces principes colorants n'y sont combinés que dans le rapport de 2 à 3 centièmes. La même pierre peut avoir des couleurs tout opposées; des pierres tout à fait différentes peuvent avoir les mêmes couleurs. — Elles sont généralement composées de silice, d'alumine et de magnésie.

[2] D'α priv. et μεθύω, *être ivre;* on a cru longtemps qu'elle prévenait l'ivresse; les évêques la portent en anneau.

béril, etc. — Les grenats, *hyacinthe*, *escarboucle* (rouge coquelicot), etc. — Les variétés de feldspath, dont les principales sont la *pierre de Labrador* (gris sombre avec des reflets brillants), — la *pierre des Amazones* (verte), — la *pierre de soleil* (rouge ou jaune), etc.; — la *pierre de lard*, espèce de talc dont on fait les *magots* ou caricatures en Chine. — Différents jaspes (*quartz-agate* empâté d'argile ferrugineuse), unis, fleuris ou rubanés, dont on fait des vases, des socles, des cachets, etc. (Dauphiné). — Le *lapis-lazuli* [1] opaque, bleu (Perse, etc.).

DESSIN et PEINTURE. — La *plombagine* (*graphite* des minéralogistes) ou *crayons de mine de plomb*, dont elle ne renferme pas même un atome. C'est une combinaison de charbon avec 4 à 5 centièmes de fer (carbure de fer). La plus estimée nous vient du Cumberland (Angleterre). On la scie en baguettes carrées d'un millimètre d'épaisseur, que l'on introduit dans la rainure d'un demi-cylindre de bois de cèdre ou de genévrier, sur lequel on recolle l'autre moitié du cylindre. Ces cylindres sont façonnés par une machine (Ariége, etc.).

La *terre de Vérone*, variété de talc, vert bleuâtre, employé dans les fresques, etc.

Le *talc de Venise* ou *craie de Briançon*, savonneux au toucher. On en compose des crayons colorés, nommés *pastels*, etc.; ce talc sert aussi de base au fard.

Le bleu d'*outremer*, extrait du *lapis-lazuli*, couleur la plus inaltérable et la plus brillante que l'on connaisse

[1] De *lapis*, pierre, et de l'arabe *lazurd* dont nous avons fait *azur*; c'est un silicate d'alumine et de soude.

(Chine, Inde, etc.); il se vend 125 francs les 3 décagrammes à Paris.

L'oxyde de *chrome*, qui fournit une couleur verte de la plus riche teinte (Saône-et-Loire).

L'oxyde de *cobalt*, d'où l'on extrait l'*arsenic*, et le principe dont on se sert pour colorer en bleu les émaux, les verres, les toiles de lin ou de coton, le papier, la porcelaine, etc. (Dauphiné, etc.).

MÉTAUX. — Des mines d'*or*, d'*argent* [1], de *fer* [2], de *cuivre*, d'*étain*, de *plomb*. L'*antimoine*, qu'on allie avec le plomb dans la composition des caractères d'imprimerie, avec l'étain dans la composition des cuillers, fourchettes, etc. (*métal d'Alger*); avec le zinc pour les feux blancs de Bengale. Son oxyde jaune sert dans la peinture sur émail, etc. La France en livre annuellement au commerce plus de 120,000 kilogr. (Ardèche, Lozère, Gard, etc.).

MÉDECINE. — C'est des terrains primordiaux que sortent les sources d'eaux *minérales* et *thermales* les plus sulfureuses et les plus énergiques contre les affections rhumatismales et les maladies de la peau (en France, les eaux sulfureuses de Baréges, de Bagnères, etc.).

[1] Le fameux filon argentifère de Guanaxuato (Mexique) a fourni en 230 ans plus de 180 millions de piastres.

[2] C'est dans les terrains primitifs que s'exploite le minerai de fer auquel on a donné le nom d'aimant : c'est un protoxyde et un peroxyde de fer unis à une petite quantité de silice et d'alumine. Il forme des filons, des couches et même des montagnes entières. Il est l'objet de plusieurs exploitations importantes en Suède et autres contrées du Nord.

La géologie des eaux minérales est encore peu avancée. Ce qui rend leur gisement difficile à déterminer, c'est la reconnaissance de la nature des terrains d'où elles sourdent.

La température des eaux thermales des terrains primordiaux se maintient entre 45 et 100°. Les matières qui y dominènt sont 1° l'acide sulfhydrique; 2° l'acide carbonique libre; 3° les sels à base de soude, les sulfates, les chlorures; 4° la silice, rendue soluble par l'intermède de la potasse ou de la soude.

Un fait bien digne d'attention, dans l'observation des eaux thermales, est celui de la constance de leurs phénomènes et de leur température. En effet, on remarque dans toutes ces eaux, et il y en a qui nous sont connues depuis plus de 2000 ans, le même volume, la même composition, les mêmes propriétés physiques et le même degré de chaleur. Ainsi, les eaux de Plombières étaient déjà employées à la guérison des soldats romains, l'an 428 de Rome, ou plus de 2160 avant l'année présente (1844).

Les eaux thermales conservent beaucoup plus longtemps leur température que l'eau ordinaire portée au même degré de chaleur par nos moyens artificiels. De plus, l'élévation de leur température n'empêche pas qu'elles ne puissent être bues facilement, tandis que l'eau ordinaire, échauffée au même degré, ne serait pas supportable et attaquerait les organes qu'elle toucherait. Ces deux faits indiquent assez que la cause qui produit la chaleur des eaux minérales est différente de celle que nous employons dans l'usage domestique.

Toutefois ces faits paraîtraient infirmés par des recherches toutes récentes.

Une théorie des sources thermales a été présentée par Laplace : « Si l'on conçoit, dit l'illustre géomètre, que les eaux, en pénétrant dans l'intérieur d'un plateau élevé, rencontrent dans leur mouvement une cavité de 3,000 mètres de profondeur, elles la rempliront d'abord; ensuite, acquérant, à cette profondeur, une chaleur de 100° au moins, et devenues par là plus légères, elles s'élèveront et seront remplacées par les eaux supérieures; en sorte qu'il s'établira deux courants d'eau, l'un montant, l'autre descendant, perpétuellement entretenus par la chaleur intérieure de la terre. Ces eaux, en sortant de la partie inférieure du plateau, auront évidemment une chaleur bien supérieure à celle de l'air, au point de leur sortie ; température qui sera constante, puisque l'eau est toujours dans des conditions identiques.

On connait en France 140 sources thermales et 90 sources d'eau minérale froide.

CHAPITRE IV.

TERRAINS SÉDIMENTAIRES OU FOSSILIFÈRES.

TERRAINS TRANSITAIRES.

§ I.

Roches de transition. — Nature minéralogique. — Origine du calcaire. (Voy. le Tableau de 19 à 27 [1]).

Systèmes :	
CAMBRIEN. . . (du nom d'un ancien peuple d'Angleterre).	SCHISTES (talc et mica) — *ardoisiers* ou *phylladiques*, se divisant facilement en grandes lames. — *Alumineux*, contenant du fer et des efflorescences d'alun. — *Argileux*, à pâte plus ou moins fine. CALCAIRE BITUMINEUX, cristallin, dur, susceptible de poli ; couleurs variées, blanchâtre, gris, noir, etc. ; odeur fétide, produite par la décomposition de substances animales. — Disposition en lentilles tantôt gigantesques, tantôt de la grosseur d'une amande ; chacun de ces nodules calcaires est un *nautile* pétrifié (fig. 26). D'après un calcul approximatif, il y en aurait 27 mille milliards dans une couche d'un mètre d'épaisseur, sur un myriamètre carré d'étendue (Pyrénées).

[1] Par une distraction du graveur, le système cambrien se trouve compris sous la dénomination de système silurien sur le Tableau figuratif des terrains. Les couches 25, 26 et 27 constituent la formation cambrienne.

Systèmes :	
CAMBRIEN...	GRAUWACKE, grande formation arénacée; grains de quartz, de feldspath, de mica, liés par un ciment argileux; poudings ou conglomérats grossiers; couleur grise, brune, etc.
SILURIEN... (du nom d'un ancien peuple du pays de Galles. Voy. Tacite, Ann., ch. 12, 33, etc.)	GRÈS DE CARADOC, couches de schistes calcarifères, quartzeux, etc. CALCAIRE DE WENLOCK, plus ou moins argileux, schisteux, etc. ROCHES DE LUDLOW, roches arénacées, ou grès légèrement micacés, accompagnés de calcaires, de schistes argileux ou ardoisiers. — Caradoc est un nom de montagne du Shropshire (Angl.); Wenlock et Ludlow sont des localités dans cette montagne. — La formation silurienne est développée en Bretagne, en Normandie et en Turquie, etc.
CARBONIFÈRE	VIEUX GRÈS ROUGE, coloré par l'oxyde de fer. CALCAIRE CARBONIFÈRE, compacte, oolithique, etc.; nuances foncées; appelé aussi *calcaire à encrines*, fossiles marins dont il contient d'innombrables osselets. — Mines de plomb. — Grands gisements de houille sèche (Provence, Pérou, etc.). TERRAIN HOUILLER, alternance très-répétée de dépôts de vase, de sable et de matières végétales entraînées dans la mer ou dans les lacs par des courants continus ou périodiques, qui y ont formé diverses assises de grès, de houille, d'argile schisteuse ou bitumineuse contenant du fer carbonaté, souvent en quantité exploitable.

Si l'arrangement des roches cristallines que nous avons décrites dans le chapitre précédent paraît devoir être plus particulièrement attribué aux forces *électro-magnétiques* [1] et *chimiques*, la stratification des dépôts sédimentaires dont la série va nous occuper, semble évidemment provenir de l'action mécanique des eaux en mouvement. Les premiers groupes de terrains de transition offrent comme une combinaison de ces actions chimiques et mécaniques, par l'alternative et le mélange de substances stratifiées et de substances cristallines, d'où il résulte une association de roches équivoques dont l'étude est accompagnée de beaucoup de difficultés. Ce qui embarrasse surtout, c'est l'injection des roches ignées (*granits*, *syénite*, *porphyres*, *trapps*, etc.) au milieu de ces premiers dépôts fossilifères, suivant leurs plans de stratification, et l'altération que ces dépôts ont éprouvée par cette introduction violente.

Ces phénomènes d'altération ne se font pas remarquer seulement sur la houille, qu'ils ont quelquefois transformée en coke: les schistes et les grès ont également participé à l'influence de la chaleur produite pendant ces éruptions; les schistes se sont calcinés; les grès sont devenus plus durs et plus compactes; enfin le soufre du sulfure de fer a été sublimé.

On a signalé dans ces derniers temps, près de Wolfstein (Bavière rhénane), un fait jusqu'à présent unique dans la formation houillère. C'est la présence, au milieu du grès houiller, de filons de calcaire saccharoïde, dont

[1] L'électro-magnétisme est l'ensemble des phénomènes magnétiques produits par l'électricité ou par l'action mutuelle des corps électrisés et d'aimants.

quelques-uns ont plus de 1060 mètres de longueur, et de 1 à 6 mètres d'épaisseur. On attribue la pénétration de ce calcaire dans le gré houiller, et sa texture, à l'épanchement de dépôts plutoniques.

L'origine première du calcaire est un problème difficile. Le carbonate de chaux forme presque 1/8 de la croûte superficielle du globe, et atteint jusqu'à 250 mètres de puissance. Quelques auteurs ont avancé que ces masses énormes avaient été sécrétées en entier par des animaux marins; mais c'est seulement reculer la difficulté; car, qui avait versé dans la mer l'immense quantité de carbonate calcaire que ces animaux y puisèrent? D'autres ont eu recours à l'action des sources thermales. Ces deux causes ne paraissent avoir produit que des modifications secondaires. On ne peut supposer que les couches calcaires soient dues, comme le sable et l'argile, aux détritus mécaniques des roches de la série granitique, car il ne paraît y avoir aucune proportion entre les quantités de chaux que ces roches contiennent et celles qui constituent les roches dérivées. On peut penser que le calcaire a été amené dans les lacs et dans les mers par des courants d'eau qui s'en seraient chargés en traversant les couches où il se trouvait antérieurement disséminé.

§ II.

Animaux fossiles des terrains transitaires. — Réfutation du système matérialiste des *transformations* successives.

Un fait bien remarquable, c'est que les quatre grandes divisions naturelles du règne animal actuel, en *vertébrés*, *articulés*, *mollusques* et *rayonnés* [1], ont commencé à la même époque, la plus ancienne des formations géologiques fossilifères. Il n'a point été non plus nécessaire jusqu'ici d'établir quelque classe nouvelle pour les plantes fossiles. Ainsi se manifeste un même plan général dans la création pour toutes les organisations les plus anciennes comme les plus récen-

[1] Cuvier, dont nous suivons ici la classification encore généralement adoptée, malgré le mérite incontestable de quelques méthodes rivales, a rangé les animaux d'après les divers degrés de ressemblance ou de dissemblance que l'on découvre entre eux, en quatre grandes divisions ou embranchements qui sont :

1° Les animaux *vertébrés*, dont le corps est soutenu par un squelette intérieur; qui ont un cerveau et une moelle épinière renfermés dans une enveloppe osseuse (crâne et vertèbres); un sang rouge; les organes de la vue, de l'ouïe, de l'odorat et du goût logés dans la tête; jamais plus de quatre membres; les sexes séparés, etc. Ex. : *l'homme, les oiseaux, les poissons*, etc.

2° Les animaux *articulés*, renfermés dans un squelette extérieur formé par la peau diversement modifiée dans sa nature et dans sa consistance, et composé d'une suite d'anneaux mobiles les uns sur les autres; point de moelle épinière; sang ordinairement blanc; membres nombreux, etc. Ex. : *insectes*, *écrevisses*, etc.

3° Les animaux *mollusques*, sans squelette ni intérieur ni extérieur; peau molle et contractile qui sécrète une matière pierreuse (coquille); sang blanc; point d'organe pour l'odorat: les organes de l'ouïe et de la vue manquent dans le plus grand nombre. Ex. : *huîtres, limaçons*, etc.

4° Les animaux *rayonnés* ont les organes du mouvement disposés comme des rayons autour d'un centre; on ne trouve ni système nerveux distinct, ni organes des sens reconnaissables. Le sang est blanc; l'appareil digestif d'une simplicité extrême. Ces êtres, d'une structure si simple, s'appellent aussi *zoophytes* (ζῶον, animal, et φυτὸν, plante, *animaux-plantes*). Ex. : *polypes*, *étoiles de mer*, etc.

tes, et partout la science constate cette belle loi, la *similitude dans les points essentiels*, et la *divergence presque infinie dans les détails pour tous les êtres organiques.*

VERTÉBRÉS. . — Squelette entier d'un oiseau de l'ordre des passereaux (schiste du canton de Glaris). — Empreintes et palais de poissons; quatre espèces d'*amblyptères* (fig. 8) (ἀμβλύω, être émoussé, πτερόν, aile ou nageoire), à Saarbruck. — Des *mégalichtys*, énormes poissons sauroïdes ou de forme analogue à celle des lézards (Édimbourg). — Des poissons d'eau douce. — Des tortues.

ARTICULÉS. . — Plus de 50 espèces de *trilobites* (fig. 10), famille complétement éteinte dès le commencement de la série secondaire, et que l'on retrouve sur les points les plus éloignés des deux hémisphères austral et boréal. — Un *scorpion.* — Plusieurs insectes *coléoptères*, *arachnides* et *névroptères.*

MOLLUSQUES. — Plus de 200 variétés de coquilles univalves, bivalves, ou cloisonnées, telles que les familles aujourd'hui éteintes d'*orthocératites* [1] (ayant quelquefois plus de 19 décimètres de long, sur 325 millimètres en diamètre), de *spirifères* (fig. 11) [2], d'*ammonites* (fig. 27) [2]; — des *nautiles*,

[1] 'Ορθὸς, droit, κέρας, corne; *Spira*, spire, *fero*, je porte; } ainsi nommées de la forme de leurs coquilles.

[2] A cause de leur forme analogue aux cornes du bélier sous la forme duquel était adoré Jupiter à Ammon. La coquille de certaines espèces est d'une beauté remarquable, et rappelle des festons de feuillage et les plus élégantes broderies, ondulant au sein des plus riches nuances.

MOLLUSQUES. — encore aujourd'hui vivants (fig. 26). On y a découvert aussi des *hélices* et des *hélicines*, mollusques à respiration aérienne; — des *unios* et *anodontes*, bivalves lacustres.

RAYONNÉS... — Beaucoup de *radiaires*, parmi lesquels on distingue la belle famille des *encrinites* (fig. 12)[1]. — Un grand nombre de polypiers, *astrées*, *caryophyllies*, etc., qui sont encore les principaux architectes des récifs de coraux dans les mers actuelles.

On cite dans la formation houillère de l'Écosse des couches tellement abondantes en *coprolithes* (κοπρὸς, excrément, et λίθος, pierre), qu'on pourrait les nommer *couches à coprolithes*, tandis que d'autres renferment une si grande quantité d'écailles de poissons, qu'elles mériteraient d'être désignées sous le nom de *couches à écailles*. On rencontre des coprolithes dans toutes les couches, quelle que soit leur époque, où l'on a trouvé des débris de reptiles carnivores, et sur des points multipliés et séparés par de grandes distances, tant en Europe qu'en Amérique. Ces pétrifications si curieuses s'offrent souvent dans un état de conservation tellement parfait, qu'on en peut conclure non-seulement la nature des aliments dont se nourrissaient les animaux qui les ont produites, mais même les dimensions, la forme et la structure de leur estomac et de leur canal intestinal.

Les trilobites, ainsi nommés parce qu'ils ont le corps

[1] De κρίνον, lis, ressemblant à un lis.

divisé en trois lobes, appartiennent à cette classe d'articulés qui sont enveloppés dans une croûte ou test, à la manière des *écrevisses*, des *crabes*, etc., et que pour cela on a appelés *crustacés*. Les yeux des trilobites ont été parfaitement conservés; ils sont au nombre de deux, et ont la forme d'un cône tronqué, couvert de plusieurs centaines de lentilles ou petites facettes sphériques et symétriquement disposées: chaque facette est un œil complet[1]. De ce fait paléontologique découlent naturellement plusieurs conclusions importantes :

1° La ressemblance d'organisation dans les yeux des crustacés fossiles les plus anciens et des crustacés actuels, prouve que les relations de la lumière avec ces organes ont été invariablement les mêmes au fond des mers à toutes les époques;

2° L'atmosphère aussi a été constamment telle qu'elle est encore de nos jours, puisque évidemment une modification dans ce milieu aurait exigé une modification

[1] « Si nous trouvions un microscope ou un télescope entre les mains d'une momie égyptienne, ou au sein des ruines d'Herculanum, il ne nous viendrait pas à l'esprit de nier que l'auteur de cet instrument ait connu les principes de l'optique. Nous devons arriver à la même conséquence, mais avec une conviction bien plus grande encore, quand nous voyons 400 lentilles microscopiques ajustées bord à bord dans l'œil composé d'un trilobite fossile. Mais la puissance de ce raisonnement est centuplée, si nous l'appliquons à l'infinie variété des modifications qu'ont subies ces instruments dans les genres et les espèces, en quantités innombrables, qui se sont succédé à partir des périodes de transition et de la famille depuis si longtemps perdue des trilobites, en passant par les crustacés éteints des périodes secondaires et tertiaires, jusqu'aux crustacés et aux innombrables essaims d'insectes du monde actuel. » Buckland, *Op. cit.*, t. I, p. 353.

correspondante dans les organes destinés à transmettre les rayons lumineux [1];

3° Les eaux des mers habitées par les crustacés primitifs étaient pures et transparentes comme celles des mers actuelles, puisque la lumière devait les traverser pour arriver jusqu'à un appareil visuel, construit absolument d'après les mêmes principes qui ont présidé au mécanisme du même organe chez les crustacés vivants. Ce n'était donc pas, comme le prétendent quelques géologues, une eau limoneuse et trouble, chargée de mille éléments en désordre, qui, par leur précipitation, auraient formé l'enveloppe du globe;

4° Enfin, ces organes de la vision que nous retrouvons chez les *articulés* des premiers âges ne sont point passés de formes plus simples à des formes plus complexes, par une suite de métamorphoses imaginaires; mais ils ont été créés *parfaits* dès leur première origine, et façonnés de la manière la plus propre aux fonctions qu'ils ont remplies, à toutes les époques, chez les animaux de cette classe.

Cette dernière conclusion, qui frappe au cœur certains systèmes matérialistes ou panthéistiques dont nous avons déjà parlé, tire un nouveau degré de force de l'étude physiologique de la famille si remarquable

[1] Une induction semblable découle de la découverte d'insectes dans la formation carbonifère, et de plus on en doit tirer cette conséquence, qu'aux époques les plus anciennes, d'innombrables tribus d'insectes se nourrissaient, comme aujourd'hui, aux dépens de la végétation, et qu'ainsi les fonctions relatives des êtres qui ont représenté successivement les deux règnes, animal et végétal, ont toujours été les mêmes que remplissent leurs représentants de l'époque actuelle.

des *encrinites*, qui reçut un prodigieux développement durant la période de transition. A cette époque de la première apparition de la vie sur notre globe, cette famille se présente avec les formes d'organisation les plus élevées et les plus parfaites, relativement à l'infériorité de condition qui lui a été assignée parmi les êtres animés. Elle offre dans son organisation un fini de combinaison que n'atteint peut-être aucune des espèces de *rayonnés* fossiles des formations géologiques postérieures, ni aucune des plus belles familles qui habitent nos mers actuelles. Cette observation est physiologiquement d'une haute importance, car elle attaque par la base une théorie dégradante, soutenue principalement par quelques naturalistes français [1], qui prétendent que la nature a procédé, dans la formation des êtres organisés vivants, par un développement graduel et continu, par une série progressive de métamorphoses d'une classe inférieure dans une autre classe immédiatement plus élevée, depuis les rudiments les plus sim-

[1] Delaméthrie, Virey, Bory de Saint-Vincent, Lamarck, etc. Ce dernier nous dit intrépidement que l'homme n'est qu'un orang-outang modifié. Mais une chose assez fâcheuse pour le système que tant d'autres faits ruinent fondamentalement, c'est la coexistence de l'espèce transformable et de l'espèce transformée. Comment se fait-il que, dans des circonstances absolument les mêmes, une partie de l'espèce orang ait subi cette profonde transmutation dont il est question, tandis que l'autre n'a pas changé? Comment les circonstances qui ont influé sur certains individus ont-elles été absolument sans effet sur les autres? Signale-t-on au moins cette influence à quelque degré, et comme un commencement de modification dans l'organisation ou dans les facultés instinctives de cette brute passant à l'état d'homme? On n'a pu, on ne peut assigner rien de semblable.

ples de la vie jusqu'aux formes les plus complexes des temps actuels, jusqu'à l'homme enfin, descendu ainsi originairement de quelque polype, qui aurait revêtu successivement toutes les formes et toutes les natures intermédiaires de l'animalité[1].

[1] « L'expérience de plusieurs milliers d'années a suffisamment réfuté ce système. Comment se fait-il que l'on ne découvre aucun exemple de semblables développements pendant cette longue observation? L'abeille a travaillé avec ardeur et sans interruption dans l'art de faire son agréable produit, depuis les jours d'Aristote; la fourmi n'a cessé de construire ses labyrinthes depuis que Salomon recommandait son exemple; mais, depuis le temps qu'elles furent décrites par le philosophe et le sage jusqu'aux belles recherches des Hubers, nous sommes certains qu'elles n'ont acquis aucune nouvelle perception ou un nouvel organe pour améliorer leurs travaux. L'Égypte qui, comme l'a très-bien fait observer la savante commission des naturalistes français, nous a conservé un Muséum d'histoire naturelle, non-seulement dans ses peintures, mais dans les momies de ses animaux, nous présente chaque espèce, après trois mille ans, parfaitement identique avec celles d'aujourd'hui. A quels efforts l'homme ne s'est-il pas livré et ne se livre-t-il pas encore plus spécialement de nos jours pour découvrir de nouvelles ressources, de nouvelles forces mécaniques, et pour donner un champ plus vaste à l'usage de ses sens! Et cependant, hélas! aucun nouveau membre ne nous a poussé, pas un seul organe ne s'est plus développé, aucun nouveau canal de perception ne s'ouvre pour nous donner l'espoir qu'après plusieurs milliers d'années, nous atteindrons un plus haut degré de l'échelle de l'amélioration progressive, ou que nous nous éloignerons de quelques pas de plus de notre consanguinité avec le singe babillard. » Wiseman, *Discours sur les rapports entre la science et la religion révélée*, t. I, p. 192-193.

« Je crois aussi peu que le cèdre du Liban fut originairement un lichen que l'éléphant doive son origine à une huître. » *Traité zoolog. et physiolog. des vers intestinaux*, par Bremser.

Après avoir victorieusement réfuté l'étrange opinion de Lamarck,

§ III.

Végétaux fossiles des terrains de transition.

CRYPTOGAMES [1] ou acotylédones vasculaires.	4 *Algues* (fucoïdes). 16 *Équisétacées*, vulgairement *queues de cheval*, dont quelques-unes ont jusqu'à 378 millimètres de diamètre, et 10 mètres de haut (fig. 2 et 3). — Les plus grandes espèces vivantes ont 3 mètres (Jamaïque).

M. Fourcault ajoute : « S'il était encore nécessaire de combattre une semblable hypothèse, il nous serait facile d'accumuler des preuves et des faits, et nous les choisirions même parmi ceux que le célèbre naturaliste a offerts. » *Lois de l'organisme vivant*, t. I, p. 356.

[1] Tous les végétaux connus ont été divisés en deux grandes sections :

1° Les *phanérogames* (φανερὸς, apparent, γάμος, noce); ils comprennent toutes les plantes qui ont des organes sexuels, et par conséquent des fleurs apparentes.

2° Les *cryptogames* (κρυπτὸς, caché, etc.); on donne ce nom aux végétaux dépourvus d'organes sexuels ou de fleurs visibles.

Les végétaux ont encore été divisés en trois grands embranchements :

1° Les *polycotylédonés* (πολὺς, plusieurs, κοτυληδὼν, cotylédon), dont l'embryon ou graine offre plusieurs *cotylédons* ou *lobes*, et développe plusieurs feuilles séminales par la germination, tels que le *chêne*, le *pin*, le *haricot*, etc. — Les polycotylédonés sont les plus nombreux du règne végétal.

2° Les *monocotylédonés* (μόνος, seul, etc.), dont la graine est d'une seule pièce et ne développe qu'une seule feuille par la germination : les *palmiers*, les *liliacées*, etc.

3° Les *acotylédonés* (α priv., sans, etc.) sont les végétaux dans lesquels on n'observe point d'embryon proprement dit : les *fougères*, les *champignons*, etc.

Les végétaux *vasculaires* sont ceux qui résultent d'un assem-

CRYPTOGAMES vasculaires.

68 *Lycopodiacées* [1]; les espèces actuelles n'ont pas plus de 975 millimètres de haut; leurs réprésentants fossiles sont de grands arbres qui ont quelquefois plus de 13 décimètres de diamètre et 34 mètres de longueur (fig. 5 et 6).

137 *Fougères* arborescentes (fig. 4) [2].

7 *Marsiliacées*, plantes aquatiques [3].

blage de deux tissus, l'un *cellulaire*, composé de petites cellules à parois minces et diaphanes, d'une petitesse extrême (la *moelle*, etc.); l'autre *membraneux*, composé de tubes ou vaisseaux cylindriques, épars ou réunis en faisceaux (le *bois*, etc.)

Il y a des végétaux uniquement composés de tissu cellulaire, tels sont les *champignons*, les *lichens*, etc.

[1] Λύκος, loup, ποῦς, pied ; les sommités ressemblent à des pattes velues.

[2] La famille des fougères est la plus nombreuse des cryptogames dans la flore fossile comme dans la flore actuelle. Elle se distribue géographiquement en trois groupes :

Dans la zone froide et tempérée du nord......	144 esp.
Dans la zone tempérée du sud...............	140
Dans la zone torride.......................	1,200
Total.......	1,484

Plusieurs centaines n'ont pas encore été décrites.

Ainsi le nombre total des plantes phanérogames, actuellement connues, étant de 45,000, le rapport de celles-ci aux fougères est celui de 30 à 1. Les espèces arborescentes ne se rencontrent qu'en dedans des tropiques ou peu au delà de cette limite, et elles atteignent de 3 à 6 mètres de haut. Les espèces fossiles ont jusqu'à 24 mètres de longueur. On a observé que les débris de fougères sont de moins en moins nombreux depuis les couches les plus anciennes jusqu'aux plus récentes, ce qui a fait conjecturer un décroissement graduel de température à la surface du globe.

[3] De Marsigli, naturaliste italien, mort en 1730. — Voyez la note A, à la fin du volume.

PHANÉROGAMES monocotylédones.	3 *Palmiers* (fig. 7). 1 *Cannée.*
PHANÉROGAMES gymnospermes [1].	*Conifères*, analogues aux plus grands pins actuels. *Cycadées* (Bohême).

En tout plus de 258 espèces de végétaux fossiles décrits. En outre, un grand nombre de plantes maintenant perdues ou non encore déterminées, parmi lesquelles on pense qu'il se trouve des polycotylédonées, telles que les *sigillaria*, les *stigmaria*, etc., espèces inconnues, aux troncs colossaux, qui paraissent se rapprocher des *euphorbiacées*. M. Brongniart a fait connaître 42 espèces de *sigillaires*.

Les premiers échantillons de plantes fossiles que l'on a découverts dans les régions les plus inférieures des terrains de transition appartiennent tous à la famille des *cryptogames*. Cette végétation primitive a formé des dépôts assez considérables d'*anthracite* dans le groupe de la grauwacke; et comme on a trouvé ce combustible en Europe et en Amérique, on peut en conclure ce fait important, l'existence de continents avec des végétaux à leur surface, à une époque contemporaine de la première apparition de la vie animale, qui se manifeste également par de nombreux témoignages dès cette même formation.

Les *fougères* constituent à peu près la moitié de la flore entière du terrain houiller : elles appartiennent

[1] Γυμνὸς, nu, σπέρμα, graine; on désigne ainsi les végétaux dont les graines sont primitivement nues et non renfermées à l'intérieur d'un ovaire, ce qui ne se voit que dans les seules familles des conifères et des cycadées.

presque toutes à la tribu des *polypodiacées*, qui renferme encore aujourd'hui le plus grand nombre d'espèces arborescentes.

Les *lycopodiacées* actuelles sont des plantes faibles; leur distribution géographique est la même que celle des fougères et des équisétacées. Leurs feuilles sont simples, en spirales autour de la tige, ce qui les fait ressembler, pour l'aspect et pour le port, aux conifères et aux mousses. Le genre *lépidodendron*[1] présente des fragments de tiges de 14 mètres de longueur; on le regarde comme intermédiaire entre les conifères et les *lycopodiacées*, et l'on suppose, d'après cela, que les lacunes que l'on a remarquées dans la série harmonique des êtres organisés actuels, doivent s'expliquer par l'extinction de genres, et même d'ordres tout entiers.

Les *sigillaires*, suivant M. Brongniart, sont très-voisines des fougères arborescentes; mais Lindley et Hutton les regardent comme des dicotylédones très-rapprochées des *euphorbiacées* et des *cactées*. Elles forment des groupes de plantes aujourd'hui inconnues, et qui paraissent avoir eu pour limites, dans leur durée, celle de la période de transition. Elles ont pour caractères une texture molle, une tige profondément cannelée, et entre les cannelures des séries linéaires de cicatrices qui indiquent la place occupée par les feuilles, et d'où est dérivé leur nom *sigillum* (sceau). Leur tronc était vraisemblablement creux, ou rempli d'une substance charnue et molle, qui a été remplacée par

[1] De λεπὶς, écaille, δένδρον, arbre, parce que les cicatrices dont les troncs sont recouverts ressemblent à des écailles. M. Brongniart cite 34 espèces de lépidodendrons.

du sable ou de l'argile et de petits fragments de diverses autres plantes. Les sigillaires, dont on trouve des milliers de troncs, ont depuis 162 millimètres jusqu'à 975 millimètres de diamètre, et leur hauteur paraît avoir dépassé 16 et 19 mètres. Quant à la nature et à la forme de leurs feuilles, on en est réduit à des conjectures. Près de la moitié des quatre-vingts espèces connues de plantes arborescentes fossiles du groupe carbonifère avaient leurs feuilles disposées comme celles des sigillaires, sur des lignes parallèles. Quelques plantes charnues seulement offrent aujourd'hui cette disposition dans leurs feuilles.

Les *stigmaria* (*stigma*, cicatrice) forment une famille fossile très-extraordinaire, maintenant détruite. Ces plantes présentent un dôme de substance probablement pulpeuse et molle avant la pétrification, et d'un diamètre de 10 à 13 décimètres. De la circonférence de ce dôme partent circulairement plusieurs branches horizontales, au nombre de 10 à 15, dont on n'a trouvé que des fragments longs de 15 décimètres, mais qu'on suppose avoir atteint une longueur de 6 à 9 mètres. Leurs feuilles cylindriques s'étendaient jusqu'à plus d'un mètre de la branche dans toutes les directions. Une pareille conformation fait croire que c'étaient des plantes aquatiques, rampant sur la vase des marais ou flottant à la surface des eaux tranquilles; elles ont quelques analogies avec les euphorbiacées.

Les *conifères* et les *palmiers* sont plus rares dans la série de transition; nous en parlerons ailleurs.

Le comte de Sternberg a trouvé récemment des *cycadées* dans la formation houillère de Bohême. (*Voyez* le § III du chap. V.)

Quant au mode de gisement des tiges et des plantes fossiles, il est généralement parallèle aux plans de stratification, mais assez souvent aussi il y a inclinaison sous divers angles, et même verticalité dans leur disposition. Plusieurs géologues inclinent à croire que les couches carbonifères se sont entassées à la surface d'îles éparses formant des archipels et couvertes d'une prodigieuse végétation, lesquelles, par les oscillations du sol, auraient été tour à tour submergées et élevées au-dessus du niveau de la mer. D'autres pensent que les végétaux, enlevés aux terres sur lesquelles ils vivaient, ont été portés par des eaux fluviatiles dans de profonds bassins marins ou lacustres. Cette dernière opinion s'accorde peu avec la présence, dans le terrain houiller, de feuilles de fougères parfaitement conservées. M. de la Bèche, qui a eu de fréquentes occasions d'observer sur la côte de la Jamaïque des fougères arborescentes, emportées jusqu'à la mer par les torrents des montagnes voisines, les a toujours trouvées tellement endommagées, qu'il pouvait à peine les reconnaître[1]. Le terrain houiller renferme quelquefois des accumulations énormes de schistes et de grès, et qui ont jusqu'à 52 mètres d'épaisseur, comme à *Forest-of-Dean* (Angleterre). Il est plus facile, d'après la nature des végétaux fossiles de cette période, de se faire une idée de la température des climats où ils ont été produits, et l'on ne peut douter qu'elle n'ait été alors plus élevée dans le nord de l'Europe qu'elle ne l'est aujourd'hui même entre les tropiques[2].

[1] Voir la note A à la fin du volume.

[2] « Les peintures de feuillage les plus exquises qui recouvrent les

§ IV.

Matières utiles des terrains transitaires.

Économie domestique. — De toutes les matières fournies à l'industrie par les terrains intermédiaires, la houille est, sans contredit, la plus importante. C'est une substance minérale, combustible, charbonneuse, noire ou grisâtre. Elle offre à l'analyse la même composition que les substances végétales, c'est-à-dire du carbone, de l'hydrogène, de l'oxygène, un peu d'azote et une matière bitumineuse et volatile.

On distingue trois principales variétés de houille :

lambris des palais de l'Italie ne peuvent entrer en comparaison avec la belle profusion des formes végétales éteintes qui tapissent les galeries de certaines mines de houille ; c'est un dais d'une magnifique tapisserie, qu'enrichissent des festons d'un gracieux feuillage, jetés sans règle et avec une sorte de profusion sauvage sur tous les points de sa surface. Ce qui en rehausse encore l'effet, c'est le contraste de la couleur noire de jais de ces végétaux avec la teinte pâle du fond, que forme la roche à laquelle ils sont fixés. Le spectateur se sent transporté comme par enchantement dans les forêts d'un autre monde ; il y est entouré d'arbres de formes et de caractères maintenant inconnus à la surface du globe, et qui s'offrent à son admiration dans toute la beauté et la vigueur de leur vie primitive. Leurs troncs écailleux, leurs branches inclinées avec toutes les délicatesses de leur feuillage, s'étalent devant lui, à peine altérés par les âges qu'ils ont traversés pour arriver jusqu'à nous ; ils sont là comme des témoins fidèles de systèmes de végétation qui ont eu leur commencement et leur fin à des époques dont, sortant de leur linceul de pierre, ils viennent, en quelque sorte, nous raconter la véridique histoire. » Buckland, *Op. cit.*, t. I, p. 401.

la houille *grasse*, la houille *sèche*, la houille *compacte*.

La houille *grasse* est d'un noir brillant et très-facilement combustible; elle se gonfle en brûlant, se ramollit, se colle et jette une flamme blanche et longue, avec une fumée abondante d'une odeur balsamique. En la soumettant à une haute température, dans des vases clos, on en convertit la matière huileuse en gaz hydrogène bicarboné, mêlé d'hydrogène protocarboné en beaucoup plus grande proportion. L'on conserve ce gaz dans un immense réservoir, nommé *gazomètre*, d'où il est distribué par des conduits souterrains pour servir à l'éclairage[1]. Le résidu est un excellent charbon qu'on nomme *coak*, fort employé pour le chauffage en France et en Angleterre. La houille *grasse* convient surtout aux travaux de forge.

La houille *sèche* est lourde et solide; elle brûle difficilement, sans s'agglutiner, avec une flamme bleuâtre et une odeur désagréable. Elle convient beaucoup à la fonte et au service des verreries. Telle est la houille du midi de la France.

La houille *compacte* est d'un noir terne; elle brûle facilement avec une flamme brillante et légère et en dégageant une odeur aromatique.

[1] L'ingénieur français Lebon est le premier qui ait employé la combustion du gaz inflammable de la houille à l'éclairage en grand. On connaît plusieurs localités (Revaux, dans le bassin de Saint-Étienne, Montchanin, dans le département de Saône-et-Loire, Sarrebruck, etc.) où la houille a été ou est encore dans un état d'ignition très-remarquable. La cause de ce phénomène n'est pas bien connue. Toutefois on pense que cet embrasement doit être attribué à la décomposition du sulfure de fer.

La houille la plus estimée est celle qui est exempte de sulfures de fer et de terres alumineuses, et qui contient de 30 à 40 pour 100 de bitume.

Une longue expérience a prouvé que l'usage de ce combustible, loin d'altérer la santé des personnes délicates, adoucit au contraire les douleurs de la poitrine et les affections nerveuses, à l'instar de toutes les substances résineuses et balsamiques. L'on a remarqué que depuis que l'on fait un usage général de la houille à Londres, les fièvres pestilentielles ont disparu.

La houille peut être employée dans tous les arts et dans toutes les manufactures qui ont le feu pour mobile, à l'exception peut-être de la fabrication de porcelaine. A poids égal, elle donne un degré de chaleur beaucoup plus considérable que le bois.

Les terrains houillers sont répandus dans toutes les contrées du globe, et jusque dans le voisinage des pôles. Au Groënland, à l'île de Melville, où l'on a des nuits de deux mois (75e degré de latitude nord), on a trouvé les mêmes végétaux fossiles qu'à Édimbourg et dans les autres houillères de l'Europe.

Les exploitations les plus considérables en France sont aux environs de Lille et de Valenciennes, aux mines d'Anzin et de Raismes, qui ont 195 et jusque 390 mètres de profondeur. Les dépôts houillers du centre de la France reposent sur le granit, le gneiss, etc. (Saint-Étienne[1], Brassac). Il en est de même en Virginie. Dans quarante-deux de nos départements, il

[1] Le bassin de Saint-Étienne fournit à lui seul près de la moitié de la houille que l'on exploite en France. Il a 11 lieues et demie de long sur 12 kilom. de large.

existe 240 mines de houille exploitées, occupant plus de 15,000 ouvriers, fournissant de 15 à 18 millions de quintaux métriques[1] par an, et représentant une valeur de plus de 50,000,000 de fr.

Les mines de houille font la richesse des pays où elles se trouvent, et c'est à elles, en grande partie, que l'Angleterre doit sa prospérité industrielle. Celles de Newcastle produisent par an plus de 36 millions de quintaux métriques de houille et emploient plus de 60,000 ouvriers. On compte dans la Grande-Bretagne 5,000 lieues carrées de terrain houiller exploitable, et l'on peut évaluer à 6,400,000,000 de tonnes la quantité du combustible qui s'y trouve enfouie. L'extraction de la houille, dans le pays de Galles, s'élève, par an, à 3,000,000 de tonnes, et l'on a calculé qu'on en pourrait retirer la même quantité pendant 1,500 ans[2].

[1] Le quintal métrique est de 100 kilog.

[2] Quantité approximative de houille extraite chaque année dans divers pays :

	Quintaux métriques:
Angleterre.	180,000,000
Belgique, Prusse rhénane.	31,000,000
France.	20,000,000
Silésie, Prusse.	3,000,000
Hanovre, Confédération germanique.	3,500,000
États-Unis.	2,000,000
Saxe.	800,000
Autriche.	340,000
Bavière.	160,000
Bohême.	2,500,000

La Chine est, dit-on, le pays le plus riche en mines de houille. L'Espagne et le Portugal présentent d'immenses dépôts houillers, d'où l'on peut conclure qu'il y a beaucoup d'avenir dans la richesse et dans la prospérité matérielle de ces deux royaumes. L'Autriche

Les dépôts houillers sont ordinairement renfermés dans des *bassins*. L'épaisseur des couches, au nombre de plus de 50 en certains lieux, varie depuis quelques centimètres jusqu'à 6, 16, 36 mètres et au-dessus. Il y a des houillères à 4,400 mètres au-dessus du niveau de la mer [1]; il en est d'autres, au contraire, à plusieurs centaines de mètres au-dessous.

En considérant le développement que l'industrie manufacturière prend de jour en jour et la rareté du bois de chauffage, on peut prédire aux exploitations de houille un brillant avenir; aussi les capitalistes éclairés dirigent-ils aujourd'hui de ce côté leurs spéculations et leurs espérances [2].

et la Russie sont peu riches en houillères. Le Danemark en est dépourvu; la Suède et la Norwége ne possèdent que quelques exploitations peu susceptibles de développement. L'Italie et la Turquie sont très-pauvres en gisements houillers; la Grèce ne présente pas même le terrain qui recèle la houille.

La cherté du transport nuit, en France, à la consommation de la houille. Ainsi les petits ménages qui devraient en consommer beaucoup, surtout à Paris où le bois est fort cher, n'y trouvent pas assez d'économie. Sur un million d'hectolitres, 50,000 seulement sont consommés dans les foyers domestiques.

[1] Celles de Santa-Fé dans les Cordilières. Les houillères de Saint-Ours, près Barcelonnette (Basses-Alpes), sont à 2,160 mètres au-dessus du niveau de la mer.

[2] On nous saura gré de citer ici l'opinion d'un célèbre géologue anglais sur la formation des couches de houille :

« L'époque la plus reculée jusqu'où nous puissions remonter vers l'origine de la végétation est celle où elle florissait dans les marais et les forêts du monde primitif, sous les formes gigantesques et majestueuses des *calamites*, des *lepidodendrons* et des *sigillaires*. Arrachées au sol qui les avait vues naître par les tempêtes et les inondations d'un climat chaud et humide, ces plantes furent entraînées dans un lac, dans un golfe ou dans quelque mer

Un autre combustible fossile se trouve dans les terrains de transition de certaines contrées, c'est l'*an-*

peu éloignée. Là, après avoir flotté à la surface, jusqu'à ce que, saturées par l'eau, elles soient tombées au fond, elles y ont été enveloppées par les détritus des terres adjacentes, et, changeant de conditions, elles ont pris place parmi les minéraux. Depuis lors elles sont demeurées longtemps dans leur sépulture, où, soumises à une longue série d'actions chimiques et à de nouvelles combinaisons dans leurs éléments végétaux, elles ont passé à la forme minérale de la houille. Puis l'expansion des feux internes a soulevé ces lits du fond des eaux, pour les élever à la position qu'ils occupent maintenant sur les montagnes et les collines, où l'industrie humaine peut aller les prendre. C'est à cette quatrième période que le mineur va chercher la houille, assisté par les arts et la science qui lui ont donné la machine à vapeur et la lampe de sûreté. Rendue à la lumière et de nouveau confiée à l'élément aquatique, la navigation la transporte de la bouche du puits d'extraction sur la scène où le feu doit lui faire subir ses derniers et ses plus importants changements, ceux qui doivent la mettre enfin au service des besoins et du bien-être de l'espèce humaine. A cette dernière phase de son histoire, si riche en événements, la houille disparaît et le vulgaire la croit anéantie; ses éléments en effet se débarrassent des combinaisons minérales dans lesquelles ils ont été emprisonnés pendant des âges sans nombre, mais cette destruction apparente n'est que le point de départ d'une activité nouvelle et d'une nouvelle suite de changements. Libres enfin des liens qui les ont retenus si longtemps, ces éléments retournent à leur atmosphère natale, d'où ils furent appelés jadis à fournir le principe de la végétation primitive du globe; puis le lendemain ils retournent peut-être constituer la substance du bois dans les arbres de nos forêts actuelles; et quand ils auront repris ainsi leur place dans le règne végétal de notre époque, ils reviendront avant peu se remettre une seconde fois au service de l'espèce humaine. Et lorsque la décomposition ou le feu auront de nouveau rendu à l'atmosphère ou à la terre les mêmes éléments désagrégés, ce ne sera que pour qu'ils rentrent de nouveau dans le cercle indéfini qu'ils sont destinés à parcourir au sein de l'économie du monde matériel. » Buckland, *Op. cit.*, t. I, p. 422.

thracite (ἄνθραξ, charbon), substance noire, grisâtre, qui ne contient ni bitume ni hydrogène, mais 90 pour 100 de carbone avec un peu de silice, d'alumine, etc. Sa combustion exige une quantité considérable d'air; il brûle sans fumée et sans odeur; il forme des amas irréguliers parmi des schistes et des grès sur le sommet ou sur les penchants des montagnes primitives (Dauphiné, etc.). On s'en sert pour cuire de la chaux, pour faire toute espèce de taillanderie, etc.

Les *bitumes* (πίτυς, pin qui produit le goudron) sont regardés comme provenant de la décomposition de la houille. Ce sont des matières huileuses très-inflammables, brûlant avec une fumée épaisse et très-odorante. Les variétés sont :

1° Le *naphte* (du syriaque *naphta*) et le *pétrole* (πέτρος, pierre, ἔλαιον, huile); ils diffèrent à peine : ils sont liquides, un peu visqueux et brûlent avec une flamme bleuâtre et une fumée épaisse, en répandant une odeur pénétrante. On les emploie à l'éclairage (Gênes, la Perse, etc.). Le pétrole s'appelle encore *huile de Gabian*, du nom d'un village près Pézenas (Hérault). Il entrait, dit-on, comme ciment dans les fameuses constructions en briques de Babylone.

2° La *malthe*, analogue aux précédents, est de consistance plus solide et plus glutineuse. Elle entre dans la composition de la cire noire à cacheter.

3° L'*asphalte;* solide, sec, opaque; il est très-abondant sur les bords du lac *Asphaltite*, en Judée. Les Égyptiens l'employaient pour les embaumements des cadavres et pour les préparations de leurs *momies* (de l'arabe *mumia*, cire). Fondu avec du sable, il forme un mastic dont on fait aujourd'hui un grand usage pour le pavage des trottoirs et des places publiques. On ignore le mode d'opération de la nature dans la formation des différents bitumes[1].

Peinture et dessin. — Le *crayon noir*, ou *pierre d'Italie*, schistes argileux noirs que l'on scie en baguettes ou petits prismes (Bretagne, etc.).

Le *crayon rouge* ou *sanguine* des charpentiers, sorte d'argile à structure schisteuse, colorée par le fer (Sarrelouis, etc.).

Minerais salins. — L'*alun* (sulfate d'alumine et de potasse); il sert de mordant dans les teintures, etc.; on l'emploie en médecine pour réprimer le développement des chairs fongueuses des plaies.

Les *vitriols*[2] ou *couperoses*, bleus (*sulfate* de cuivre), blancs (*sulfate* de zinc), verts (*sulfate* de fer); fort employés dans la teinture et la médecine.

Métaux. — Le *mercure*, liquide à la température ordinaire, solide à 40° centigr. au-dessous de zéro. Il sert à construire les thermomètres et les baromètres, à extraire, par l'amalgamation, l'or et l'argent mélangés à des substances étrangères, à dorer ou argenter les autres métaux, à cause de la propriété qu'il a de dissoudre l'or et l'argent et de s'en séparer ensuite par la chaleur; à étamer les glaces, à préparer le *vermillon*

[1] Le *bitume élastique* ou *caoutchite*, substance brunâtre, molle, extensible, a été trouvé récemment dans la mine de houille de Montrelais (Loire-Inférieure). Celui du commerce est produit par le suc coagulé de l'*hévé*, grand arbre originaire d'Amérique et de la famille des *euphorbiacées*.

[2] De *vitreolum*, couleur de verre. — Couperose, de χύπρος? Chypre, île d'où les anciens tiraient leur cuivre.

ou *cinabre*, combinaison de mercure et de soufre ; il entre aussi dans plusieurs préparations pharmaceutiques très-efficaces.

Le *bismuth;* il est cassant, dur, très-fusible; entre dans la composition des plaques de sûreté pour les chaudières de machines à vapeur. Son oxyde colore le verre en jaune et est employé dans la dorure sur porcelaine. C'est aussi un antispasmodique énergique.

Le *manganèse ;* son oxyde enlève au verre sa couleur verte ou jaunâtre ; employé avec excès, il colore en violet. Il fournit les couleurs brunes à la peinture sur porcelaine, etc. Il abonde aussi dans les terrains primitifs.

Les terrains transitaires contiennent de plus de riches mines de fer[1] et de nombreux filons de *cuivre*, de *zinc*, de *plomb* argentifère, etc.

ARCHITECTURE ET DÉCORATION. — Les *calcaires* de transition fournissent les meilleures *chaux*[2], de bonnes

[1] « Le fer, que la main bienfaisante du Dieu qui a créé l'univers a répandu dans le sein de la terre avec une abondance proportionnée aux services qu'il nous rend, étend son existence bien au delà des mines où il se présente comme de lui-même pour être approprié à nos usages. Il s'introduit partout et remplit la nature entière de ses modifications. Il s'unit intimement ou par voie de mélange aux autres métaux. Il est disséminé en grains ou en particules imperceptibles dans une multitude de pierres. Il fait la fonction de principe colorant dans les marbres, dans les agates et dans une grande partie des pierres précieuses, où, combiné avec différentes quantités d'oxygène, il parcourt tous les degrés de l'échelle du spectre solaire. » Haüy, *Traité élém. de Physique*, t. II, p. 111.

[2] L'eau et l'acide carbonique, qui forment les 45/100 des *pierres calcaires*, se dégagent par la cuisson, et il reste une combinaison de chaux, de silice et d'alumine.

qualités de *plâtres*, de l'*albâtre* gypseux, un grand nombre de *marbres* gris, noirs ou de couleurs mélangées, tels que le marbre *madréporique* de Mons ou marbre des Écaussines, appelé *petit granit* à Paris[1]; d'innombrables variétés de *jaspes*, etc. On trouve dans les schistes de transition, des *ardoisières* considérables, telles que celles d'Angers, qui ont une épaisseur énorme, deux lieues d'étendue, et sont exploitées à la profondeur de 97 mètres. Elles occupent environ 3000 ouvriers, et fournissent annuellement près de 80 millions d'ardoises. Les ardoises d'un gris bleu ou vertes sont les meilleures. L'ardoise d'Angers est remarquable par la finesse de son grain, son peu d'épaisseur et sa légèreté; c'est la seule qu'on emploie à Paris.

Enfin, les *grès* et les *poudings* fournissent, les premiers, de bonnes pierres à aiguiser, les seconds, de belles *meules* de moulin, et les uns et les autres des pierres de taille et d'appareil.

Médecine. — Les eaux minérales gazeuses de Vichy; les eaux salines de Plombières, etc.

[1] « La substance de ce marbre se compose souvent presque en entier d'osselets pétrifiés d'*encrinites*, comme un tas de blé se compose d'épis. Les hommes s'en servent pour construire leurs palais et leurs tombeaux; mais combien peu soupçonnent, combien peu surtout apprécient à sa juste valeur ce fait surprenant, qu'une grande partie de la substance de ce marbre est formée par les squelettes de millions d'êtres organisés, qui, à une certaine époque, ont eu toutes les jouissances de la vie, compatibles avec leurs conditions d'existence, et qui, après avoir rempli l'emploi qui leur était assigné pour un temps dans l'économie générale de la nature vivante, ont contribué de leurs débris à grossir les masses montagneuses de la surface du globe. » Buckland, etc., t. I, p. 377.

CHAPITRE V.

TERRAINS SECONDAIRES.

§ I.

Groupes. — Roches. — Caractères minéralogiques. (Voy. le Tableau de 8 à 18.)

Les terrains secondaires, et généralement tous les terrains formés par les eaux, ne se composent que d'une longue série de couches plus ou moins puissantes de *grès*, de *calcaires* et d'*argiles*, avec les modifications les plus variées dans la couleur, la dureté, la structure ou la composition minéralogique. Pour éviter des répétitions, nous n'indiquerons que quelques caractères plus remarquables.

Groupes :	
POIKILITIQUE[1] (formation marine ou fluvio-marine.)	NOUVEAU GRÈS ROUGE OU VOSGIEN; sable quartzeux, cimenté par l'oxyde de fer; conglomérats. — de 1,500 à 2,000 mètres de puissance dans les Andes. — Empreintes de pieds d'oiseaux énormes (Connecticut). CALCAIRE MAGNÉSIEN OU ZECHSTEIN,

[1] Ποικίλος, de couleur variée. D'autres disent *pœcilien*.

Groupes :

compacté. — Poissons, reptiles (Autun, etc.).

POIKILITIQUE...

GRÈS BIGARRÉ, quartzeux ou micacé. — Sel gemme. — Végétaux terrestres.

CALCAIRE COQUILLIER ou MUSCHELKALK, compacte. — Mollusques et reptiles (Vosges, etc.).

MARNES IRISÉES ou KEUPER. — Plantes terrestres (Lons-le-Saulnier, etc.).

OOLITHIQUE ou JURASSIQUE (format. fluvio-marine).

LIAS, roches arénacées, calcaires, marneuses, traversées par des veines blanches de carbonate de chaux. — Végétaux, reptiles (Bayeux, etc.).

OOLITHE INFÉRIEURE, innombrables petits globules calcaires agglutinés, appelés *milliaires ;* calcaires, marnes, argiles. — Végétaux (*cycadées*, etc.). — Crocodiles, etc. — Nous comprenons, sous le nom d'*oolithe inférieure*, le *calcaire marneux*, l'*oolithe moyenne* et l'*argile de Dives*.

OOLITHE SUPÉRIEURE, à laquelle nous réunissons l'*argile de Honfleur* et l'*oolithe de Portland ;* argiles, calcaires compactes, argileux, schisteux, etc. — Première apparition des mammifères (marsupiaux ?) ; énormes amas de polypiers (*coral-rag* des Anglais). (Normandie, etc.)

CRÉTACIQUE. (form. marine).

CRAIE INFÉRIEURE ou CHLORITHÉE (gris vert), sables ferrugineux, calcaires, marnes, etc. — On y trouve intercalés trois dépôts fluviatiles, le *calcaire de Purbeck*, le *sable d'Hasting* et l'*argile wel-*

Groupes :	
	dienne (Sussex, Angl.), formations locales et accidentelles.
CRÉTACIQUE.	CRAIE MOYENNE ou *tuffau*, calcaires durs. — Animaux pélagiens, etc.
	CRAIE BLANCHE (dépôt produit par une dissolution chimique de carbonate de chaux); calcaire tendre, friable; elle est remarquable sur la côte méridionale d'Angleterre : de là le nom antique d'Albion (*albus*, blanc), donné à cette île. — Grands reptiles, etc.

Le groupe crétacique s'étend en France depuis le Berri jusqu'à Boulogne-sur-Mer.

Les roches éruptives, *trapps*, *trachytes*, *porphyres*, etc., ont pénétré à travers les formations secondaires, et l'on en rencontre des filons ou des dykes à tous les étages de la série de ces terrains. Quelquefois la roche ignée a tout à fait altéré et changé la texture de la craie, qui s'est transformée en un véritable marbre (Irlande, Chio, le Vicentin, etc.) C'est aux dépôts plutoniques que l'on doit attribuer les dislocations qui ont formé les cavernes nombreuses que l'on connaît dans le terrain jurassique. Ce sont eux encore qui ont changé les calcaires en dolomies ou en marbres saccharoïdes, les argiles en schistes argileux et ardoisiers, les marnes en calschistes, et les grès en quartzites, en gneiss, etc.

Les groupes des terrains secondaires sont loin de se présenter dans toutes les localités réunis ensemble dans l'ordre de superposition où nous venons de les décrire; ils changent de physionomie en passant d'une contrée à une autre, s'excluent mutuellement, et se remplacent plutôt qu'ils ne se suivent. Leurs assises nombreuses, horizontales dans les plaines, s'inclinent à l'approche des montagnes, et concourent à leur formation. Les couches offrent alors en général les indices d'une dislocation violente[1].

[1] Des conglomérats porphyritiques, calcaires ou autres, se trouvent abondamment répandus, surtout dans les couches inférieures de cette période, et attestent dans l'action des forces qui les ont arrachés aux roches plus anciennes, une puissance de destruction et de transport que n'ont plus les eaux des mers actuelles, même dans leur plus extrême violence.

Les *rognons de silex* que l'on trouve disséminés ou disposés par couches dans la craie, sont regardés comme le résultat de la conglomération, par l'attraction moléculaire, de la matière siliceuse répandue originairement dans la pâte calcaire au milieu de laquelle l'*oxyde silicique* aurait existé en gelée molle. Berzelius a démontré la solubilité de la silice au moment de sa formation, et son insolubilité parfaite dès qu'elle a acquis un certain degré de cohésion. Il en est ainsi sans doute du calcaire, du marbre, etc., que l'eau ne peut plus dissoudre. Il ne paraît pas que l'on ait jusqu'ici expliqué comment s'opèrent certaines dissolutions de silice. Une sécrétion siliceuse bien remarquable est celle dont la nature a revêtu extérieurement, dans un but de conservation, les roseaux et les graminées.

Dans la préparation des matières plastiques pour les poteries, on mélange avec de l'argile des silex grillés et broyés, pour en former une pâte. M. Babbage a observé que si on laisse longtemps cette pâte en repos, les particules siliceuses se concentrent en petites masses, et la pâte ne peut plus être employée. Ce fait paraît expliquer la formation des silex de la craie.

Les sources thermales de Langaness (Islande) contiennent de la silice qui est gélatineuse à la sortie immédiate de l'eau, et qui se durcit bientôt et prend une teinte bleuâtre analogue à celle des agates. Un grand nombre d'autres sources thermales dans les régions volcaniques, aux Açores, dans les montagnes Rocheuses (États-Unis), dans l'Inde, au Mont-Dore (France), etc., produisent également des concrétions siliceuses plus ou moins considérables. Un zoophyte du genre *liphytion*, au lieu de sécréter du calcaire, sécrète une ma-

§ II.

Animaux fossiles des terrains secondaires.

VERTÉBRÉS . .

MAMMIFÈRES ; — *marsupiaux* ? (oolithe de Stonesfield, près d'Oxford).

OISEAUX ; — *ornithichnites* (ὄρνις, oiseau, ἴχνος, trace) ou empreintes de pieds de plusieurs espèces d'oiseaux dont l'enjambée atteignait 195 centimètres, et qui avaient au moins deux fois la taille de l'autruche, dont la hauteur est de plus de 29 décimètres (États-Unis). — Os d'une espèce d'échassier plus grand que le héron, trouvés par M. Mantell dans la formation d'eau douce de Tilgate-Forest.

REPTILES ; — *tortues* terrestres (fig. 20), marines et d'eau douce : la carapace d'une tortue marine trouvée dans le Muschelkalk de Lunéville avait 26 décimètres de long. — Un nombre considérable de *sauriens* (σαῦρος, lézard), tels que *plésiosaures* (fig. 23) (πλησίος, voisin, etc.), — *ichthyosaures* (fig. 24) (ἰχθὺς, poisson, etc.), — *hylœosaures* (ὕλαιος, des bois), — *mosasaures*, — *téléosaures* (fig. 18) (τελέιος, parfait, etc.), — *mégalosaures* (μέγας, grand), — *ptérodactyles* (fig. 17) (πτέρον,

tière siliceuse. Il paraît que quelques espèces d'alcyons et d'autres polypiers voisins de ce genre renferment aussi une certaine quantité de silice. C'est pourquoi plusieurs savants attribuent à une origine animale les silex de la craie, qui proviendraient, suivant eux, de la décomposition de ces corps marins.

aile, δάκτυλος, doigt), — *iguanodon* (fig. 19, — *crocodiles*, — *monitors*, etc.

VERTÉBRÉS..

Poissons ; — dans le lias et l'oolithe, de grands sauroïdes, *aspidorynchus* (ασπις, bouclier, ῥύγχος, groin) ; — les *pycnodontes* (πυκνὸς, épais, ὀδοὺς, dent), famille nombreuse de poissons aujourd'hui éteints, dont l'intérieur de la bouche était revêtu de dents épaisses et aplaties, destinées à broyer de petits mollusques ; — des *raies* ; — des genres analogues à la *bandoulière*, au *brochet*, au *hareng*, au *saumon*, etc. — Plus de 200 espèces de *lépidoïdes* (λέπις, écaille), remarquables par leurs énormes écailles osseuses recouvertes d'une couche d'émail, cuirasse qui avait pour but, présume-t-on, de protéger leurs corps contre l'action des eaux alors plus chaudes de la mer ; (deux genres vivants seulement sont armés de semblables écailles). — Les deux tiers des poissons appartenant à la craie sont maintenant éteints, et se rapprochent de ceux de la série tertiaire.

MOLLUSQUES.

Outre un nombre considérable d'univalves et de bivalves, on a décrit plusieurs centaines d'espèces de *céphalopodes* à coquille interne, ou en partie enveloppée ou externe, appartenant à des familles aujourd'hui éteintes, telles que *ammonites* (fig. 27), *baculites*, *hamites*, *scaphites*, *turrilites* [1], etc., *nautiles* (fig. 26), etc. — Des

[1] Ces mollusques tirent leur nom de la forme de leur coquille, *baculum*, bâton, *hamus*, hameçon, *scaphium*, gondole, *turris*,

MOLLUSQUES. *céphalopodes* nus, *bélemnites*[1]; des osselets dorsaux ou lames cornées à fibres d'une délicatesse extrême et ressemblant extérieurement à une plume d'oiseau[2], associés à des réservoirs d'encre pareils à ceux de la *seiche* actuelle (*sepia*) ou *calmar* (fig. 25); ce réservoir est une espèce de vessie qui contient un liquide noir et visqueux que la seiche lance pour obscurcir les eaux et se dérober aux poursuites de ses ennemis. Cuvier et Buckland ont figuré ces débris avec l'encre fossile même de ces mollusques.

tour. Ces coquilles ont la plus grande analogie dans leurs parties les plus importantes ; elles ont toutes une série de chambres aériennes traversées par un tube membraneux nommé *siphon*, que l'animal remplissait d'eau ou vidait à son gré, selon qu'il voulait se rendre plus lourd pour descendre, ou plus léger pour monter.

[1] De βέλεμνον, *flèche;* ainsi nommées parce que leurs chambres ou cloisons sont enveloppées d'un étui fibreux conique ressemblant à la pointe d'un fer de flèche. Comme elles étaient munies d'un réservoir d'encre, à la manière des seiches, on les appelle *bélemno-seiches*; on en connaît 88 espèces. — *Céphalopodes*, de κεφαλή, tête, et ποῦς, pied, parce que ces animaux ont la tête couronnée de 8 à 10 appendices servant à la locomotion et à la préhension.

[2] « Paley, avec son bonheur ordinaire, a décrit admirablement l'unité et l'universalité de la Providence, qui veille à tout avec un égal souci, qui enveloppe Saturne d'un anneau de 70,000 lieues de diamètre, jeté sur la tête des habitants de la planète comme l'arche d'un pont grandiose, et qui ajuste un mécanisme exprès pour enrouler les fibres qui constituent les plumes du colibri. Les géologues n'ont pas à décrire des agencements moins curieux, ni des mécanismes moins délicats, depuis l'enveloppe externe tout entière de notre planète jusqu'aux ondulations les plus minutieuses

ARTICULÉS. — Des *décapodes macroures* (μακρὸς, grand, οὖρα, queue), ou crustacés ayant dix pattes et ressemblant à nos *homards*. — Deux espèces d'*araignées* (oolithe). — Plus de 25 espèces d'insectes (fig. 21), dont cinq appartiennent à la famille des *libellules* (fig. 22) ou *demoiselles* (oolithe). — De ces faits nous devons conclure qu'à ces époques reculées, l'état de la terre, des eaux et de l'atmosphère, ne différait pas essentiellement de leur condition présente, et que les formes essentielles et les fonctions relatives des êtres organisés ont été constamment les mêmes aux différents âges de notre globe.

RAYONNÉS... — Ils sont innombrables, et leur description remplirait des volumes. Ils forment quelquefois, presque de leurs seuls débris, des couches très-étendues. On distingue surtout la belle et nombreuse famille des *encrinites* (fig. 28), dont nous avons déjà parlé.

Outre des débris de marsupiaux[1], on croit avoir reconnu des traces de grands mammifères (*cheirothe-*

des moindres fibres qui constituent les lames dans les pennes du calmar fossile. » Buckland, etc., t. I, p. 271.

[1] De *marsupium*, bourse, à cause d'une poche externe placée sous l'abdomen, et dans laquelle ces singuliers animaux déposent leurs petits après leur naissance. On ne les rencontre aujourd'hui vivants que dans les deux Amériques et la Nouvelle-Hollande. L'existence de ces mammifères, à l'époque ancienne de la formation jurassique, a été contestée par M. de Blainville (1838) et par M. Agassiz. Suivant eux, les débris en question appartiennent à

rium), qui en étaient voisins, dans des empreintes de pieds, observées dans le *keuper* (Saxe). M. de Blainville pense que ce sont des impressions de végétaux. On a aussi rencontré dans le même terrain, en Écosse, des empreintes nombreuses et parfaitement reconnaissables de pied de tortues terrestres[1].

La formidable race des sauriens paraît avoir été mise en possession de la vie pour la première fois à l'époque

un saurien, le *basileo-saurus* de Harlan, mais de l'espèce la plus petite. Buckland, Valenciennes et Duméril soutiennent qu'ils doivent être rapportés à des mammifères.

[1] « Que l'historien ou l'antiquaire aille visiter les champs où se sont livrées les batailles des temps anciens ou des temps modernes; qu'il suive pas à pas la marche de ces victorieux conquérants, dont les armées ont broyé les plus puissants royaumes; le vent et la tempête ont effacé le sillon éphémère qu'y avait creusé leur passage, et les pieds de tant de millions d'hommes et de bêtes qui ont parcouru le monde en tout sens pour y semer la ruine et la désolation, n'ont pu peser assez sur sa surface, pour y laisser après eux une seule de leurs empreintes. Mais ces reptiles qui se sont traînés sur la croûte encore ébauchée de notre planète aux âges de son enfance, y ont imprimé d'ineffaçables souvenirs de leur passage. Aucune histoire ne rappelle leur création, ni comment ils ont été enveloppés dans une destruction complète; et l'on ne retrouve pas même leurs os parmi les débris fossiles qui nous sont restés de l'univers ancien. Des millions d'années séparent de nous l'époque où ces traces ont été laissées par le pied des tortues sur les sables de leur Écosse natale; et, le jour où, de nouveau rendues à la lumière, elles viennent s'offrir à notre curiosité et à notre admiration, elles nous apparaissent gravées sur le roc comme sur une neige récente les pas d'un animal qui vient d'y passer; elles sont là comme une moquerie jetée aux potentats les plus puissants des sociétés humaines, et comme une voix pour nous redire combien sont peu de chose des centaines de siècles en présence de l'éternité. » Buckland, *Op. cit.*, t. I, p. 229.

de la formation du *calcaire magnésien*, et s'être éteinte au temps de la formation crétacée. Il y avait des sauriens volants, des sauriens terrestres et des sauriens marins. Parmi ces derniers, l'*ichthyosaure* (poisson-lézard), dont on compte huit espèces, était un animal fort extraordinaire (fig. 24). Il avait plus de 97 décimètres de long; ses yeux avaient 378 millimètres de diamètre; ils étaient environnés d'un cercle de plaques osseuses assez semblables aux écailles d'un artichaut, et, suivant que ces lames étaient ramenées en arrière ou dressées en avant, l'œil devenait un microscope ou un télescope, ce qui constituait un appareil visuel d'un pouvoir prodigieux. Cent quatre-vingts dents de forme conique garnissaient deux mâchoires de 195 centimètres de long, formées de lames osseuses plates et minces, disposées comme les lames d'acier d'un ressort de voiture, et réunissant ainsi la force et l'élasticité avec le plus petit poids de matériaux possible. Ses extrémités se terminaient en vigoureuses nageoires analogues aux avirons de la baleine. On a découvert à l'intérieur de leur squelette des débris à moitié digérés de poissons et de reptiles, et dans leur voisinage une foule de *coprolithes* [1], ou excréments pétrifiés qui nous font connaître la nature des aliments dont ils se nourrissaient.

[1] Un coprolithe trouvé dans les couches du lias et remarquable par ses circonvolutions en spirale et les impressions vasculaires de sa surface, peut être signalé comme un exemple frappant du soin minutieux qui préside aujourd'hui aux investigations des naturalistes, et du genre de témoignages que les recherches géologiques vont demander à l'anatomie comparée. Sur un des côtés de ce coprolithe, se voit une petite écaille de poisson. A l'instant même où on la fit voir à M. Agassiz, non-seulement il prononça que cette

Le *plésiosaure* avait la tête d'un lézard, les pattes d'un cétacé, le cou semblable au corps d'un serpent. Sa tête avait de 23 à 80 centimètres de longueur. Les dents sont inégales, grêles et pointues, un peu arquées et cannelées longitudinalement; le cou, composé de 35 vertèbres, a trois fois la longueur de la tête. A en juger par quelques débris, le *plésiosaure* devait avoir de 3 à 9 mètres de longueur. On en a décrit dix espèces (fig. 23).

Le *mosasaure* avait plus de 8 mètres de long, et se rapprochait beaucoup des *monitors* actuels, dont les plus grands n'ont pas plus de 16 décimètres[1]. C'est à propos du mosasaure que Cuvier affirma qu'il était en état, d'après la vue d'une seule dent, de reconstruire l'ensemble du squelette.

Le *mégalosaure* paraît avoir été l'un des plus monstrueux reptiles terrestres du monde ancien. Ses membres postérieurs et antérieurs, d'environ 2 mètres de haut, supportaient un corps dont les dimensions atteignaient plus de 16 mètres en longueur. Par la forme

écaille appartenait à l'espèce de poisson nommée *polidophorus limbatus*, mais il détermina la place précise qu'avait occupée cette écaille à la surface du corps. Un tube placé sur sa face interne et que l'on aperçoit à peine sans le secours du microscope, prouve qu'elle faisait partie de cette ligne latérale d'écailles perforées qui vont de la tête à la queue des deux côtés du corps dans tous les poissons, et y forment un conduit destiné à porter des glandes de la tête jusqu'à l'extrémité du corps, un mucus lubréfiant. Quant à la position que cette écaille occupait sur cette ligne elle-même, elle était du côté gauche, non loin de la tête.

[1] Le monitor est une espèce de lézard qui fréquente les marais, et à qui on a donné ce nom, parce qu'on a cru qu'il annonçait l'approche des crocodiles. On le trouve sculpté sur les monuments de l'ancienne Égypte.

et la structure de ses dents, et par leur disposition sur la face interne des mâchoires, chaque mouvement de celles-ci produisait l'effet combiné d'un couteau, d'une scie et d'un sabre à deux tranchants.

Un reptile plus gigantesque encore est l'*iguanodon* (fig. 19), espèce herbivore dont le système dentaire ressemble à celui de l'iguane moderne; mais celui-ci n'a que 16 décimètres de long, tandis que son congénère fossile en avait plus de 227. L'os de la jambe surpasse en grosseur celui des plus grands éléphants, et n'a pas moins de 594 millimètres de circonférence dans son moindre diamètre. La grosseur de son corps excédait 45 décimètres; ses dents offrent une structure et une disposition des plus remarquables : elles ressemblent à des cisailles; leur arête supérieure est une lame tranchante d'émail; de chacun de leurs côtés règne une série de dentelures aiguës et acérées, et leur surface antérieure est parcourue dans sa longueur par des sillons cannelés, ce qui constituait, sous l'action des mâchoires, l'instrument le plus merveilleusement combiné pour couper et déchirer les substances végétales les plus résistantes. «Et à moins que de nous refuser à appliquer aux ouvrages de la nature les mesures qui nous servent dans l'appréciation des ouvrages de l'art humain, comment pourrions-nous voir ces instruments où la beauté des dispositions mécaniques s'allie à une si grande simplicité de moyens, et où tout est préparé à l'avance pour toutes les phases successives de leur emploi, sans nous sentir pénétrés de cette conviction profonde que ces arrangements prennent leur origine dans les desseins d'une haute intelligence?» BUCKLAND, *Op. cit.*, p. 217.

Enfin, l'air avait aussi, durant ces âges reculés, des habitants d'une structure si prodigieusement anormale, qu'on serait d'abord tenté de les prendre pour des créations fantastiques et des rêves d'une imagination folle; nous voulons parler des *ptérodactyles* (fig. 17), dont on connaît déjà huit espèces; la plus grande atteint la taille d'un cormoran, ou 162 centimètres d'envergure. Par la forme de sa tête et la longueur de son cou, le ptérodactyle a de l'analogie avec les oiseaux; par les proportions de ses ailes, avec les chauves-souris; par le tronc et la queue, avec les mammifères. Son bec était armé d'au moins 60 dents coniques; ses yeux étaient d'un volume énorme; ses quatre membres soutenaient des ailes membraneuses, et les antérieurs étaient munis de longues griffes; il avait le corps recouvert, non de poils ou de plumes, mais d'écailles. Cuvier pense que c'était un animal nocturne, et qu'il vivait d'insectes. S'il nous était permis d'entrer dans quelques détails sur l'organisation de ce curieux saurien volant, il nous serait impossible de méconnaître dans l'admirable concordance de ses proportions la main d'un Créateur commun, qui ne se manifeste pas seulement dans les mécanismes de notre propre corps ou de celui des myriades de créatures inférieures qui s'agitent autour de nous, mais dont les soins s'étendent même à la structure d'êtres qu'au premier coup d'œil on pourrait prendre pour un tissu de monstruosités.

L'étude comparative des analogies d'organisation qui unissent les habitants actuels de notre globe avec les espèces diverses et les genres éteints, nous fait voir qu'une chaîne étroite d'affinités relie la série tout entière des êtres organisés, et resserre dans des liens intimes et pleins d'harmonie toutes les formes passées et présentes de la vie chez les animaux. A partir des degrés les plus inférieurs, nous voyons l'organisation et les fonctions animales s'élever parallèlement par une double échelle, jusqu'à ce qu'elles arrivent au point de leur plus haut développement. Ainsi, par exemple, la nageoire du poisson devient la rame natatoire du plésiosaure et de l'ichthyosaure : celle-ci se transforme à son tour dans l'aile du ptérodactyle, de l'oiseau et de la chauve-souris ; puis devient la patte antérieure des quadrupèdes destinés à se mouvoir sur la terre, et atteint son terme de développement le plus élevé dans le bras et dans la main de l'homme, être doué d'intelligence et de raison.

« Toutes les fois qu'un observateur entreprend, dit M. Conybeare, de tracer les anneaux divers dont se constitue la chaîne qui rattache entre eux les êtres organisés, les yeux sont frappés à chaque instant par l'apparition d'analogies pleines de beautés, et chaque détail d'anatomie, si petit qu'il puisse être, se revêt de charmes et d'intérêt, car cette admirable science se présente continuellement escortée de preuves nouvelles de cette grande loi générale formulée avec tant d'élégance dans les paroles suivantes de Scarpa, l'un des hommes dont les travaux l'ont le plus illustrée : « *Usquè adeò natura, una eadem semper atque multiplex, disparibus etiam formis effectus pares, admirabili quâdam varietatum simplicitate conciliat* [1]. »

[1] « A tel point la nature, une et la même toujours en même temps que multiple et diverse, sait, avec une admirable simplicité dans la variété, concilier la similitude des effets avec la disparité des formes. »

Mentionnons encore la famille des crocodiliens, dont on trouve plusieurs genres à museau allongé dans les couches secondaires, tels que les *téléosaures*, etc. (fig. 18), qui avaient 58 décimètres de long, une tête large de 324 millimètres, un museau long et mince, et 140 dents toutes petites et minces, rangées sur une seule ligne. La présence, dans ces couches anciennes, de crocodiles si étroitement liés à nos crocodiles actuels, est encore un de ces faits évidemment en contradiction avec l'opinion qui veut les faire descendre, par je ne sais quel procédé graduel de transformation, des *plésiosaures* et des *ichthyosaures*, avec lesquels, au contraire, les crocodiles ont commencé et continué d'exister durant toutes ces périodes reculées.

Si notre cadre nous le permettait, ce serait ici le lieu de décrire les admirables mécanismes que présentent à notre étude les coquilles cloisonnées, particulièrement celles des ammonites (fig. 27), nombreuse famille éteinte dès la formation de la craie, et celles des nautiles (fig. 26), qui se sont perpétuées depuis la période de transition jusqu'à nos jours. Les premières, dont on compte 270 espèces, varient, quant à leur taille, depuis 2 millimètres jusqu'à plus de 13 décimètres en diamètre[1].

[1] V. Jacquemont a trouvé dans l'Himalaya de superbes ammonites à 6,000 mètres au-dessus du niveau de la mer (Corresp., t. I, lett. 46). Elles sont identiques à plusieurs espèces du lias d'Angleterre. Les mêmes genres, et, dans quelques cas, les mêmes espèces d'ammonites se montrent dans des couches qui paraissent être du même âge, non-seulement dans toute l'étendue de l'Europe, mais aussi sur des points éloignés de l'Asie et des deux Amériques. Ainsi, nous trouvons dans la distribution géographique des ammonites ce même fait de *diffusion universelle* qui se reproduit si fréquemment parmi les animaux et les végétaux appartenant à

Rien n'égale la symétrie, la grâce exquise de leur forme extérieure, la beauté, la délicatesse de leur structure interne. Les moindres détails sont calculés avec un art infini, pour réunir à la fois la solidité, la légèreté, l'élégance, les plus merveilleuses proportions; ce ne sont que courbures festonnées, ramifications ondulées, replis sinueux retombant en expansions foliacées, et présentant les découpures les plus délicates, les dispositions les plus harmonieuses. On y trouve appliqués tous les secrets de la science architecturale, toutes les combinaisons les plus habiles et les plus agréablement variées, pour donner à cet appareil hydraulique une perfection de mécanisme et une beauté de dessin incomparables. Qui ne reconnaîtrait ici l'action d'une intelligence régulatrice? et où chercher l'origine d'agencements si pleins de sagesse, de régularité, de variété, sinon dans la volonté et le pouvoir d'une cause première, suprême et unique, qui a présidé à ces innombrables applications d'un même principe fondamental ?

Et ici encore constatons l'absurdité palpable de la doctrine du *progrès continu*, qui veut que la vie ait toujours été en s'élevant, par une gradation régulière, des degrés les plus infimes de l'animalité aux formes organiques les plus parfaites. En effet, nous voyons les nautiles conserver invariablement, depuis les couches

la condition ancienne de notre globe, et qui diffère d'une manière si remarquable de la *localisation*, qui est un fait prédominant parmi les formes actuelles de la vie.

Pour les détails sur la structure et l'admirable mécanisme de la coquille du nautile et des ammonites, voir nos *Esquisses des Harmonies de la Création*, p. 106 à 113.

de transition jusqu'à nos jours, la simplicité primitive de leur structure, tandis que la belle famille des ammonites, si voisine des nautiles, et dont les coquilles sont d'un travail beaucoup plus compliqué, s'est montrée avec eux dès cette même période de transition, pour disparaître à la fin des formations secondaires.

Nous terminerons par quelques mots sur les *encrinites*[1], les plus curieux et les plus beaux des zoophytes, qui remplissent par myriades les couches de toutes les formations[2]. La forme générale des individus qui composent cette famille rappelle celle d'un lis : ils sont portés sur une tige ronde, ovale ou angulaire, formée de nombreux articles, terminée par un corps subglobuleux,

[1] Fig. 12, platycrinite; — fig. 28, apiocrinite.

[2] « Si nous recherchons quelles sont dans l'économie actuelle de la nature les fonctions assignées aux polypes, nous voyons que c'est à eux, la classe la plus inférieure du règne animal, qu'a été départi l'office de nettoyer les eaux de la mer, et de les purger de toutes les impuretés les plus déliées qui auraient échappé même aux plus petits des crustacés. C'est ainsi que certaines tribus d'insectes, à leurs degrés divers d'accroissement, ont pour mission de trouver leur nourriture dans les impuretés qui résultent sur la surface terrestre de la décomposition des matières animales et végétales. Ce système paraît avoir été suivi sans interruption depuis que la vie a commencé dans les mers les plus anciennes, et pendant toute cette longue série d'âges dont la durée nous est attestée par les successions diverses d'animaux et de végétaux dont les dépouilles sont ensevelies dans les couches de l'écorce du globe. Dans toutes ces couches, en effet, les habitations calcaires des polypes, de ces créatures en apparence si petites et de si peu d'importance, se sont accumulées en de vastes et puissantes masses qui ont grossi l'ensemble des matériaux solides du globe, et elles nous offrent un exemple frappant de l'influence qu'ont eue les animaux sur la condition minérale de notre planète. » Buckland, *Géol. et Min.*, t. I, p. 389.

destiné à contenir les viscères et les fluides nourriciers qui se distribuent de là dans toutes les parties de l'animal. A l'extrémité supérieure de ce corps est une bouche qui peut se contracter et s'allonger comme une trompe, et à l'entour sont disposés un nombre déterminé de bras multifides ou espèces de rameaux articulés et divisés en doigts ou tentacules contractiles et nombreux, servant comme de filets pour saisir et embrasser une proie. Les petites pièces osseuses, au nombre de plusieurs milliers, qui composent la charpente solide de ces animaux, offrent des arrangements mécaniques d'une admirable perfection, et le plus merveilleusement en harmonie avec les fonctions spéciales qu'ils sont destinés à remplir. Ces osselets, de nature calcaire, sont revêtus d'une enveloppe gélatineuse, traversée par des fibres contractiles, principe du mouvement dans toute la frêle machine. Ces osselets sont au nombre de 26,000 dans l'*encrinite moniliforme*, mais dans la *pentacrinite briarée*, le nombre des pièces osseuses s'élevait à 150,000, et celui des vaisseaux fibreux, remplissant les fonctions de muscles, à 300,000 au moins, ce qui surpasse en développement numérique tout ce que l'on connaît jusqu'ici dans la création tout entière[1]. « De là nous concluons que si des créatures d'un degré aussi inférieur, dans la grande échelle de la nature, ont été ainsi douées de facultés qui leur permettent de remplir leur sphère d'action d'une

[1] La répétition fréquente des mêmes parties dans un animal est l'indice d'un rang peu élevé et d'une imperfection relative de l'organisation. Le nombre des os dans le corps humain est de 242, et celui des muscles de 252 paires.

manière aussi complète, nous pareillement, qui avons été placés à tant de degrés plus haut, nous nous devons, et à la Toute-Puissance qui nous a faits, nous et tout ce qui existe, de tendre sans cesse, et de tous nos efforts, vers ce degré de rectitude et de perfection auquel nos facultés nous donnent le pouvoir d'atteindre [1]. »

§ III.

Végétaux fossiles des terrains secondaires.

CRYPTOGAMES ou ACOTYLÉDONES	*Algues* (*alligo*, lier); *fucoïdes*, 22 espèces. *Équisétacées* gigantesques (fig. 3). *Fougères* analogues à celles des terrains houillers (fig. 16).
MONOCOTYLÉDONES.......	*Pandanées*. *Palmiers*. *Liliacées*, 2 espèces. *Zostérites*, 6 espèces [2].
PHANÉROGAMES gymnospermes.	*Cycadées*; 5 genres et 39 espèces (fig. 14 et 15.) *Conifères*; six espèces (fig. 13).

Beaucoup de végétaux non encore décrits : un, entre autres, que l'on a nommé *tartuffite xyloïde*, trouvé à Moustiers, près de Caen, et qui se distingue par une odeur de truffe assez prononcée.

[1] Ellis, *on Corallines*, p. 103.

[2] Plantes à longues feuilles étroites, pareilles à un ruban, qui forment de vastes prairies sous-marines dans les sables vaseux des plages maritimes de l'Océan et de la Méditerranée.

Les paléontologistes, qui se sont occupés de l'histoire des végétaux fossiles, ont remarqué, dans la distribution géologique de ces plantes, depuis les formations les plus anciennes jusqu'aux plus récentes, trois grandes divisions en rapport avec les trois zones, glaciale, tempérée et torride, ce qui indiquerait une diminution progressive de la température à la surface de la terre. Ainsi, les algues des terrains de transition sont analogues à celles qui abondent aujourd'hui entre les tropiques, tandis que celles qui se succèdent dans les périodes suivantes vont se rapprochant de plus en plus des plantes marines de nos climats actuels. De même on trouve, dans la série de transition, des plantes *endogènes*[1], actuellement existantes, associées avec des familles éteintes d'*endogènes* et d'*exogènes*, qui auraient appartenu à un climat plus chaud que ne l'est aujourd'hui celui de la zone torride. Dans la série secondaire, ces anciennes familles deviennent moins nombreuses; beaucoup même disparaissent entièrement; elles sont remplacées par les deux familles des *cycadées* et des *conifères*, qui existent encore aujourd'hui et qui sont rares dans le groupe houiller. Cette végétation indiquerait une température égale à celle qui règne maintenant entre les tropiques. Enfin, dans les terrains tertiaires, la plupart des familles de la période carbonifère et plusieurs de la série secondaire disparaissent pour faire place à une végétation *dicoty-*

[1] On appelle *endogènes* (ἐνδογενής, né ou engendré en dedans) les plantes dont l'accroissement se fait de l'intérieur à l'extérieur, comme dans les graminées, les fougères, etc.; et *exogènes* celles qui s'accroissent par l'addition, à l'extérieur, d'une nouvelle couche annuelle, comme dans le *chêne* et autres arbres forestiers.

lédone plus compliquée, mais dans laquelle les *équisétacées* et les *fougères*, par exemple, sont réduites de nombre et de grandeur. La présence des *palmiers* et les caractères généraux de cette végétation la font rapporter à un climat qui ne peut être inférieur à celui de l'Europe méridionale.

Les végétaux caractéristiques de la série secondaire sont les *cycadées*, les *conifères* et les *fougères*, ce qui a fait assigner à la flore de cette formation une place intermédiaire entre la végétation insulaire de la série de transition et la végétation continentale et dicotylédone des terrains tertiaires. On compte, dans les formations secondaires, environ 70 espèces de plantes terrestres, dont la moitié appartient aux conifères et aux cycadées.

Les plus anciens conifères fossiles appartiennent au genre des pins, les autres au genre *araucaria*, dont les seules espèces vivantes sont au nombre de quatre, une à la Nouvelle-Hollande, une autre dans l'île de Norfolk, la troisième au Brésil, et la quatrième au Chili. Des troncs de conifères, quelquefois avec des feuilles et des cônes, se montrent dans toutes les divisions oolithiques, et au-dessus de la *pierre de Portland* on en a rencontré des souches converties en silex avec leurs racines enfoncées dans leur sol natal remarquablement ondulé [1].

Les cycadées ne se composent que de deux genres actuellement existants : le genre *cycas*, qui comprend

[1] On conserve au Muséum d'Oxford un fragment d'un bois de conifère trouvé près de Cantorbéry dans un calcaire siliceux ; il est converti en silex, et perforé par des tarets.

cinq espèces, et le genre *zamia*, qui en comprend dix-sept. Toutes sont indigènes aux régions équinoxiales, et pourtant des espèces analogues se trouvent aujourd'hui enfouies dans la terre à des centaines de pieds sur la côte sud de l'Angleterre[1]. Cette belle famille se rapproche de celle des conifères par la structure interne des tiges, et de celle des palmiers par ses formes extérieures : l'enroulement des feuilles à leur extrémité supérieure lui donne aussi quelque ressemblance avec celle des fougères. Le genre *zamia* est de petite taille, mais il y a des espèces de *cycas* qui atteignent jusque trente pieds. Leur tronc est magnifiquement terminé par une couronne de feuilles pennées et roulées en crosse, environnant, lors de l'inflorescence, un cône ressemblant à un fruit d'ananas. Très-rares dans les couches de transition et dans la série tertiaire, les cycadées comptent cinq genres et trente-neuf espèces dans la période secondaire.

Une autre famille tropicale, celle des *pandanées*, paraît aussi avoir existé dans nos contrées au temps de la formation oolithique. Les pandanées ont le port d'un ananas à tige arborescente, et sont indigènes aux plages maritimes les plus chaudes. Le seul débris fossile de pandanées que l'on ait rencontré jusqu'ici dans la formation secondaire (oolithe, près de Bristol), est un beau fruit du volume d'une grosse orange.

Nous renvoyons à l'article sur la flore fossile des terrains tertiaires, ce que nous avons à dire des palmiers.

[1] Les cycadées, qui ne forment pas la deux-millième partie de la végétation actuelle, constituent plus d'un tiers de la flore fossile connue de la série secondaire.

Ainsi, à chaque période de l'histoire géologique de notre planète, se déroule une nouvelle série de témoignages qui manifestent un admirable ensemble dans l'œuvre de la création, une incontestable uniformité de plan, et une parfaite identité dans les lois qui ont constamment présidé à l'organisation végétale. De tous ces troncs sans nombre, ensevelis dans les profondeurs de la terre à des époques inconnues, s'élève comme une voix éloquente, pour redire au physiologiste qui interroge ces antiques débris, qu'à tous les âges la sagesse et l'harmonie dirigèrent les grands développements de la végétation de notre globe, et proclamèrent incessamment l'existence, la providence et l'unité du Créateur.

§ IV.

Matières utiles des terrains secondaires.

ARCHITECTURE et DÉCORATION. — Partout où l'oolithe et la craie se montrent à la surface du sol, on y a ouvert de nombreuses carrières qui fournissent des pierres à bâtir de qualités diverses. Les pierres calcaires, quoiqu'elles résistent moins bien que le granit aux agents atmosphériques, sont cependant regardées comme les pierres de taille par excellence, et sont le plus généralement employées en Europe. Si les bancs qu'on exploite sont minces, faiblement agrégés, traversés de fissures qui les divisent, la pierre extraite est appelée *moellon*. On a remarqué que, plus la couleur du calcaire est foncée, plus il est dur.

Les trois plus grandes pyramides[1] d'Égypte sont construites avec une pierre calcaire à grain fin, grisâtre, facile à tailler, renfermant des myriades de petites coquilles fossiles, nommées *nummulites*, de *nummus*, pièce de monnaie, dont elles ont un peu la forme.

La pierre à *plâtre* et la pierre à *chaux* de ces formations sont moins parfaites que celles des terrains de transition; mais on y rencontre quelquefois des calcaires argileux propres à des *chaux hydrauliques*, avec lesquelles on compose le mortier employé dans la maçonnerie submergée.

Outre des marbres à couleurs simples et unies, tels que le *nankin*, le *jaune antique*[2], on y trouve des marbres à couleurs mélangées rougeâtres, des marbres *brèches*[3] et des marbres *lumachelles*[4] très-estimés. On appelle marbres brèches ceux qui sont formés par une multitude de fragments anguleux de différents marbres, réunis par un ciment d'une couleur quelconque. Il y a les *petites brèches* et les *grandes brèches*. Les *lumachelles* semblent entièrement composées de débris organiques, madrépores, coquilles, etc., cimentés par une pâte plus ou moins égale. Dans la *lumachelle* de Carinthie, les coquilles ont conservé les reflets de nacre les plus vifs.

. . . .

[1] La grande pyramide de Chéops pèserait plus de 6,880,000 tonneaux, ou 6,880,000,000 kilog.

[2] Les colonnes de l'intérieur du Panthéon de Rome, qui ont 8 mètres 775 millimètres de haut, d'une seule pièce, appartiennent au marbre jaune antique, dont les carrières, à ce qu'on croit, étaient en Macédoine et en Numidie.

[3] De l'allemand *brechen*, rompre.

[4] De l'italien *lumaca*, limaçon.

Dessin. — Les meilleures pierres *lithographiques* sont exploitées dans l'oolithe : c'est un calcaire jaunâtre, argileux, compacte, à pâte très-fine, à cassure lisse et écailleuse. En Bavière, on se sert de cette pierre pour couvrir les tables et les cheminées, et on l'exporte jusqu'en Turquie pour le carrelage des mosquées. Les plus estimées viennent du comté de Pappenheim (Allemagne). Des points, des veines, des fissures ou des places plus grossières, sont les défauts les plus communs aux pierres lithographiques. On en trouve d'excellentes dans les environs de Belley (Ain) et de Châteauroux (Indre).

L'oolithe fournit encore des *blancs* de divers degrés de ténuité qui servent à faire les fonds des papiers peints, à couvrir les bois destinés à recevoir la dorure, à dessiner dans les écoles, etc., à blanchir, nettoyer, raffiner, etc.

Économie domestique. — *Argile* ou *terre à foulon*; c'est une terre grasse au toucher, qui se polit avec l'ongle et se dilate dans l'eau, très-propre à enlever aux draps l'huile qu'on est forcé de mêler à la laine pour la carder et la filer. Cette argile fournit à l'analyse :

Alumine	25
Silice	51
Magnésie et chaux carbonatée	24
	100

D'où l'on a conclu que l'alumine était le principe qui s'emparait de l'huile. La plus renommée est celle d'Issoudun (Indre), de Vienne (Isère), etc.

Les faïences de Lunéville doivent leur réputation à la qualité de l'argile avec laquelle on les fabrique, et qui appartient aux marnes irisées.

Les *lignites* ou *fausses houilles* se montrent ordinairement au milieu des grès ou des terrains marneux. Ce végéto-minéral est noir ou brun, opaque, fibreux ou feuilleté, brûlant avec une flamme claire et en répandant une odeur âcre et fétide. Les couches qui le contiennent se décèlent assez souvent par des efflorescences d'*alun* et de *vitriol*, matières quelquefois assez abondantes pour être elles-mêmes exploitées.

Les naturalistes ne sont point d'accord sur la manière dont se sont formés les dépôts de lignites. Les uns paraissent dus à des bois exotiques transportés, d'autres à des arbres indigènes accumulés dans des bassins circonscrits. Y a-t-il passage des lignites aux houilles véritables? on l'ignore. Le *jayet* ou *jais*, dont on fait des bijoux de deuil, est une variété terreuse de lignite.

Ce combustible est employé dans beaucoup de manufactures et de salines, ainsi qu'au chauffage domestique.

Arts mécaniques. — Le *tripoli* (du nom de la ville de Tripoli en Syrie); l'origine n'en est pas bien connue. C'est une substance d'apparence argileuse, sèche au toucher, à cassure et à tissu irrégulièrement feuilleté, et qui contient jusqu'à 90 pour 100 de silice. Mêlé au soufre, il donne au cuir le mordant propre à aiguiser les tranchants. On en trouve près de Riom (Puy-de-Dôme), de Rennes (Ille-et-Vilaine), etc.

Minérais. — Le *fer*, le *cuivre*, le *plomb*, le *zinc*,

le *manganèse* et même le *mercure*, se montrent principalement dans les calcaires des groupes inférieurs; mais ces mines y sont généralement rares ou peu riches.

Toutefois, suivant quelques géologues (M. Dufrénoy, etc.), ce serait au lias qu'appartiendraient le minerai de fer de la Voulte (Ardèche), de 5 à 6 mètres d'épaisseur, et les célèbres mines de fer de Rancié (Ariége), les plus importantes de la France, puisque leurs produits sont consommés par plus de soixante usines. — Les mines de *mercure* d'Idria (Illyrie) produisent annuellement environ 10,000 quintaux de métal.

On y trouve aussi du soufre en *rognons* ou amas plus ou moins volumineux. La combinaison du soufre avec le fer (sulfure de fer), ou avec le cuivre (sulfure de cuivre), forme le minéral appelé *pyrite* (πῦρ, feu). Le soufre entre dans la poudre à canon; on s'en sert pour sceller le fer dans la pierre; sa vapeur blanchit la gaze, la soie, le linge taché par les fruits rouges, etc. Les soufrières naturelles s'appellent *solfatares;* celles de Pouzzoles sont célèbres. Il existe une mine de soufre près de Dax (Landes).

C'est encore vers la base des terrains secondaires et le plus souvent au milieu d'immenses lits d'argile, que sont exploitées le plus grand nombre de mines de *sel gemme*[1], cette substance si éminemment utile, qui

[1] « La plus grande partie des roches d'origine mécanique a été déposée dans la mer. Nous pourrions donc nous attendre généralement à trouver les sels dominants dans l'eau de la mer, disséminés dans ces roches de manière à ce qu'on puisse facilement les y reconnaître; il n'en est pourtant pas ainsi; et il est difficile de con-

contribue si puissamment à l'état sanitaire des peuples civilisés, et dont tant de vastes régions continentales auraient été privées, par leur position géographique, sans cette providence bienveillante du Créateur qui en a déposé des magasins inépuisables dans les entrailles de la terre.

« On connaît et on cite, dit M. Beudant, un très-grand nombre de dépôts salifères dans toutes les parties du monde.... Les bords des grandes plaines de la mer Caspienne, la Russie d'Europe et d'Asie en sont extrêmement riches. En Perse, il s'en trouve également de grands dépôts. En Afrique, il existe des dépôts immenses en différents lieux, sur les bords du désert de Sahara et du Fezzan, et les plaines mêmes du désert en offrent çà et là des masses très-solides à fleur de terre. En Amérique, on en cite en Californie, à Cuba, à Saint-Domingue, au Pérou, etc.; et, à en juger par les nombreuses sources connues, il doit en exister également dans l'Amérique septentrionale jusqu'à la Baie d'Hudson. » (*Minéralogie*, t. II, p. 508.)

Il existe en Espagne, près de la ville de Cardonne

cevoir comment ces matières salines ont pu disparaître d'une manière aussi générale. » De la Bèche, *Recherches sur la part. théor.*, etc., p. 64.

Pour expliquer la formation des dépôts de sel gemme, on suppose que l'eau de la mer a trouvé accès dans de grandes cavités de la terre; que là elle a subi une évaporation par l'effet d'une chaleur ignée, en même temps que le liquide et les vapeurs aqueuses délayaient les parties peu dures des roches voisines; puis cette pâte saline, restée en place, s'est durcie et a formé ces vastes couches d'argiles muriatifères qui se rencontrent dans toutes les contrées de la terre.

(Catalogne), une montagne du volume de celle de Montmartre, entièrement composée de sel gemme de toutes les couleurs.

Depuis quelques années, on a découvert, en France (Meurthe), trois couches de sel qui ont ensemble plus de 32 mètres d'épaisseur.

Les fameuses mines de sel gemme de Willicska (Pologne) sont situées dans les terrains tertiaires : nous en parlerons dans le chap. VII.

Le royaume de Wurtemberg et le grand-duché de Bade possèdent huit mines de sel gemme exploitées, et qui fournissent annuellement 400,000 quintaux métriques de sel.

CHAPITRE VI.

TERRAINS TERTIAIRES.

§ I.

Divisions. — Caractères minéralogiques. — Roches éruptives, etc.
(Voy. le Tableau de 5 à 7.)

Les terrains tertiaires se composent d'une suite de dépôts isolés, formés les uns au-dessous des mers, les autres dans des golfes ou sur des rivages; d'autres dans des vallées, dans des deltas ou des lacs d'eau douce, par le charriage des eaux fluviales. Chaque bassin possède sa succession de couches et présente diverses anomalies, en sorte qu'on ne peut établir entre leurs masses qu'une concordance générale, et que, pour en développer les nombreux caractères, il faudrait décrire chaque bassin en particulier. Les terrains tertiaires diffèrent par leur composition, par le nombre, l'âge et la nature de leurs formations, suivant les localités [1].

[1] Quant aux terrains tertiaires parisiens, devenus fameux par les découvertes de Cuvier, M. Prévost les considère comme formés dans le bassin des mers par les sédiments des eaux marines elles-mêmes, et par les matériaux que les affluents d'eau douce y ont

Des calcaires grossiers ou siliceux, des conglomérats, des sables, des argiles, des marnes, des grès, des gypses, etc., telles sont, avec une accumulation immense de débris organiques, les roches ordinaires des terrains supracrétacés. Avec chaque couche marine alterne un nombre pareil de couches formées dans les eaux lacustres ou fluviatiles.

Formations :	
EOCÈNE..... (1400 espèces de coquilles.)	D'ἠώς, aurore, et καινὸς, récent ; ce mot indique que l'on ne trouve, dans cette formation, qu'une proportion extrêmement faible de coquilles appartenant à des espèces vivantes (3 1/2 p. 100). — Argiles, calcaires grossiers et coquilliers, *mollasse* [1], etc. ; *calcaire grossier* de Paris, *argile* de Londres et de l'île de Wight ; *argile* à *lignites* du Soissonnais, etc.
MIOCÈNE.... (1021 espèces de coquilles).	De μείων, moins, et καινος, etc., c'est-à-dire que le nombre des coquilles fossiles de cette formation, appartenant à des espèces vivantes, est le plus petit (18 p. 100). — Alternances de marnes, de grès calcaires ; dépôts coquilliers de Bordeaux, de Turin, de Vienne ; *tufs* du Cotentin, *grès* et *sables* de Fontainebleau, *faluns* [2] de Touraine ; bassin de l'Auvergne et du Cantal ; mollasses, moellons, etc.

apportés.—*Bulletin de la société philomatique*, 1825.—De Lamanon, *Journal de physique*, 1781, t. I, p. 405.

[1] Les mollasses sont des grès micacés à ciment calcaire ou marneux. (Suisse, Morée, etc.)

[2] Les faluns sont des amas de coquilles marines à l'état meuble. Les falunières de Touraine sont situées à 8 lieues sud de Tours, élevées de 100 à 120 mètres au-dessus du niveau de l'Océan. Elles

Formations :	
Anc. et nouv.. PLIOCÈNE. . . (777 espèces de coquilles).	De πλείων, plus nombreux, etc.; ce qui indique que la plus grande partie des coquilles fossiles appartient à des espèces vivantes (52 p. 100). — Les formations marines sub-apennines, grands amas d'argiles ou de marnes, depuis Asti en Piémont jusqu'à Monte-Leone en Calabre (225 lieues); le *crag* d'Angleterre; les dépôts marins récents de la Sicile et de la Toscane; les mollasses de la Suisse, le calcaire marneux d'Œningen (Suisse), etc.; un grand nombre de *cavernes à ossements* et de *brèches osseuses*, dont nous parlerons ailleurs, etc.

Cette classification des systèmes tertiaires, proposée par MM. Lyell et Deshayes, et fondée sur un caractère qui n'est rien moins que constant dans les divers dépôts, serait une double source d'erreurs, si, de l'identité des fossiles, on concluait la contemporanéité de formation, ou, dans les conditions de la vie, une série de changements que cette méthode semble d'abord supposer. Il serait aussi peu naturel de penser que les divers points de la surface terrestre dussent être caractérisés par des fossiles semblables ou par un nombre proportionnel de mollusques particuliers.

D'après les recherches de MM. Brongniart et Deshayes, la température moyenne du climat de Paris, à l'époque du dépôt tertiaire le plus ancien, aurait été

ont une lieue de longueur sur une demi-lieue de largeur, et de 1 à 4 mètres d'épaisseur. On y trouve des débris de mastodonte, d'hippopotame, de rhinocéros, de tapirs, etc., recouverts de polypiers.

de 25°, et se serait graduellement abaissée jusqu'à l'époque actuelle[1].

Il n'y a point de démarcation sensible, de limites définies entre les terrains secondaires et le groupe supracrétacé; mais, au point de contact, ces deux formations se confondent ordinairement par leurs caractères fossiles. La même difficulté existe quand il s'agit d'établir une ligne de séparation entre la période tertiaire et l'ordre de choses actuel.

Il existe sur plusieurs points de l'Europe des roches qui paraissent avoir été violemment introduites dans les couches tertiaires par les agents volcaniques, et qui auraient produit les changements de niveau qu'on y remarque : ce sont des *trachytes*, des *basaltes*, etc., comme ceux de la célèbre *chaussée des géants*, du promontoire de l'île de Staffa, de Fairhead (Irlande), etc. Dans le superbe bassin de l'Auvergne, on a distingué quatre alternatives de terrains d'alluvions anciennes et de dépôts basaltiques, renfermant pêle-mêle de nom-

[1] Il est à regretter que la science possède encore si peu de documents précis sur les fossiles, animaux et végétaux, des régions équatoriales. Si les débris organiques des diverses formations géologiques indiquaient constamment dans ces contrées une température égale ou même supérieure à celle de la zone torride actuelle, on en devrait conclure que l'axe de la terre n'a pas varié. S'il était démontré qu'à un certain terme de la série des terrains, les fossiles de ces contrées intertropicales n'indiquent pas une plus haute température que ceux que l'on trouve en Europe, par exemple, à un terme semblable de la même série géologique, cette uniformité de température devrait probablement être attribuée à une chaleur provenant de l'intérieur de la terre, et non du soleil, qui, quelle que soit sa position par rapport à la terre, ne saurait produire sur toute la surface du globe une température égale.

breux débris de mammifères, etc. Un fait analogue a été constaté à Viterbe (Italie), et les sept montagnes de Rome, qui, suivant Breislack, sont les débris d'un cratère, contiennent des roches contemporaines d'origine aqueuse. La première éruption de l'Etna paraît remonter jusqu'au commencement de la période tertiaire.

§ II.

Animaux fossiles des terrains tertiaires.

VERTÉBRÉS.

MAMMIFÈRES.... (90 esp. envir.)

QUADRUMANES M.[1]; une mâchoire presque complète de singe du genre gibbon, trouvée en 1836, près d'Auch (Gers), par M. Lartet; autres débris de quadrumanes dans l'*argile* de Londres; une portion de mâchoire supérieure de grande guenon, et autres ossements, trouvés au pied de l'Hymalaïa. — Autres débris fossiles de deux espèces de singes inconnus, trouvés au Brésil par M. Lund (1836).

CARNASSIERS E.; — *chauve-souris* du genre vespertilion; — *chien* ou *loup* de grande taille, différent de toutes les espèces actuelles; — *renard*; — *coatis* (fig. 37), animal qui ressemble un peu aux ours et qui habite aujourd'hui les régions chaudes de l'Amérique; — *raton*, ressemblant beaucoup aux ours de l'Amérique du Nord; — *genette*, de la grandeur et de la figure de la fouine, se trouve aujourd'hui

[1] Les abréviations E., M., P., indiquent les diverses formations Éocène, Miocène, Pliocène.

MAMMIFÈRES....

depuis le midi de l'Europe jusqu'au cap de Bonne-Espérance; — *marte*, etc. M. *renard*, — grands *chats* de la taille du lion, etc., — *chiens* de 162 centimètres de haut et de 26 décimètres de long (Beaugency).

RONGEURS E.; — *marmottes*; — *écureuil*; — *rat*; — *lagomys*, voisin des lièvres, ne se trouve vivant qu'en Sibérie.

MARSUPIAUX E.; — sarigues (fig. 38), de la taille de nos chats, se trouvent vivants dans toute l'Amérique (Paris).

RUMINANTS E.; — *cerf* de la taille du chevreuil, mais d'une autre espèce (Orléans). M. — *bœufs*; — *daims*; — *cerfs* dont les andouillers étaient longs de plus de 162 centimètres; extrêmement nombreux; dans l'Auvergne et le Velay seulement, on en a trouvé jusqu'à 16 espèces; — mâchoire de *girafe* (Issoudun); — crâne de *dromadaire* (Sous-Hymalaïa); — *antilope*, analogue aux gazelles; — *sivatherium*, ainsi nommé de la chaîne Sivalik où il a été trouvé dans l'Indostan; il était aussi grand qu'un éléphant, et, comme lui, muni d'une trompe.

PACHYDERMES (παχὺς, épais, δέρμα, peau) E. et M.; — 12 espèces de *palæotherium* (παλαιὸς, ancien, θηρίον, animal) intermédiaire entre le cheval et le tapir, portant une petite trompe charnue, et vivant au bord des lacs, genre extrêmement répandu; les plâtrières des environs de Paris en fourmillent, ainsi que les mollasses de la Dordogne (fig. 40). — 5 es-

MAMMIFÈRES....

pèces d'*anoplotherium* (ἄνοπλος, désarmé, etc., parce qu'il n'avait pas la dent canine qui distingue le *palœotherium*); depuis la taille d'un petit âne jusqu'à celle d'un lièvre; queue aussi longue que le corps; le seul de tous les animaux qui ait les dents contiguës les unes aux autres, comme celles de l'homme (fig. 39). — 15 espèces de *lophiodons* (λόφος, colline, ὀδοὺς, dent; ainsi nommés des crêtes saillantes de leurs dents), très-rapprochés des tapirs et des rhinocéros (Berri). — 7 espèces d'*anthracotherium* (ἄνθραξ, charbon, etc., parce qu'il a été découvert dans du lignite, en Ligurie), se rapprochent du cochon. — 1 *chéropotame*, voisin du cochon. — 1 *adapis*, de la taille d'un lapin, etc. — Tous ces mammifères phytophages appartiennent à des espèces et à des genres éteints.

On trouve de plus dans la période M. des *rhinocéros* (fig. 57), des *chevaux* (fig. 56), des *hippopotames* (fig. 58), des *mastodontes* (μαστὸς, mamelle, ὀδοὺς, dent, machelières mamelonnées) : le mastodonte ressemblait à l'éléphant (fig. 59), mais il était plus bas sur jambes, et ses défenses étaient revêtues d'émail; ses dents, colorées par du phosphate de fer, sont employées par la bijouterie sous le nom de turquoises occidentales. — Les *dinotherium* (δεινὸς, terrible, etc.), intermédiaires entre les tapirs et les mastodontes.

A l'exception du dinotherium, on trouve dans la période P. ces derniers pa-

MAMMIFÈRES.... chydermes de la période M., et de plus l'éléphant, et généralement la plupart des mammifères aujourd'hui vivants.

ÉDENTÉS P.; — *megatherium* (μέγας, grand, etc.). — Une espèce de *pangolin* qui avait au moins 78 décimètres en longueur (Gers); les pangolins actuels sont originaires d'Afrique et des Indes orientales : ils vivent de fourmis blanches, sont couverts d'écailles et se roulent en boule.

OISEAUX.... E. — 9 ou 10 espèces appartenant à quatre des six grands ordres dans lesquels se divise la classe actuelle des oiseaux[1] :

RAPACES ; — *buzard*, — *hibou*.

GALLINACÉS ; — *cailles*.

ÉCHASSIERS; — *bécasse* (fig. 31), — *vanneaux*, — *courlis* ou *ibis*.

PALMIPÈDES; — *pélican* (fig. 33).

REPTILES ... E. — Tortues d'eau douce, *trionyx* (τρεῖς, trois, ὄνυξ, ongle), — *émyde* (ἐμύς, rat d'eau) (fig. 34). — Crocodiles (fig. 35), etc. — *Basilosaures* de plus de 10 mètres de longueur. — *Salamandres* aquatiques de plus d'un mètre.

POISSONS ... E. M. et P. — La famille des *raies* jusqu'à 16 espèces du seul genre *mourines*; — genre *torpille*, etc.

Un grand nombre de *squaloïdes* offrant tous les caractères des vrais squales : ils se sont perpétués depuis les formations crétacées jusqu'à nos jours. C'est à des squaloïdes qu'appartiennent ces rayons

[1] On a trouvé des œufs (Puy-de-Dôme) et même des plumes fossiles (Vérone).

épineux dorsaux qu'on a appelés *ichthyodorulithes* (ἰχθὺς, poisson, δόρυ, aiguillon, λίθος, pierre), et qu'on trouve encore aujourd'hui dans le *silure*, dont une espèce est le plus grand poisson d'eau douce de l'Europe (2 mètres de long).

Les poissons marins du Monte-Bolca (Italie) appartiennent à la période E.; ils forment 127 espèces, toutes éteintes, et 77 genres dont 38 sont perdus.

Les poissons d'OEningen (Suisse) se rapportent à la période P.; on en connaît 17 espèces éteintes, appartenant toutes à des genres actuellement existants.

POISSONS . . .

Ceux du *crag* appartiennent à des genres aujourd'hui communs dans les mers tropicales, mais à des espèces éteintes.

Les périodes M. et P. abondent en mammifères marins ou cétacés des genres *baleine* (fig. 49), (rue Dauphine, à Paris, 60 pieds de long), *dauphin*, *phoque* (fig. 46), *morse* (fig. 47) et *lamantin* (fig. 48). Ce dernier, commun en Touraine, à Lonjumeau, aux environs de Rennes, etc., indiquerait une température assez élevée en Europe à l'époque la plus moderne des formations tertiaires, car il ne se trouve aujourd'hui vivant que dans les contrées les plus chaudes entre les tropiques. Comme ce poisson porte des mamelles sur la poitrine, qu'il élève souvent au-dessus de l'eau, et que son mufle est entouré de longs poils, c'est peut-être à lui qu'on doit rapporter tout ce qu'on a dit d'*hommes* et de *femmes* de *mer*, de *tritons* et de *syrènes*.

INVERTÉBRÉS.

MOLLUSQUES. (3198 espèces).	Nous avons déjà indiqué le nombre connu des mollusques appartenant aux trois systèmes des dépôts tertiaires. Les principaux mollusques des formations lacustres sont des *moules* ou *unio*, des *cornets de St-Hubert* ou *planorbes* (fig. 41), coquillages roulés en tortillon, des coquilles à large ouverture, pointues et minces, appelées *lymnées* (fig. 42), des *néritines* de forme globuleuse, des *hélices* ou coquilles de limaçon, etc. Les mollusques marins sont des *nautiles*, des *cérites* (fig. 43), des *cythérées*, des *huîtres*, des *buccins* (fig. 45), des *peignes*, des *rochers* ou *murex*, etc., etc.— Un nombre prodigieux de *nummulites*, de *milliolites* de la grosseur d'un grain de millet, etc., etc., etc.
ARTICULÉS..	Dans la formation d'eau douce d'Aix, en Provence, on a trouvé plusieurs araignées, et 62 genres d'insectes qui, pour la plupart, existent encore maintenant et appartiennent aux ordres *diptères*, *hémiptères*, *coléoptères*, *lépidoptères*, *hyménoptères*, etc. — Des crustacés, *homards*, *crabes*, etc.
RAYONNÉS...	D'innombrables zoophytes et polypiers, tels qu'*oursins*, *astrées*, *madrépores*, etc.

« Le règne animal, à ces époques reculées, était composé d'après les mêmes lois; il comprenait les mêmes classes, les mêmes familles que de nos jours; et en effet, parmi les divers systèmes sur l'origine des êtres organisés, il n'en est pas de moins vraisemblable que celui qui en fait naître successivement les différents genres par des développements ou des métamorphoses graduelles. » (Cuvier, *Ossem. foss.*, t. III, p. 297.)

Telles sont l'unité de plan et l'harmonie d'organisation qui dominent l'ensemble de la nature animée, que l'illustre Cuvier, le créateur de l'ostéologie fossile et le plus puissant génie qu'ait possédé l'anatomie comparée, a pu, à l'aide des caractères fournis par une extrémité, ou même par un os, par une dent seulement, déduire la forme et les proportions des autres os, la nature des muscles qui en produisent le jeu, et reconstruire ainsi le squelette tout entier de l'animal perdu, assigner les conditions de son existence, la configuration de ses membres, son régime et toutes ses habitudes [1].

On ne peut proclamer plus éloquemment que ne l'a fait ce grand naturaliste dans ses ouvrages, la constante régularité des arrangements systématiques et le mécanisme admirable que présentent les restes des animaux fossiles, la fixité des lois qui ont réglé, à toutes les époques, la nature vivante, et cette connexion in-

[1] « La moindre facette d'os, la moindre apophyse, ont un caractère déterminé, relatif à la classe, à l'ordre, au genre et à l'espèce auxquels ils appartiennent, au point que toutes les fois que l'on a seulement une extrémité d'os bien conservée, on peut, avec de l'application, et en s'aidant avec un peu d'adresse de l'analogie et de la comparaison effective, déterminer toutes ces choses aussi sûrement que si l'on possédait l'animal entier. » Cuvier, *Discours*, etc.

time que la science démontre entre les genres éteints et ceux qui sont actuellement en possession de l'existence. Lorsqu'il se vit entouré d'innombrables fragments d'animaux inconnus, extraits des carrières de gypse de Montmartre, d'où étaient déja sortis des millions d'ossements, détruits avant qu'on eût songé à les étudier : « Je me trouvai, dit-il, dans le cas d'un homme à qui l'on aurait donné pêle-mêle les débris mutilés et incomplets de quelques centaines de squelettes appartenant à vingt sortes d'animaux ; il fallait que chaque os allât retrouver celui auquel il devait tenir : c'était presque une résurrection en petit, et je n'avais pas à ma disposition la trompette toute-puissante. Mais les lois immuables prescrites aux êtres vivants y suppléèrent ; et à la voix de l'anatomie comparée, chaque os, chaque portion d'os reprit sa place. Je n'ai point d'expression pour peindre le plaisir que j'éprouvais en voyant, à mesure que je découvrais un caractère, toutes les conséquences plus ou moins prévues de ce caractère se développer successivement : les pieds se trouver conformes à ce qu'avaient annoncé les dents, les dents à ce qu'annonçaient les pieds ; les os des jambes, des cuisses, tous ceux qui devaient réunir ces deux parties extrêmes, se trouver conformés comme on pouvait le juger d'avance ; en un mot, chacune de ces espèces renaître, pour ainsi dire, d'un seul de ses éléments [1]. »

Si, comme nous l'avons remarqué (chap. IV, § III), la botanique a retrouvé, parmi les végétaux fossiles, des genres éteints qui sont venus remplir les vides qui

[1] Cuvier, *Ossem. foss.*, t. III, p. 3.

se faisaient sentir dans la série graduelle de l'organisation végétale, telle qu'on peut supposer qu'elle exista à l'origine du monde, la zoologie, de son côté, s'est enrichie d'espèces et de genres nouveaux qui sont sortis des profondeurs de la terre, pour reprendre leur place dans le grand système de la nature organique, et rendre ainsi témoignage à la magnifique unité de plan du Créateur, et à l'harmonieuse coordination des êtres vivants dont toutes les modifications passées et présentes se trouvent reliées par cette découverte, suivant la série la plus conforme de leurs affinités naturelles. Cette interruption dans les anneaux qui forment la chaîne continue des êtres animés, avait été observée particulièrement entre les genres actuels des pachydermes. La prédominance numérique des animaux de cet ordre important, parmi les mammifères fossiles, dans une proportion bien supérieure à celle qu'offre aujourd'hui la distribution de cette classe, a permis de combler les intervalles que la science avait signalés, et de constater ainsi, par l'uniformité du grand plan primitif, l'unité d'action d'une intelligence créatrice infinie.

Parmi ces pachydermes si nombreux que le génie de Cuvier a, pour ainsi dire, de nouveau rendus à la lumière, deux surtout doivent fixer notre attention, comme étant les plus remarquables soit par la proportion de leur taille, soit par les particularités extraordinaires de leur organisation.

Le premier est le dinotherium dont on a trouvé des débris en France, en Autriche, etc., et tout récemment (1836) une tête entière à Epplesheim (Hesse-Darmstadt), longue de 13 décimètres, large de 975 millimètres, et qui pèse 250 kil. Cet animal gigantesque, qui a dû atteindre 8 mètres en longueur, était intermédiaire entre les tapirs et les mastodontes. Un caractère qui l'éloigne de tout autre quadrupède d'espèce vivante ou fossile, ce sont deux énormes défenses, recourbées en bas, dont était armée la mâchoire inférieure. De ces énormes maxillaires et de ces lourdes défenses, fardeau incommode pour un animal terrestre, on a conclu que le dinotherium habitait les lacs et les rivières, au fond desquels il fouillait et déracinait les végétaux, à l'aide de la puissante houe osseuse dont l'action mécanique était encore augmentée par le poids de la tête. Ces défenses servaient encore sans doute à amarrer l'animal au rivage pendant le sommeil, et ce devait être aussi une armure redoutable contre les attaques d'un ennemi.

Un autre mammifère fossile aux formes non moins anormales est le megatherium, qui, par plusieurs points de son organisation, se rapproche des *paresseux*[1] et

[1] Les *paresseux* ou *tardigrades* sont des mammifères qui présentent d'abord quelque chose de disproportionné et de bizarre, mais dont les anomalies de structure deviennent autant de dispositions heureuses pour grimper et se cramponner aux arbres sur lesquels ces animaux passent leur vie, en dessous des branches, la tête en bas et les quatre jambes en haut. Ils habitent les forêts de l'intérieur de l'Amérique. Les espèces les plus connues sont l'*aï*, de la taille d'un chat, et l'*unau*, de moitié plus grand. C'est une erreur à laquelle a donné lieu la description qu'en a faite Buffon, de regarder l'organisation de ces animaux comme la plus imparfaite : aujourd'hui il est bien reconnu que ce qu'on avait pris pour des inconvénients et des défauts dans les *paresseux*, est, au contraire, un exemple frappant de prévision, de sagesse et de convenance relative vraiment admirable.

des *chlamyphores*[1]. On n'est pas d'accord sur l'âge précis des dépôts dans lesquels on l'a découvert, mais ils paraissent très-superficiels. On trouve abondamment de ses débris dans l'Amérique du Sud (Paraguay, Buénos-Ayres, etc.).

La tête osseuse du megatherium, proportionnellement petite et analogue à celle de l'*aï*, était terminée par une sorte de trompe courte et puissante, pareille à celle du tapir, et destinée à compenser l'absence des dents incisives et des défenses. Les seules dents dont il fût pourvu étaient des molaires prismatiques au nombre de 16, ayant de 20 à 25 centimètres de long et garnies de 32 coins qui s'engrenaient les uns dans les autres. Elles étaient formées de trois substances d'inégale densité: une couche de *matière corticale*, comparativement plus tendre, enveloppe une lame mince d'*émail*, qui est la partie la plus dure, et au dedans de l'*émail* est une masse centrale d'*ivoire* plus tendre, arrangement mécanique qui rappelle celui qu'emploient les fabricants d'outils, lesquels unissent intimement entre deux lames de fer plus doux, une lame d'acier plus fortement trempée, qui forme l'arête tranchante. Et ce qui met le comble à la perfection de cet admirable appareil, c'est qu'il trouvait en lui-même le principe de son entretien et de sa conservation, par l'addition continue de matériaux nouveaux à la racine, à mesure que la dent s'usait.

[1] Les *chlamyphores* (χλαμὺς, cuirasse, φέρω, porter), sont des mammifères appartenant à la famille des *édentés*, qui sont recouverts d'une sorte de cuirasse attachée au corps le long de l'épine dorsale; ils se creusent des terriers dans le sable, et y cherchent leur nourriture; ils sont originaires du Chili.

La queue était formée de vertèbres énormes, et n'avait pas moins de 65 centimètres en diamètre, et de 195 centimètres en circonférence; elle servait probablement à supporter le poids du corps, en même temps qu'elle était un formidable instrument de défense.

Les membres antérieurs pouvaient se mouvoir circulairement comme les bras dans l'homme; et les pattes, qui posaient sur le sol dans toute leur étendue, avaient 975 millimètres de long sur 324 millimètres de large : ils étaient armés d'ongles énormes, instruments puissants, destinés à creuser la terre pour y déterrer les racines dont l'animal se nourrissait.

Le bassin du megatherium avait plus de 162 centimètres de diamètre, et contenait sans doute des viscères volumineux comme il convient pour un régime végétal. L'os de la cuisse a plus de 97 centimètres de circonférence; la phalange terminale de la patte postérieure est convertie en une énorme griffe osseuse qui a 351 millimètres de circonférence.

Le corps de ce léviathan des Pampas était probablement revêtu d'une pesante cuirasse osseuse, comme celle des chlamyphores et des autres édentés, habitants des mêmes contrées de l'Amérique méridionale, où l'on trouve les restes du megatherium. Cette puissante armure était un rempart contre les dents et les ongles des animaux carnassiers et contre les insectes qui fourmillent dans ces climats; elle était encore destinée sans doute à protéger son corps contre le soleil et la pluie, et contre le sable et la poussière, qui, sans ce bouclier vivant, auraient infailliblement produit, sur une peau nue, une prompte désorganisation.

L'ensemble de ces mécanismes colossaux formait un

corps de 39 décimètres de long et de 26 décimètres de hauteur. Ces massives proportions, qui paraissent d'abord si imparfaites, excitent l'admiration dès qu'on en a compris les relations mutuelles, les usages et les rapports avec les fonctions que l'animal devait remplir. « Chaque membre, chaque fragment d'un membre, est une pièce bien proportionnée d'un tout parfaitement coordonné, et si loin qu'ils semblent s'écarter, par leurs formes et leurs proportions, de ce que sont les membres chez les autres mammifères, nous y trouvons des preuves de plus de tout ce qu'il y a eu d'inépuisable et infinie variété dans les plans de la sagesse créatrice. » (Buckland.)

A toutes les périodes géologiques, le lit des mers fut habité par des légions de poissons, et la stérilité et la solitude de l'Océan ne sont que de poétiques fictions. Depuis les âges les plus reculés de notre globe, ces animaux n'ont cessé de remplir les mêmes fonctions, qui leur sont encore aujourd'hui confiées dans nos mers, dans les lacs et les rivières de nos continents.

Comme la nutrition des animaux a pour base le règne végétal, le lit des océans ne jouit pas d'un luxe de végétation moindre que celui qu'étalent à nos yeux les prairies verdoyantes et les majestueuses forêts qui recouvrent comme d'un vêtement la portion émergée de la surface du globe. Dans les eaux comme sur la terre, nous voyons l'accroissement excessif des espèces herbivores tenu en échec par la voracité des espèces carnivores, et nous retrouvons ici comme dans tous les autres districts de la nature organisée, que le but que s'est proposé l'Intelligence suprême lorsqu'elle a créé les animaux, a toujours été d'appeler le plus grand nombre d'êtres possible à prendre sa part de la plus grande somme possible de jouissances.

De toutes les observations physiologiques auxquelles l'étude de la géologie zoologique a conduit, il n'en est aucune qui repousse plus victorieusement la doctrine panthéistique de la transmutation graduelle des espèces, que celle du développement rétrograde que l'on remarque chez les poissons, depuis les formations les plus anciennes jusqu'à nos jours. En effet, les sauroïdes, si nombreux dans les formations de transition et secondaires où ils atteignent une taille énorme et des formes relativement très-complexes, sont remplacés par des formes moins parfaites dans les couches tertiaires, et les caractères organiques élevés que réunissaient certaines espèces à ces époques reculées, ne se retrouvent plus que répartis entre des familles séparées dans nos périodes modernes [1].

[1] D'après M. Agassiz, à qui l'ichthyologie est si redevable, on connaît plus de 200 genres de poissons fossiles, renfermant plus de 850 espèces. Les couches tertiaires du Monte-Bolca renferment 39 genres qui font partie de la création moderne, et 38 genres perdus. Dans cette dernière localité, on a trouvé un poisson (*blochius longirostris*, Volta), qui a été enveloppé par la matière calcaréo-bitumineuse qui lui sert de gangue, au moment où il avalait un autre poisson. Toutefois, M. Agassiz prétend que cette apparence est uniquement due à la juxtaposition accidentelle des deux poissons, et que la tête du plus petit, de celui que l'on suppose avoir été avalé, a un volume tel qu'elle n'eût pu tenir dans l'estomac fort peu considérable de l'autre.

Le nombre total des espèces connues de poissons vivants s'élève à 8000 qui ont été partagés par M. Agassiz dans les quatre nouveaux ordres suivants, établis sur les caractères des téguments extérieurs ou écailles:

Nous parlions tout à l'heure de quadrupèdes aux dimensions gigantesques, terminons par quelques considérations sur les coquilles microscopiques dont M. d'Orbigny a compté jusqu'à 700 espèces, telles que les *nummulithes*, les *milliolithes*, etc. La taille des premières varie depuis celle d'une pièce de cinq francs jusqu'à une excessive petitesse. Plusieurs montagnes des terrains calcaires tertiaires de Vérone et de Monte-Bolca sont presque entièrement formées de ces petits mollusques qui y sont entassés comme les grains dans un monceau de blé. Ils ne se trouvent pas en quantité moins prodigieuse dans les couches secondaires. Un seul fragment de pierre de 45 grammes en contient jusqu'à 10,454; mille individus pèsent à peine 5 centigrammes; on en peut faire passer des quantités énormes à travers les trous d'un papier percé avec l'aiguille la plus fine[1].

1° Placoïdiens (πλὰξ, plaque), peau irrégulièrement recouverte de plaques d'émail grandes ou petites; *requin*, etc.

2° Ganoïdiens (γάνος, éclat), écailles anguleuses, composées de plaques osseuses revêtues d'une lame d'émail; *esturgeon*, etc.

3° Ctenoïdiens (κτεὶς, peigne), écailles dentelées ou pectinées à leur bord postérieur sans couche d'émail; *perche*, etc.

4° Cycloïdiens (κύκλος, cercle), écailles polies, simples sur leurs bords, souvent ornées de diverses figures, mais sans émail; *hareng*, *saumon*, etc.

[1] C'est ainsi qu'aujourd'hui encore la mer du Nord, par exemple, fourmille d'une population immense de *béroès*, de *clios*, etc., base de la nourriture des baleines, qui ne peuvent ouvrir leur énorme gueule sans en engloutir des milliers. Dans les mers du Groënland, le nombre des petites *méduses* est jusque de 110,592 par 33 centimètres cubes; de sorte qu'en supposant qu'un homme en pût compter un million par semaine, il aurait fallu employer 80,000 per-

Les *milliolithes* sont encore plus petites, et elles remplissent des couches entières aux environs de Paris. Rien de plus insignifiant que chacun de ces individus microscopiques considérés isolément, mais, par leur prodigieuse multiplication, ils ont produit les résultats les plus remarquables dans la condition minérale de notre planète, et ont fourni aux couches du globe une masse de matériaux bien plus importante que ne l'a fait la dépouille des animaux fossiles les plus monstrueux.

Les *argiles à lignites* des bords méridionaux de la mer Baltique sont remarquables par l'abondance du succin qu'on y trouve, et par la grande quantité d'insectes que ce succin renferme. M. Behrendt y a découvert environ 600 espèces d'insectes tous terrestres, et surtout des bois, à l'exception de quelques genres aquatiques, tels que le *nepa* et le *trombidium* (Fab.). Les diptères sont les plus communs; mais un très-petit nombre d'espèces sont identiques avec celles de l'Europe septentrionale; M. Behrendt n'en cite que quatre qui se trouvent en Prusse. Les lépidoptères sont les plus rares, bien que certaines chenilles y soient assez communes; M. Behrendt y a trouvé un sphinx d'une grande taille. Il prétend qu'on n'y a jamais rencontré aucune trace d'animal à sang chaud, aucun fragment de plume, aucun débris de reptiles ou de poissons. La nature des insectes que renferme le succin, et celle de l'arbre inconnu qui l'a produit, indiquent le climat chaud qui régnait jadis dans l'Europe septentrionale.

sonnes depuis l'origine du monde, pour obtenir le nombre contenu seulement dans un tiers de lieue cube.

L'on a rencontré, depuis quelques années, d'innombrables débris d'infusoires [1] fossiles, convertis en silex, dans le tripoli, dans du minerai de fer, dans des substances ocreuses, etc. Le nombre total des espèces fossiles décrites est déjà de 28, dont 14 paraissent analogues aux espèces vivantes d'eau douce, et 5 se rapprochent des espèces marines. Les 9 autres n'ont pas de représentants connus. Ces fossiles microscopiques ont aussi leurs mastodontes dont les proportions atteignent jusqu'à un 144 millième de millimètre, ou le sixième environ de l'épaisseur d'un cheveu : 2 millimètres cubes de tripoli en contiennent 23,000,000; 27 millimètres cubes 41,000,000,000; 187,000,000 ne pèseraient que 53 milligrammes.

On est saisi d'étonnement en présence de tels faits, et tous nos efforts sont impuissants pour atteindre ces petits êtres qui fuient sur les confins de la création. L'un des résultats les plus certains de la science et en même temps l'un des plus extraordinaires, c'est que la nature produit ses plus importantes opérations par l'action d'atomes qui échappent tout à la fois à l'œil de l'homme et à la conception de son intelligence. Chaque goutte d'eau qui s'évapore d'un étang, pendant l'été, entraîne avec elle des myriades d'œufs d'infusoires et des corps d'infusoires eux-mêmes, et les dissipe dans l'atmosphère, réceptacle de tous les germes *possibles*; puis, aussitôt que des circonstances favorables les ont plongés dans un milieu qui peut leur transmettre l'ex-

[1] On appelle *infusoires* certains animaux microscopiques d'une infinie petitesse, qui se montrent dans presque toutes les infusions végétales et animales, dans les formations spiritueuse, acéteuse, putride, etc.

citation nécessaire, ces corpuscules reprennent vie et acquièrent leur développement naturel. M. Ehremberg en a trouvé dans le brouillard, dans l'eau de pluie, dans la neige.

Que de sujets d'admiration dans l'insecte microscopique égaré sur l'étroite feuille d'une graminée ! que de merveilles dans les populations flottantes au sein d'une goutte d'eau, parmi les colonies aériennes qui se jouent en compagnie des atomes scintillant dans un rayon de soleil !

§ III.

Végétaux fossiles des terrains tertiaires.

Les caractères généraux que présente la végétation fossile de la période tertiaire, nous l'avons déjà remarqué, sont les mêmes que ceux de la végétation actuelle. Sauf quelques exceptions, l'on trouve, aux diverses latitudes, dans les dépôts de cette formation, des débris organiques correspondant aux végétaux aujourd'hui existant sous ces mêmes latitudes, et les dicotylédones s'y rencontrent dans le rapport de 5 à 1 avec les monocotylédones, comme dans la flore actuelle, mais la plupart appartiennent à des espèces éteintes.

De ce troisième changement survenu dans le règne végétal, on a conclu la diminution successive de la température à la surface du globe.

Les plantes et les grands arbres fossiles les plus abondants de cette période, se rapportent aux genres *peuplier, saule*, *châtaignier, orme*, *sycomore*, et à beaucoup d'autres que nous voyons vivants autour de nous.

M. Ad. Brongniart en comptait déjà 166 espèces en 1828, mais il y en a beaucoup dont les genres ne sont pas encore déterminés. Ces végétaux forment des couches de lignite plus ou moins considérables ; en Allemagne, on en trouve qui ont plus de 97 décimètres d'épaisseur. On cite surtout les lignites de Soissons (France), de Poole, de Bovey (Angleterre); ceux des environs de Bonn [1] et de Cassel (Allemagne); ceux de la mollasse de Suisse, près de Genève, etc., et surtout le fameux dépôt d'OEningen, près du lac de Constance. On compte dans la formation d'eau douce d'OEningen 25 genres et 36 espèces de plantes fossiles. On y a trouvé des feuilles isolées, des rameaux avec leurs feuilles, des fruits mûrs, le calice de quelques fleurs, etc. Les deux tiers de ces végétaux appartiennent à des genres qui existent encore dans cette localité; mais les espèces ne peuvent se rapporter qu'à celles qui vivent aujourd'hui dans l'Amérique du Nord, et plusieurs autres sont maintenant étrangers à l'Europe, comme le *liquidambar*, le *gleditschia*, etc.

Il existe dans l'*argile* de Londres (île Scheppey [2]) des noix de coco (*fig.* 30) et des fruits de *pandanées*

[1] Dans le lignite de Putzberg, près de Bonn, on a découvert un arbre dont la coupe transversale a 1 mètre de diamètre, et présente 792 cercles concentriques, ce qui constaterait près de 800 ans de vie végétale.

[2] Cette île présente de 600 à 700 espèces de graines fossiles, appartenant la plupart à la végétation des tropiques. Ces fruits sont mêlés avec des restes de crocodiles, etc., avec des fragments de bois percés par des *tarets*, etc. — M. Bowerbank possède une collection de fruits fossiles de cette *argile* de Londres, qui se compose de plus de 25,000 échantillons.

(le *pandanocarpum* de M. Ad. Brongniart). Le lignite des environs de Bonn offre aussi des feuilles très-ressemblantes à celles des *cinnamomum* des tropiques et des *podocarpes* de l'hémisphère austral.

Enfin, la belle famille des *palmiers*, aujourd'hui composée d'environ mille espèces, pour la plupart originaires des pays intertropicaux, et peu nombreuse encore dans la période de transition et dans la série secondaire, présente en abondance des tiges, des fruits et des feuilles dans les formations tertiaires de toute l'Europe (*fig.* 29). L'*endogenites echinatus* (M. Ad. Brongniart), beau tronc fossile de 13 décimètres de circonférence, a été trouvé dans le calcaire grossier de Soissons. D'autres troncs de palmier, d'une taille considérable, ont été découverts dans les formations d'eau douce de Montmartre, en même temps que des coquilles de *lymnées* et de *planorbes*, ce qui pourrait faire croire que ces palmiers n'ont pu y être apportés des régions éloignées par des courants marins [1]; dans le *calcaire grossier* de Versailles, à Amiens, au Mans, à Angers, à Aix, etc.; et, ce qui n'est pas moins étonnant, c'est de rencontrer, associés à ces végétaux, des débris de crocodiles et de tortues.

La forme la plus ordinaire des feuilles de palmiers actuels est pennée; les palmiers fossiles ont tous des feuilles en éventail, et plusieurs de ces feuilles parais-

[1] On vient de trouver (septembre 1838), dans une mine de houille de Charleroi, à 357 mètres de profondeur, un tronc de palmier fossile de 972 millimètres de diamètre. Cet arbre était debout, et ses racines perçaient le sol à 6 ou 8 décimètres. M. Ad. Brongniart a mentionné huit espèces de palmiers dans la liste qu'il a donnée des plantes fossiles de la série tertiaire.

sent devoir être rapportées à des espèces éteintes, et particulières à nos climats aux temps de la formation des terrains tertiaires. Ces feuilles, qu'on trouve dans sept localités différentes en Europe, sont parfaitement conservées, et ne laissent voir aucun indice de transport. Quant aux fruits fossiles de palmiers, il est remarquable qu'ils n'appartiennent qu'à des genres à feuilles pennées; ce sont des *dattes* (île Scheppey), fruits qui ne se voient plus qu'en Afrique et aux Indes; des *noix de coco* (Bruxelles, Cologne, etc.), maintenant renfermées entre les tropiques; des *bactris*, aujourd'hui exclusivement possédés par l'Amérique, et des *noix d'arec* (Bruxelles, etc.), qui de nos jours ne se trouvent plus qu'en Asie. Ces fruits auraient-ils été amenés des régions plus chaudes dans ces localités par des courants marins, comme on voit des graines tropicales, des *merrains d'acajou*, etc., transportés de nos jours du golfe du Mexique sur les côtes de l'Irlande et de la Norwége? C'est vraisemblable.

Résumons. Le nombre des plantes fossiles aujourd'hui connues s'élève à 500, dont près de 300 appartiennent à la série de transition, 100 aux couches secondaires, et plus de 100 autres à la période tertiaire. Ce nombre ira s'augmentant chaque année sans doute, car la botanique fossile ne fait que de naître.

Dans la période de transition, des cryptogames vasculaires gigantesques prédominent.

Dans la période secondaire, les cryptogames *fougères* entrent pour un tiers; les deux autres tiers sont fournis par les dicotylédones, *cycadées* et *conifères*, et par les *liliacées*.

Dans la période tertiaire les dicotylédones abondent

et se rapprochent beaucoup des espèces de la flore actuelle, dont les dicotylédones forment les deux tiers, et qui possède en totalité environ 110,000 espèces de plantes connues.

Les *conifères* et les *palmiers* se montrent dans toutes les formations.

« Les détails exquis d'organisation que découvre le microscope dans ce qui n'est, pour les yeux abandonnés à eux-mêmes, qu'une bûche, convertie en lignite ou en bloc de houille, ne démontrent pas seulement la corrélation parfaite qui existe entre les moyens et les fins pour lesquelles ils ont été mis en œuvre, mais ils prouvent aussi la constance avec laquelle des moyens semblables ont été employés pour arriver à des fins correspondantes dans toute la série des créations diverses qui ont modifié les formes de la vie chez les végétaux. Ces combinaisons d'arrangements, qui varient avec les diverses conditions du globe, démontrent l'existence d'un architecte par l'existence d'un plan, et en voyant la connexion des parties et l'unité du but pour lequel elles ont été faites, dans ce tout si vaste, si complexe, et en même temps si harmonieux, nous sommes conduits à conclure que c'est une intelligence unique et toujours la même qui a créé toutes ces dispositions, et qui les a mises en jeu. » Buckland, *Op. cit.*, p. 460.

§ IV.

Matières utiles des terrains tertiaires.

Les matières d'utilité industrielle deviennent de plus en plus rares, à mesure qu'on s'éloigne de l'époque primordiale. Les plus importantes que fournissent les terrains tertiaires sont les grandes et belles pierres que l'on extrait des calcaires marins. Ces pierres, moins dures que les calcaires anciens, et susceptibles de recevoir les formes les plus élégantes, résistent très-bien d'ailleurs aux influences atmosphériques. Les villes les mieux bâties sont généralement celles dans le voisinage desquelles les terrains tertiaires présentent quelques développements (Paris [1], etc.). Les calcaires d'eau douce offrent aussi assez souvent les mêmes propriétés, et plusieurs de nos plus belles cathédrales leur doivent les ornements d'architecture qui les décorent (Auch, Alby, etc.). On trouve aussi abondamment, dans les *calcaires compactes* et *siliceux* de cette formation, des chaux *grasses, maigres* et *hydrauliques*. Les *silex cariés* ou *pierres meulières* sont exploités à La Ferté-sous-Jouarre (Seine-et-Marne), à Domme (Dordogne), à La Ferté-sur-Loire (Nièvre), à Saint-Maixent (Deux-Sèvres), etc. Le *silex meulier* est blanc laiteux ou bleuâtre ; sa masse est criblée de cavités irrégulières

[1] C'est au nombre infini de petites cavités, dont les pierres de Paris sont criblées, qu'elles doivent le défaut de noircir promptement à l'air. Cette altération est due à la multiplication prodigieuse d'une petite araignée (*aranea senoculata*, Lin.), qui file une toile ronde de 8 centimètres de diamètre, dont le grand nombre finit par couvrir les édifices tout entiers. Ces toiles innombrables arrêtent la poussière, protégent et provoquent la croissance d'un *lichen* microscopique, qui s'étend de plus en plus et recouvre en peu d'années, d'une couche sombre, les plus grands monuments de la capitale. Au lieu de grattages, on emploie le badigeon de Bachelier, composé de chaux vive, de plâtre cuit et de carbonate de plomb, le tout délayé dans du *fromage à la pie*.

de forme et d'étendue ; il fournit les meules de moulin les plus estimées pour la mouture des céréales.

Le *gypse* est abondant dans ces terrains, et fournit des *plâtres* d'une qualité supérieure, quand il contient une petite proportion de calcaire, comme celui de Paris, et de mauvaise qualité, s'il est mêlé de beaucoup d'argile.

Les *grès* sont aussi d'un grand usage dans les constructions ; et quand il entre de l'argile ou du calcaire dans leur composition, on les réserve, à cause de leur solidité, pour les postes les plus exposés dans les édifices, etc. Tout le monde sait que les *grès* de Fontainebleau sont employés au pavage de Paris.

On peut signaler encore, dans les terrains de cette période, des couches pénétrées d'*hydroxyde de fer* en assez grande abondance (Nivernais, Berri), et des roches imprégnées de *bitume*, les unes et les autres avantageusement exploitées ; du *gypse* cristallisé, employé par les modeleurs en plâtre ; des *argiles* onctueuses ou *pierres à détacher*, dont se servent les chapeliers et les dégraisseurs ; des *argiles à potier* ; de grands amas de *soufre* ; quelques *marbres* et des *travertins*[1] ; enfin des *nodules d'ambre*[2], des *turquoises* dites *occidentales*,

[1] Le *travertin* tire probablement son nom des cavités fistulaires qui le traversent en tout sens ; c'est un tuf calcaire fort employé dans les constructions. On cite l'immense coupole de Saint-Pierre de Rome, le Colisée, tous les temples antiques et la plupart des églises modernes de l'Italie. Le travertin acquiert de la dureté par une longue exposition à l'air, et se couvre en même temps d'une teinte rouge d'un effet agréable à l'œil. Il est recherché, à cause de sa légèreté, pour la construction des voûtes.

[2] Le *succin* ou *ambre jaune* serait, suivant quelques savants,

qui sont, comme nous l'avons déjà dit, des débris de dents fossiles, pénétrées de phosphate de fer (à Simore, département du Gers, en Suisse); la *magnésie* ou *écume de mer*[1]; des *ocres*[2]; de la *strontiane* (oxyde de

une résine végétale fossile qui a découlé d'un arbre dont nous ne connaissons plus l'analogue vivant. Il ressemble beaucoup à la résine *copal* qui découle de plusieurs arbres du genre *ganitre*, croissant dans l'Inde. Le succin recèle des insectes et des pétales de fleurs dont les parties les plus délicates sont admirablement bien conservées; Faujas possédait un échantillon de succin, au milieu duquel on voyait une petite salamandre exotique. On en fait des ornements divers, des colliers, des boîtes, etc. Il répand une odeur agréable. On en trouve, en France, à Auteuil et près de Soissons; en Angleterre, en Espagne, etc. Le plus beau vient des côtes de la Baltique, du Japon, etc. L'électricité doit son nom au succin, en grec ἤλεκτρον; il est extrêmement électrique quand on le frotte.

Dans l'antiquité, les Phéniciens en faisaient un grand commerce. Quelles immenses forêts d'arbres extraordinaires, produisant cette substance, ont dû être ensevelies dans les mers du Nord, pour que, depuis ces temps reculés jusqu'à nos jours, on en ait pu retirer une quantité si prodigieuse de succin!

[1] Substance composée de magnésie, d'acide carbonique, et d'un peu de silice; ordinairement blanche, compacte, d'une légèreté extrême; exploitée surtout en Crimée, en Grèce, dans l'Anatolie, pour la fabrication des pipes turques si estimées.

[2] Les *ocres* ou *bols* sont des substances d'apparence argileuse, colorées en jaune on en rouge par de l'oxyde de fer, à grain fin et serré. Les *ocres* sont généralement composées de

Silice.	92,25
Alumine.	1,91
Chaux.	3,23
Fer oxydé.	2,61
	100,00

Les ocres sont d'un grand usage dans la peinture à la détrempe et dans la peinture à l'huile, dans les badigeons, etc. On s'en

strontium) employée par les artificiers pour colorer leurs flammes en pourpre, en vert, etc.

sert encore pour colorer et nettoyer les peaux de chamois, la buffleterie, etc.

La plupart des ocres répandues dans le commerce sont des préparations artificielles.

CHAPITRE VII.

EXISTENCE, PROVIDENCE, SAGESSE, BONTÉ DU CRÉATEUR, DÉMONTRÉES PAR LES PHÉNOMÈNES GÉOLOGIQUES.

Cristallisation ; ses lois. — Preuves de la non-éternité du globe. — Filons et veines métallifères. — Sel gemme. — Mécanisme des sources, puits artésiens. — Fertilité des terrains secondaires et tertiaires. — Bassins, failles, minerai ferrugineux des couches carbonifères. — Vapeur, etc.

Dieu a disposé toutes choses dans des rapports de dimension, de nombre et de poids.

Sagesse, XI, 2.

Près de terminer cette histoire des terrains avec leurs divers caractères minéralogiques, arrêtons-nous un moment, et cherchons à embrasser d'un même coup d'œil l'espace que nous venons de parcourir et l'ensemble des grands phénomènes dont nous avons tracé l'esquisse rapide. Qui ne serait frappé d'abord des changements et des révolutions dont la surface du globe paraît avoir été le théâtre, de cette longue série de couches stratifiées suivant un ordre jamais interverti, et de cette succession si remarquable d'espèces animales et végétales, maintenant éteintes, qui se sont développées durant ces différentes périodes, et qui ont peuplé, à toutes les époques, les mers, les îles et les continents? De tels arrangements, dans les matériaux de l'enveloppe terrestre, ne sauraient être attribués au hasard, car partout s'y révèlent avec évidence des lois, un plan général et providentiel, qui attestent glorieusement la sagesse et la bonté du Créateur, qui a coordonné ainsi les éléments du monde matériel en vue des exigences futures des organismes végétaux et animaux, et surtout dans un but d'utilité pour l'homme. Ces éléments inorganiques primordiaux, qui entrent dans la composition de tous les corps, ne paraissent pas avoir augmenté en nombre depuis leur création, ni avoir subi aucune altération dans leur nature. Tout prouve, au contraire, qu'ils ont toujours été régis par les mêmes lois, et qu'ils ont, durant toutes les périodes géologiques, rempli les mêmes fonctions dans l'économie des êtres organisés.

Les substances inorganiques qui composent le règne minéral peuvent se diviser en corps élémentaires, en minéraux simples et en minéraux composés.

Les corps ou principes *élémentaires*, ou simplement *éléments*, sont, comme nous l'avons vu, au nombre de cinquante-cinq. Le calcium, le silicium, l'oxygène, l'or, le fer, etc., sont des corps simples, c'est-à-dire, jusqu'à présent indécomposés.

Les minéraux *simples*, ou espèces minérales, ne renferment pas seulement les substances minérales non combinées ou à l'état natif, lesquelles ne sont guère au nombre de plus de dix ou douze, telles que l'or, l'argent, le soufre, etc., mais encore toutes les substances inorganiques composées qui offrent une structure cristalline régulière avec des proportions définies et invariables dans leurs éléments chimiques, telles, par exemple, que le spath calcaire ou carbonate de chaux cristallisé, dont les éléments primitifs sont le calcium, l'oxygène et le carbone. Suivant Berzelius, le nombre total des minéraux simples, reconnus jusqu'à ce jour, est d'environ six cents.

Les minéraux *composés* constituent les roches stratifiées ou non stratifiées qui forment la croûte ou enveloppe de notre planète, telles que le granit, le grès, le calcaire, etc. Parmi ces roches, les unes en masse cristalline, comme le granit, paraissent avoir été originairement à l'état de fusion, les autres, disposées par couches, sont le résultat de l'action des eaux en mouvement.

Ces préliminaires établis, qu'une personne heurtant du pied une pierre au fond d'un désert, avance que cette pierre est là de toute éternité.

Non, répondrons-nous, cette pierre n'est pas là de toute éternité. Si c'est un caillou ordinaire, il peut avoir traversé des événements nombreux, et présenter des témoignages d'événements physiques qui ont modifié la surface du globe, et son aspect roulé nous racontera les déplacements considérables que lui a fait subir l'action des eaux.

Est-ce un morceau de grès, un conglomérat formé de détritus arrondis provenant d'autres roches? Les ingrédients qui entrent dans sa composition offrent des témoignages tout semblables de mouvements imprimés par l'action des eaux, qui les ont réduits à l'état de sables ou de cailloux, puis transportés à la place qu'ils occupent à l'heure actuelle, antérieurement à l'existence de la couche dont ils font partie. Une couche de cette nature n'a donc pas occupé de toute éternité la place où nous la voyons maintenant.

Si cette pierre contenait les débris fossiles de quelque plante ou de quelque animal, non-seulement nous y trouverions la preuve qu'elle est d'une formation postérieure à la création de la vie, soit chez les animaux, soit chez les végétaux, mais il y aurait, dans la structure organique même des restes qu'elle contient, des témoignages de coordinations et d'un plan qui nous attesteraient hautement l'action d'une cause intelligente et puissante, de même que les mécanismes d'une montre ou d'une machine à vapeur nous prouvent, dans l'auteur ou dans l'inventeur, la réflexion qui prépare et l'habileté qui exécute.

Supposons que ce soit un morceau de roches cristallines, un fragment de granit, par exemple. Le granit est une substance composée de trois autres minéraux, orthose, quartz et mica, dont chacun présente une forme extérieure et une structure interne particulières, en même temps que certaines propriétés physiques qui lui sont inhérentes. Or il est démontré par l'analyse chimique que ces trois minéraux, orthose, quartz et mica, sont composés eux-mêmes d'autres substances, oxygène, silicium, aluminium, potassium, fer, etc., qui les ont précédés en existence à un état de plus grande simplicité avant que de s'être combinées pour former les minéraux constituants des roches granitiques. Ce fragment de roche n'a donc pas toujours été dans les conditions où il se trouve maintenant; il n'existe donc pas de toute éternité sur le point où on le rencontre aujourd'hui, non plus que la masse d'où il provient.

De plus, il a été reconnu, comme loi universelle et permanente, que toutes les substances minérales, lorsqu'elles passent de l'état liquide ou de fusion à l'état solide, prennent, quand aucune circonstance extérieure ne vient troubler l'arrangement de leurs molécules, des formes régulières nommées *cristaux*. Le cristallographe prouve donc que les divers minéraux, qui entrent dans la composition des roches cristallines, sont composés eux-mêmes de molécules d'une petitesse extrême, formées à leur tour d'autres molécules élémentaires plus simples encore, ou des derniers atomes indivisibles, se combinant, s'agglutinant d'une façon similaire, en vertu des *forces polaires* et des *affinités chimiques*, suivant des proportions fixes et définies, et se cristallisant en figures géométriques rigoureusement déterminées[1].

[1] « Les formes polyédriques sont les formes propres de la nature inorganique, celles que la matière tend toujours à prendre, et qu'elle prend en effet toutes les fois que les lois qui la régissent ne sont troublées par aucune cause étrangère. » (Beudant.)

Toutes les substances peuvent cristalliser : les liquides par la congélation, les vapeurs par la sublimation, les solides par le refroidissement après la fusion. Tout corps est donc composé d'atomes dont les qualités sont invariables; d'où l'on serait autorisé à conclure que les molécules dernières de la matière sont incapables d'altération et sont encore aujourd'hui ce qu'elles étaient au moment de leur création. C'est l'opinion de Newton, qui dit que Dieu, en créant la matière, l'a composée de diverses espèces de molécules élémentaires, solides, dures, invariables, dont les dimensions, les figures et les différentes qualités sont assorties aux fins qu'il se proposait; et ces molécules sont d'une telle fixité, qu'elles ne peuvent être ni divisées ni altérées par aucun procédé de l'art ni par aucune force existante dans la nature, sans quoi l'essence des corps pourrait changer avec le temps. (*Optice lucis*, lib. III, quæst. 31.)

On a été également conduit à penser qu'il n'y a aucune partie

On ne peut pas recourir aux causes fortuites pour expliquer les formes cristallines des minéraux, car, dans cette hypothèse, qui est la négation de tout plan, et que l'esprit humain repousse invinciblement, ces formes devraient s'offrir au *hasard*, avec des variétés sans nombre et dans des proportions jamais définies. Or il n'en est pas ainsi ; tout atteste, au contraire, l'énergie d'une volonté toute-puissante et la souveraine intelligence d'un agent suprême qui manifeste son action sur les substances minérales par les plus harmonieux résultats, en les soumettant à des lois de combinaisons, de figures et de proportions d'une parfaite exactitude et d'une précision toute mathématique. Ainsi les corps cristallisés ne présentent qu'un nombre limité de formes *secondaires*, dans lesquelles le clivage[1] démontre une réunion de formes *primaires* plus simples; ces formes primaires sont composées de molécules *intégrantes*, qui, à leur tour, sont composées de molécules *constituantes*, dans lesquelles entrent les particules *élémentaires*, elles-mêmes formées des derniers atomes de la matière[2].

de matière inorganique qui ne soit dans un état de mouvement relatif, d'après ce phénomène remarquable que certaines substances cristallisées, comme le *sulfate de magnésie*, etc., placées sous l'influence d'une chaleur même très-modérée, changent la forme des cristaux intérieurs qui les composent. Les cristaux prismatiques du zinc, exposés à la chaleur du soleil pendant quelques secondes, se transforment en octaèdres. Il n'y a donc nulle part de paix, nulle part de repos dans l'univers matériel, non plus que dans l'univers intellectuel.

[1] De l'allemand *kloben* ou *klowen*, fendre du bois. C'est la division mécanique des lamelles superposées les unes aux autres dans les cristaux.

[2] « Si l'on ramène de cette manière tous les corps minéraux aux

Pour mieux faire comprendre l'ensemble d'arrangements pleins de précision et de méthode, d'où résultent les formes cristallines ordinaires des minéraux, étudions comme exemple un minéral bien connu, le carbonate de chaux.

Les cristaux de ce minéral terreux que l'on rencontre en abondance, présentent plus de cinq cents variétés de formes *secondaires*, dont chacune possède une série quintuple de relations subordonnées d'un système de combinaisons à un autre, systèmes suivant lesquels chaque cristal en particulier a été construit en vertu de lois concourant à produire d'harmonieux résultats.

Chaque cristal de carbonate de chaux est formé par des millions de particules de cette même substance

conditions les premières et les plus simples de leurs éléments constituants, on voit que ces éléments ont été, à toutes les époques, régis par un système unique de lois fixes et universelles qui règlent encore maintenant le mécanisme du monde matériel. En étudiant l'action de ces lois, nous y reconnaîtrons une subordination tellement constante des moyens à leurs fins, une harmonie, un ordre, des prévisions si parfaites dans les propriétés physiques, dans les proportions numériques, dans les fonctions chimiques des éléments inorganisés; tant de preuves d'une intelligence et d'un plan coordonné à l'avance pour adapter ces éléments primordiaux à une infinité de fonctions complexes dans les systèmes futurs d'organisation soit animale, soit végétale, qu'il est impossible que nous nous rendions un compte satisfaisant de l'existence de tous ces mécanismes si beaux et si parfaits, si nous refusons d'admettre qu'ils tirent leur origine de la volonté et de la puissance d'un Créateur suprême, être dont nos facultés finies ne peuvent arriver à comprendre la nature, mais dont tout ce qui existe nous proclame la sagesse, la grandeur et la bonté infinies. » Buckland, *Op. cit.*, p. 508.

composée, ayant une forme *primaire* invariable, qui est celle d'un solide rhomboïdal que l'on pourrait obtenir en portant la division mécanique presqu'à l'infini.

Les molécules *intégrantes* de ces solides rhomboïdaux sont les particules les plus petites dans lesquelles on puisse réduire le calcaire sans avoir recours à la décomposition chimique.

Les premiers résultats de l'analyse chimique sont de partager ces molécules *intégrantes* en deux substances composées, la chaux pure et l'acide carbonique, dont chacune est formée par un nombre incalculable de molécules *constituantes.*

Une analyse ultérieure de ces molécules *constituantes* elles-mêmes prouve que ce sont encore des corps composés, dans chacun desquels entrent deux substances élémentaires qui sont, pour la chaux, des molécules *élémentaires* d'un métal, le calcium, et d'oxygène; et, pour l'acide carbonique, des molécules *élémentaires* de carbone et d'oxygène.

Les dernières molécules du calcium, du carbone et de l'oxygène, sont les atomes indivisibles dans lesquels peut se décomposer chaque cristal secondaire de carbonate de chaux.

« Ainsi, au lieu qu'une étude superficielle des cristaux n'y laissait voir que des singularités de la nature, une étude approfondie nous conduit à cette conséquence que le même Dieu, dont la puissance et la sagesse ont soumis la course des astres à des lois qui ne se démentent jamais, en a aussi établi auxquelles ont obéi avec la même fidélité les molécules qui se sont réunies pour donner naissance aux corps cachés dans les retraites du globe que nous habitons [1]. »

« Les particules des diverses substances qui existent dans la nature peuvent être considérées comme une sorte d'alphabet, dont se compose le grand volume où sont attestées la sagesse et la bonté du Créateur [2]. »

Il est impossible aussi de méconnaître un plan et des vues pleines de bienveillance, dans la disposition et l'arrangement des dépôts minéraux les plus nécessaires à l'homme. Les veines ou filons métalliques nous en offrent un exemple remarquable. Ce sont des fissures ou fentes étroites, irrégulières, obliques ou verticales, qui partent de profondeurs inconnues et se montrent fréquemment et presque exclusivement dans les roches primitives et transitaires. Ces fissures sont remplies d'abondants minerais. Quelle que soit la valeur des diverses hypothèses que l'on a proposées [3] pour expli-

[1] Haüy, *Tableau comparatif des résultats de la cristallographie et de l'analyse chimique*, p. 17.

[2] Daubeny, *Atomic theory*, p. 107. — Les lois de la cristallographie et surtout la cause de ce phénomène étaient encore fort obscures, quand Haüy laissa tomber par hasard un beau cristal de spath calcaire qui se brisa. Ayant cherché à en rajuster les fragments, il s'aperçut que leurs facettes ne correspondaient pas avec celles du cristal lorsqu'il était intact, mais appartenaient à une autre forme. Il suivit l'indication que lui présentait un « fait éclatant » qu'avait produit une circonstance fortuite, et découvrit les belles lois du clivage et les formes primitives des minéraux.

[3] Werner pensait que les substances contenues dans les filons y avaient pénétré de haut en bas à l'état de solution aqueuse. Hutton supposait qu'elles y avaient été lancées de bas en haut à l'état de fusion ignée. D'après une expérience récente de M. Paterson, une *sublimation* venant d'en bas aurait transporté, dans les fissures des roches, les substances minérales qui les remplissent. Enfin les

quer la formation des précieuses richesses contenues dans ces filons, les avantages qui résultent pour l'homme de leurs dispositions, n'en sont pas moins évidents, et les desseins providentiels du Créateur moins visibles.

Les métaux sont les principaux instruments de la civilisation; il était donc d'une haute importance pour l'homme qu'ils fussent accessibles à son industrie; le mécanisme des filons remplit parfaitement ce but. Les métaux ne sont point répandus dans les terrains de toutes les formations où ils eussent nui à l'agriculture et à la végétation; ils ne sont point épars et disséminés dans la substance même des couches d'où leur extraction eût exigé des frais trop considérables; mais le souverain Ordonnateur de toutes choses leur a assigné des réservoirs particuliers où ils sont répartis suivant des proportions relatives, à l'abri d'un gaspillage imprévoyant et de l'action désorganisatrice des agents naturels, en même temps que les obstacles qui environnent

recherches et les observations de M. Fox et de M. Becquerel conduisent à penser que la formation des veines métallifères pourrait être attribuée à l'action lente, mais puissante de l'électricité, à une *ségrégation* ou *sécrétion* opérée par des forces excessivement faibles mais prolongées sans interruption, et par laquelle les substances métalliques se seraient infiltrées dans les crevasses, formées pendant la contraction des roches, au moment où celles-ci passaient de l'état liquide à la consolidation, ou dans des fissures produites par la dislocation des couches devenues solides. Quoi qu'il en soit de ces théories, les filons présentent de nombreuses altérations dans leur passage à travers les roches, et varient dans leur composition minérale, selon que la nature de ces roches change ou se modifie.

Les minéraux métallifères se présentent encore en *rognons*, *nids* ou *noyaux*, quelquefois en *couches* ou *bancs*, ou disséminés en *nodules*, *lames*, *fragments*, etc.

leur recherche sont autant d'aiguillons pour l'industrie de l'homme et pour l'exercice de son génie[1]. (Voy. le Tableau *f*.)

C'est encore une nouvelle source de bienfaits pour l'homme que l'existence de ces dépôts abondants de sel gemme; répandus dans les terrains secondaires, surtout dans les couches immédiatement inférieures au lias. D'immenses magasins de cette substance, qui est de première nécessité pour l'homme, ont été confiés aux entrailles de la terre, avantage inestimable pour les pays situés loin de la mer, au centre des continents, dont les habitants, sans cette providence bienveillante du Créateur, auraient été privés de ce précieux minéral, tandis que par la sage répartition qui en a été faite, il

[1] « Sans les métaux, toute culture et toute civilisation seraient impossibles; point de charrues ni d'agriculture, point de faux ni de récoltes, point de bêches ni de jardinages, point de serpettes ni d'horticulture, point de greffe ni de culture des arbres, point d'ustensiles ni de meubles de ménage, point de maisons commodes ni d'édifices publics, point de vaisseaux ni de navigation. Quelle condition sauvage et misérable eût nécessairement été la nôtre! C'est ce que nous pouvons facilement comprendre en voyant la condition des Indiens de l'Amérique du Nord. Nous ferons seulement remarquer que parmi ces métaux ceux qui sont d'un usage plus fréquent et plus nécessaire, comme le fer, le cuivre et le plomb, sont ceux qui se rencontrent le plus fréquemment et en plus grande abondance; d'autres qui sont plus rares, sont aussi d'un usage moins fréquent; cependant ils sont par cela même utilisés comme mesure commune et comme terme de comparaison pour tous les besoins de la vie. C'est en effet avec ces métaux que se font les monnaies. Les peuples de toutes les nations civilisées de toutes les époques les ont employés à cet usage. » Ray, *Wisdom of God in the Creation*, 1re partie, p. 110.

est devenu, pour tous les peuples, une source de santé et de jouissances journalières [1].

Un des mécanismes les plus admirables de notre globe, et qui vient ajouter une preuve frappante à l'existence d'un plan de création plein de relations harmonieuses, c'est celui de la distribution des eaux à la surface de la terre. L'homme, les animaux, les plantes, le sol, éprouvent un besoin d'eau continuel; la Providence y pourvoit dans un rapport exact avec les exigences de la vie organique. L'Océan, occupant près des trois quarts de la surface terrestre, est l'immense réservoir, et l'atmosphère est le grand canal qui en transporte les eaux, dépouillées de leurs sels par l'évaporation, et les déverse sur toutes les régions en rosées, en pluies douces et fertilisantes. De cette eau tombée à la surface du sol, une petite partie retourne aux mers, une seconde partie est enlevée dans l'atmosphère par l'évaporation, une troisième entre dans la composition

[1] Les mines de sel gemme ne se trouvent pas exclusivement dans la formation du *grès rouge;* quelques-unes sont dans le groupe crétacé; plusieurs de celles du Tyrol sont dans le calcaire oolithique; celles de Willicska, auprès de Cracovie, en Pologne, appartiennent aux formations tertiaires. Ces dernières sont célèbres par leur étendue et l'ancienneté de leur exploitation qui date de 1261. Ces mines ont 300 mètres de profondeur, et l'on y descend par 6 puits de 5 mètres de large. On y a taillé, dans le sel même, de petites maisons, une écurie, des chapelles, avec des colonnes, des statues également en sel. On y trouve des sources d'eau douce.

La France possède une riche mine de sel gemme près de Vic (Meurthe).

Suivant M. Beudant, la consommation annuelle du sel, en Europe, s'élève de 25 à 30,000,000 de quintaux, évalués de 125 à 150,000,000 de francs.

des corps organisés, animaux et végétaux, une quatrième, enfin, descend dans les couches, et forme, dans leurs interstices, des nappes d'eau plus ou moins considérables, qui, perpétuellement alimentées, viennent perpétuellement rejaillir en sources nombreuses à la surface de la terre[1]. Ces sources, à peine épanchées de leur urne, reprennent le chemin des mers; d'abord faibles ruisseaux, bientôt rivières importantes ou fleuves majestueux, leurs eaux, après un cours plus ou moins long, vont se jeter dans les golfes de l'Océan, et se mêler à ses ondes, puis elles remontent dans l'atmosphère et parcourent de nouveau le même cercle de phénomènes merveilleux.

L'explication du rôle que remplit l'atmosphère dans l'économie hydraulique du globe, étant du ressort de la physique[2], nous nous bornerons à considérer comment la disposition mécanique des couches terrestres concourt à effectuer la circulation des eaux. Deux circonstances produisent cet important résultat: 1° l'alternance de lits poreux de sable et de grès avec des lits d'argile imperméables; 2° les failles ou fractures, produites

[1] M. Arago, *Annuaire* pour l'année 1835.—La quantité moyenne d'eau pompée par les machines à vapeur des mines de Cornouailles, pendant l'année 1833, a été de près de 75,000 litres par minute.

[2] On a calculé que l'évaporation annuelle représentait le travail de 80 millions de millions d'hommes. En supposant que 800,000,000 soient la population du globe, et que la moitié seulement de ce nombre d'individus puisse travailler, la force employée par la nature dans la formation des nuages, sera égale à 200,000 fois le travail dont l'espèce humaine tout entière est capable. Ajoutez que dans ce prodigieux développement de force mécanique, l'opération de la nature est continue, invisible et silencieuse.

dans les couches par des dislocations. Dans le premier système, les eaux pluviales s'infiltrent et descendent à travers les graviers et les terrains perméables, et vont se réunir dans leur partie inférieure en réservoirs souterrains, sur des couches d'argile sous-jacentes; puis, à mesure qu'elles s'accumulent, elles se déversent au dehors par des sources permanentes, situées sur les limites les plus basses de la couche qui les porte, et répandent ainsi de tous côtés la fertilité et l'abondance.

Dans le système des failles, il existe deux causes de production des sources : tantôt les eaux, descendues à travers les couches poreuses, sont interrompues dans leur route sur la pente des lits d'argile, par une faille qui les reporte à la surface sous forme de sources; tantôt, parties de régions éloignées, elles sont conduites par des crevasses ou canaux souterrains, à une grande profondeur, où la rencontre d'une faille, interceptant leur cours, les force à s'élever de bas en haut par l'effet d'une pression hydrostatique, analogue à celle qui produit les puits artésiens [1]. Disons un mot, en terminant cette matière, de ces fontaines artificielles qui sont d'une si haute importance pour les contrées basses où l'eau, cette première nécessité de la vie, ne peut être obtenue que très-difficilement.

L'ascension de l'eau, dans les puits artésiens, est déterminée, comme nous venons de le dire, par une pression hydrostatique, exercée quelquefois à une grande

[1] C'est encore à ces mêmes phénomènes hydrauliques que l'homme est redevable du bienfait des eaux *minérales* et *thermales* auxquelles il doit la guérison ou le soulagement de plusieurs infirmités.

distance du lieu où le puits est creusé, sur la masse d'eau souterraine, et qui l'élève jusqu'à la surface du sol, au moyen d'une perforation pratiquée à travers les couches supérieures. La quantité d'eau fournie par les puits artésiens est quelquefois assez abondante pour mettre une machine en mouvement et faire tourner des moulins. Telle est la force ascensionnelle de l'eau dans quelques-uns de ces puits, qu'elle rejette violemment un boulet de canon qu'on y plonge (Tours, Perpignan), ou jaillit de 10 à 17 mètres au-dessus du sol (Roussillon)[1].

[1] « Ainsi toute cette merveilleuse hydraulique des sources et des rivières, et, dans le but d'en assurer le jeu continu, ce système si admirablement coordonné des collines et des vallées; cette alimentation tout à la fois *intermittente* par la pluie des cieux, et *continue* par d'inépuisables réservoirs qui viennent se distribuer à la surface en des milliers de fontaines dont le cours ne s'arrête jamais, ce sont là des arrangements qui doivent nous frapper tout à la fois et par leur nature même, et par leur haute importance dans l'économie du globe. La terre et la mer sont dans des proportions si parfaites, que l'évaporation qui se fait à la surface de l'une suffit à alimenter d'eau la surface de l'autre, sans que la première en soit elle-même appauvrie; l'atmosphère a été interposée pour être le véhicule de cette magnifique et incessante circulation; dans cette évaporation, les eaux sont séparées de leur sel qui, d'une utilité majeure pour les conserver à l'état de pureté dans la mer, les rendrait impropres au soutien de la vie dans les animaux et les végétaux terrestres; ainsi purifiées et versées par les nuages sur la surface de la terre, elles y répandent l'abondance et elles y alimentent ces réservoirs inépuisables d'où elles retournent par les sources et les rivières à leur océan natal. N'y a-t-il pas, dans cet ensemble de faits, tant de preuves d'une harmonie de moyens avec leurs fins, d'une sagesse providentielle, de desseins pleins de bienveillance et d'une puissance infinie, qu'il faudrait être atteint de

La sagesse du Créateur et des vues pleines de bonté pour l'espèce humaine se manifestent encore par l'arrangement et la nature des matériaux dont se compose la surface du globe, principalement dans la disposition des couches secondaires et tertiaires, qui, malgré un apparent désordre dans leur formation, n'en présentent pas moins les conditions les plus avantageuses au travail et à la culture. Aussi est-ce sur ces terrains que se sont établies les sociétés les plus populeuses et les plus civilisées. La Providence a relégué dans les montagnes d'un difficile accès pour l'homme, les roches granitiques et stériles, tandis que, par le mécanisme des masses d'eau en mouvement, elle a étendu en plaines fécondes, les matériaux des différentes couches dont le mélange en proportions diverses favorise puissamment le développement des productions végétales si nécessaires à l'existence de l'homme et des animaux. Les agents atmosphériques, par les alternatives incessantes de la chaleur et du froid, de l'humidité et de la sécheresse, ont désagrégé, pulvérisé la substance des roches les plus dures, et l'ont convertie en un sol où circulent des principes de fertilité, d'abondants éléments de nutrition qui développent et multiplient à la surface de la terre, ces plantes innombrables qui la couvrent et qui en font la richesse et le plus bel ornement[1].

folie pour n'y pas reconnaître la preuve des attributs les plus élevés du Créateur? » Buckland, *Leçon inaugurale*, 1819, p. 12.

[1] Nous ne voulons point exagérer ici la théorie des rapports de l'espèce humaine avec l'énorme sphère dont elle occupe seulement une partie superficielle si limitée; nous ne pensons pas que

Enfin, deux principaux phénomènes géologiques sont à remarquer dans la grande formation carbonifère, et

l'homme soit le but unique, exclusif de la création. Qui oserait soutenir, par exemple, que les courants magnétiques ne traversent la terre et les mers que pour diriger l'aiguille d'une boussole, ou que ces myriades d'étoiles fixes, soleils immenses, lancés dans l'espace à des distances incalculables, et dont le plus grand nombre restera probablement à jamais invisible, ne sont là que pour attirer un moment notre regard distrait durant une soirée d'été, ou pour servir aux observations de quelque astronome? Ce serait assurément se faire de l'homme et de son importance une idée bien exorbitante, que de rapporter à lui, comme cause finale unique, tout cet univers dont l'immensité nous accable. Il est bien plus raisonnable sans doute de considérer tous les bienfaits qui dérivent pour nous de la disposition et de la structure des matériaux du globe, par exemple, comme des conséquences accidentelles et secondaires, lesquelles, pour n'avoir point formé l'objet exclusif de la création, n'en sont pas moins entrées dans les prévisions et dans les plans du souverain architecte lorsqu'il créa l'univers. Supposez, en effet, que la croûte terrestre ait reçu un arrangement moins complexe dans la disposition des matériaux qui la composent : donnez, par exemple, à la terre une surface homogène de granit, ou enfermez son noyau dans une série d'enveloppes concentriques de roches stratifiées ; alors une seule de ces enveloppes sera accessible à l'homme, et il n'y aura plus de ces mélanges de calcaire, d'argile, de grès, etc., qui, dans le système de coordination actuelle, contribuent si puissamment à la beauté, à la fertilité, à la richesse du globe terrestre ; de plus, le sel gemme, les divers combustibles et tous les minerais se trouveront relégués à des profondeurs inaccessibles, et l'homme sera ainsi privé de tous ces trésors d'un prix inestimable pour l'industrie et la civilisation.

« Nous pouvons donc reconnaître que toutes choses ont été faites pour l'homme, en ce sens que ses besoins ont été pris en considération en même temps que ceux de tous les êtres, et que tout ce qui arrive à sa connaissance l'intéresse, soit comme propre à l'entretien de son corps, soit comme offrant à son esprit un sujet

déposent en faveur d'une Providence pleine de sagesse et de bienveillance pour l'homme. Ce sont la disposition des couches houillères sous forme de bassins, et l'existence des failles.

Il ne suffisait pas en effet que la végétation des anciens âges vînt s'entasser au fond des lacs et des golfes, pour s'y transformer en des lits d'une houille indestructible, il fallait encore rendre ces magasins souterrains accessibles à l'industrie humaine. C'est ce qui a été merveilleusement obtenu par la disposition des couches carbonifères. Ces couches occupent des espaces plus ou moins considérables entre des chaînes de collines ou de montagnes; après s'être déroulées sur le flanc de ces hauteurs et à travers les vallées, elles vont se relever sur la pente de la chaîne opposée, et forment ainsi des bassins isolés et diversement accidentés. Il résulte de cette disposition que les couches de houille viennent toutes à la surface, sur la circonférence de chaque bassin, et qu'ainsi il devient facile d'y creuser des mines sur presque tous les points de leur étendue.

Du reste, cette disposition des couches en bassins est commune à toutes les formations, parce que dans

d'instruction ou même de simple amusement. Certains satellites qui tournent autour de Jupiter y tiennent lieu de soleil lorsqu'il fait nuit; l'homme tire parti de ce phénomène pour calculer les longitudes et mesurer la vitesse de la lumière. Le soleil qui, fort comme un géant, maintient les comètes et les planètes dans leurs orbites, éclaire en même temps l'homme de sa splendeur, et l'échauffe de ses rayons bienfaisants. Les astres les plus éloignés, dont l'attraction guide sans nul doute d'autres astres dans leurs mouvements, lui servent à diriger sa course au-dessus des océans sans bornes, et à travers les déserts inhospitaliers. » Tucker, *Light of nature*, liv. III, ch. IX.

toutes il se trouve des matières qui y ont été déposées dans des vues d'utilité pour l'homme, et qu'un arrangement tout providentiel des terrains a mises ainsi à sa portée.

Ne nous hâtons pas d'accuser de désordre et de confusion l'œuvre du Créateur; c'est notre esprit qu'il faut accuser d'ignorance et d'étroitesse; ces désordres ne sont qu'apparents, et une étude plus approfondie des phénomènes qui nous paraissent même les plus désordonnés, nous les fait bientôt reconnaître comme des lois générales ayant leur principe dans une sagesse et dans une prévoyance infinies, et produisant pour résultat définitif une grande somme totale de biens.

C'est ainsi que le mécanisme des failles, dans la formation houillère, nous démontre encore un système de sagesse dans ce qui n'offre au premier coup d'œil que bouleversements, chaos et jeux du hasard. En effet, ces failles ou dislocations sont de la plus haute importance pour l'exploitation des mines de houille. Nous avons déjà signalé les effets généraux produits par des dislocations semblables dans les autres terrains, relativement aux minerais métalliques et à la formation des sources. Les failles sont de grandes fentes qui descendent à des profondeurs considérables à travers les couches, et qui en dérangent le niveau, en sorte qu'une même couche se trouve ou plus haut ou plus bas d'un côté de la fissure que de l'autre. Les failles coupent sous différents angles les joints de stratification, et la combinaison de ces deux espèces de joints tend à diviser l'écorce du globe en prismes irréguliers. (Voy. le Tableau *g*.)

Si l'inclinaison des gisements houillers, favorable à

l'exploitation des mines sous tant de rapports, eût reçu une direction constante et sans interruption, elle aurait eu l'inconvénient de porter bientôt les couches à des profondeurs inaccessibles. Mais un mécanisme admirablement calculé a prévenu ce dommage : de distance en distance ces couches sont brisées, traversées par des failles, et disposées par nappes ou portions formant une série d'étages successifs, et se relevant continuellement de bas en haut, de manière à tenir toujours ces couches à peu de distance de la surface.

Autre avantage des failles : si les couches poreuses des schistes et des grès qui alternent avec la houille eussent été continues, les eaux se fussent accumulées à la surface de ces couches en masses dont l'épuisement eût été impossible; mais par le système des failles, les couches carbonifères, partagées en districts distincts, irréguliers, et isolés les uns des autres par des cloisons ou digues d'argile imperméables, ne peuvent contenir d'eau qu'en quantité subordonnée aux forces mécaniques dont l'homme peut disposer. Sans ces murs et ces barrières naturelles, les eaux, coulant sans interruption, envahiraient les mines en masses énormes, et l'exploitation deviendrait impraticable. Aussi les mineurs, en creusant leurs galeries, évitent-ils avec soin de s'approcher trop d'une faille, dans la crainte d'une irruption qui inonderait leurs travaux.

Outre l'importante production végétale dont ils sont dépositaires [1], un grand nombre de terrains houillers

[1] On a constaté que les mines de houille des trois royaumes d'Angleterre peuvent suffire à l'approvisionnement de charbon pendant plus de quatre siècles.

contiennent encore d'abondants minerais ferrugineux[1],

[1] L'extraction du fer, dans toute l'Angleterre, s'est élevée, en 1827, à 690,000 tonnes, et, dans le seul pays de Galles, il se consomme annuellement, pour les diverses fonderies et pour les usages domestiques, 1,850,000 tonnes de houille.

Selon J. Herschel, un boisseau de houille brûlé dans des conditions favorables suffit pour soulever 35,000,000 de kilogrammes à la hauteur de 325 millimètres; tel est l'effet moyen d'une machine qui fonctionne actuellement dans le comté de Cornouailles.

La puissance mécanique de la houille produit aujourd'hui les plus étonnants comme les plus précieux résultats, et, parmi les plus importants, il faut compter celui qu'on obtient par les machines à vapeur qu'elle alimente, et qui servent à extraire les métaux qui descendent chaque année à de plus grandes profondeurs, ainsi qu'à épuiser les eaux qui font irruption dans les mines. Dans les houillères de Fovey-Consols (comté de Cornouailles), on voit une machine faite pour soulever 48,000,000 de kilogrammes à 325 millimètres de hauteur par la combustion d'un seul boisseau de charbon. C'est, aidé de ces puissants secours, que l'on a rouvert des mines qu'on avait été obligé d'abandonner, et qu'on en a creusé de nouvelles, et poussé les travaux à des profondeurs considérables, jusqu'à 440 mètres (Wheat-Abraham, en Angleterre), et 530 mètres (Gwennap, ibid, etc.) Dans ces dernières mines, 9 machines à vapeur, dont 4 ont un cylindre de 90 pouces anglais, extraient de 30 à 40 muids d'eau par minute, d'une profondeur de plus de 455 mètres. Les galeries de ces mines ont plus de 12 lieues d'étendue.

A Anzin (Nord), trois de ces machines font mouvoir six corps de pompe de 5 décim. de diamètre chacun, élevant, en 24 heures, 137,000 mètres cubes d'eau de 4 à 500 mètres de profondeur.

On compte en Angleterre 1,500 machines en activité, de la force de 25 chevaux chacune, ce qui fait équivaloir la puissance de la vapeur, dans ce pays, à deux millions d'hommes. Mais ce n'est là que la force appliquée à mettre les machines en mouvement, car l'ensemble du travail exécuté par les machines est estimé égal à celui que fourniraient immédiatement 3 à 400,000,000 d'hommes. La vapeur, dit M. Webster, s'est emparée des fleuves, et le bate-

dont l'exploitation est alors singulièrement facilitée par la présence du charbon minéral, joint à cette circonstance non moins remarquable, qu'au-dessous de la houille, dans beaucoup de localités, se trouve du calcaire, qui est le fondant le plus propre à convertir le minerai en métal. En voyant une disposition si merveilleusement en rapport avec les besoins de l'industrie humaine, qui pourrait nier qu'il ne soit entré un dessein providentiel et tout bienveillant pour l'homme dans une telle distribution des matériaux de l'enveloppe terrestre?

Pour comprendre la prééminence de notre destinée, il suffit donc de considérer ce que la Sagesse éternelle a fait pour nous préparer une demeure.... Entendez-vous à travers les âges antiques le bruit du long travail de la nature, de ces révolutions qui se succèdent pour pétrir, élaborer, façonner notre planète, pour entasser couches sur couches, accumuler débris sur débris, pour combiner, modifier de mille manières, fixer, coordonner harmonieusement les éléments inorganiques de notre globe? Pourquoi ces vallées qui se creusent, ces montagnes qui s'élèvent, ces plaines qui se déroulent, ces innombrables niveaux qui s'établissent? Dans quel but tous ces exhaussements et ces affaissements, ces remaniements, ces mélanges de matériaux si divers, et tous ces grands mouvements, à la surface

lier peut se reposer sur ses rames; elle est sur les routes élevées, et nous l'y voyons s'exercer au voiturage par terre; elle est au fond des mines à 325 mètres plus bas que la surface de la terre (il aurait pu dire à 580 mètres). Nous la retrouvons également dans les moulins et dans les ateliers de l'industrie; elle rame, pompe, creuse, charrie, traîne, soulève, forge, file, tisse, imprime.

et dans les entrailles de notre terre? Où tend l'action de ces lois, de ces forces, de ces agents, de tous ces moteurs, que dirige le doigt du Très-Haut durant cette laborieuse évolution de notre planète? N'est-ce pas afin que nous ayons sous nos pieds un sol ferme et stable; des granits, des marbres, des pierres de toutes sortes, pour élever nos temples, construire, décorer nos palais, bâtir nos cités; d'immenses magasins de houille combustible dans les débris fossiles de la végétation primitive; d'inépuisables mines de sel gemme pour les contrées éloignées de la mer; de l'or, de l'argent, du fer, du cuivre, du plomb, etc., métaux si précieux que, sans eux, nulle culture, nulle civilisation ne serait possible? N'est-ce pas encore pour que nous ayons aujourd'hui des sources et des fontaines, des fleuves et des rivières, lesquels, obéissant aux déclivités habilement calculées des terrains, s'écoulent, sans jamais interrompre leur cours, vers le réservoir commun des mers? N'est-ce pas enfin pour que nous ayons une terre végétale, présentant les conditions les plus avantageuses au travail et à la culture, et avec ce sol fécond, des gazons et des arbres, des fleurs et des fruits, et, avec les plantes, une atmosphère épurée et des animaux destinés à nous servir, à nous vêtir, à nous nourrir, à peupler et animer tous les districts de la nature?...

Ainsi donc, beauté, variété, grandeur, harmonie; richesses, jouissances, ressources sans nombre, préparées pour l'homme; innombrables preuves de la Sagesse et de la Providence du Créateur; voilà ce que la science découvre à chaque pas, avec une admiration profonde, en étudiant la merveilleuse organisation de notre globe.

Nous avons à peine effleuré ce sujet magnifique; toutefois, le peu que nous avons dit suffira pour faire comprendre ce cri de reconnaissance et de bénédiction qui s'échappait du cœur du divin Psalmiste, lorsque, des sommets de Sion, il contemplait le spectacle des ouvrages du Tout-Puissant : « O Dieu ! que vos œuvres sont belles ! vous avez fait toutes choses avec sagesse ; la terre est remplie de vos biens ! »

CHAPITRE VIII.

TERRAINS DILUVIEN, MODERNE ET VOLCANIQUE.

Les terrains qui nous restent à décrire sont les plus complexes, les plus difficiles à étudier, et jusqu'ici les moins bien connus de toute la série géologique ; nous devons nous borner à des descriptions sommaires. (Voy. le Tableau de 1 à 4.)

§ I.

Terrain diluvien.

Le terrain diluvien se compose principalement de limon, de sables, de graviers, de cailloux roulés, formant quelquefois des poudings dont le ciment a pour base de l'hydrate de fer ou du carbonate de chaux ; d'autres fois ce ciment est purement argilo-siliceux. Ce dépôt n'est ordinairement qu'une couche mince dans les plaines, au-dessous de la terre végétale ; il se présente en couches très-irrégulières dans les vallées où il constitue quelquefois des amas puissants qui s'élèvent sur leurs coteaux, et même des collines entières qui, dans plusieurs lieux, ont de 100 à 500 mètres d'épaisseur (plaines de Crau, en Provence ; vallée du Pô, etc.).

L'exacte délimitation de ce dépôt est très-difficile : car, d'un côté, il se confond avec les terrains tertiaires, de l'autre, avec les terrains d'alluvion moderne. Les principaux caractères qui aident à le reconnaître sont : d'être universellement répandu et de couvrir de ses sédiments les deux hémisphères ; de s'étendre sur des hauteurs où l'on ne peut supposer qu'aucun cours d'eau, mû par les plus puissantes forces actuelles, ait jamais pu atteindre ; de renfermer des débris organiques presque toujours usés par le frottement, et qui, pour la plupart, proviennent d'espèces actuellement éteintes ; d'être le plus souvent accompagné de fragments de roches plus ou moins considérables, nommés *blocs erratiques*. Le remplissage des *cavernes à ossements*, la formation des *brèches*[1] *osseuses*, l'excavation de certaines vallées, sont encore des signes indicatifs de la grande catastrophe diluvienne. Ainsi ce n'est point comme un agent d'agrégation ou d'assimilation, mais plutôt comme une puissance de destruction et de dispersion, que l'on doit considérer le dernier cataclysme qui a désolé la surface de la terre et laissé partout des traces nombreuses et incontestables de son passage.

Nous consacrerons un chapitre spécial à l'examen de la question scientifique du déluge et des accidents qui caractérisent la formation qui lui est attribuée.

[1] De l'allemand *brechen*, rompre, à cause des fragments de pierres et des os brisés qu'on y trouve.

§ II.

Matières utiles du terrain diluvien.

Le dépôt diluvien est très-remarquable par les richesses minérales qu'il recèle. L'origine de cette quantité considérable de matières précieuses qu'on en retire a longtemps paru un problème embarrassant; on en connaît aujourd'hui le gisement véritable : il est dans les terrains primitifs, et la dissémination de ces matières en si grande abondance, dans le terrain diluvien, ne doit être attribuée qu'au mode de formation de ce terrain. Ces matières proviennent en effet de masses éruptives ou de filons, et ont été dépouillées de leur gangue[1], par la violence des eaux, qui, se précipitant contre les montagnes et creusant à leur pied de nombreuses et profondes vallées, entraînèrent, dispersèrent tous ces minéraux divers, ou réunirent ensemble dans les mêmes lieux, suivant les accidents du sol, ces cristaux et ces métaux précieux que l'on retrouve aujourd'hui parmi le gravier des torrents, dans certaines contrées. C'est particulièrement à la naissance des plaines et au pied des montagnes qu'on doit chercher ces brillants produits du règne inorganique.

Rien n'est plus propre à nous donner une idée de la force de destruction du cataclysme diluvien, de la puissante érosion de ses eaux, que le dépouillement d'une si grande quantité de substances métalliques et

[1] De l'allemand *gangen*. On désigne par ce mot les matières étrangères qui enveloppent des substances métallifères, les cristaux, etc.

cristallines, arrachées de leurs gîtes naturels et de la masse rocheuse qui les enveloppait.

Les principales matières utiles qu'on peut considérer comme appartenant plus directement au diluvium sont :

Le *fer en grains*. Ce minerai est composé d'une immense quantité de globules, variant depuis la grosseur d'une chevrotine jusqu'à celle d'un grain de chanvre. On attribue cette forme à un tournoiement qui les aurait ainsi granulés dans les eaux. Il alimente des fonderies célèbres en Normandie, en Berri, etc. On le trouve à la surface du sol ou dans des excavations superficielles ; l'extraction et le traitement en sont faciles et peu coûteux.

Les substances suivantes n'appartiennent pas, à proprement parler, au diluvium ; il ne les possède que d'une manière adventive. Les plus remarquables sont :

Des *pépites*.[1] d'or et de platine. Ce dernier métal se trouve sous la forme de grains plus ou moins fins, disséminés dans des sables. Le platine, le plus pesant des métaux, reçoit un beau poli, et résiste à la plupart des agents qui oxydent les autres métaux. On l'exploite dans la vaste plaine de Choco (Nouvelle-Grenade) et dans la chaîne des Andes, au Brésil, etc. Le platine est

[1] De l'espagnol *pepita*, mot qui désigne des morceaux d'or ou de platine détachés de leur gangue, et roulés par les eaux. Dans les contrées où la civilisation a pénétré depuis longtemps, surtout en Europe, les dépôts aurifères sont aujourd'hui appauvris par de longues exploitations ; tels sont ceux de l'Ariége que les Romains exploitaient, et qui lui ont valu son nom latin d'*aurigera*. C'est dans l'intérieur de l'Afrique et au pied des monts Ourals et Altaï qu'ils sont encore dans presque toute leur richesse.

le métal préféré pour la fabrication des instruments et des vases employés dans les sciences; on en fait des creusets, des miroirs de télescopes, des règles d'astronome, etc., des bassinets pour les armes à feu, des lèvres et des nez pour les braves que la guerre a défigurés, etc.

Les mines d'*étain* les plus riches. (Cornouailles.)

Des *pierres précieuses*, pêle-mêle avec des métaux, telles que :

Le *saphir* [1], avec ses nombreuses variétés de couleurs, dont une des plus ordinaires est le bleu velouté. Le saphir est le corps le plus dur après le diamant, et tient le premier rang parmi les gemmes. On le trouve dans le lit sablonneux des rivières de l'Inde, et même dans un ruisseau près d'Expailly, en Velay. Il est essentiellement composé d'alumine.

Le *rubis* [2] (*spinelle* des minéralogistes) et ses variétés, composé d'alumine et de magnésie, et coloré en rouge par l'*acide chromique*. Il se trouve dans le sable des torrents de l'Inde avec les *topazes*, les *hyacinthes*, etc.

Le *zircon* (vulgairement *hyacinthe* ou *jargon*), la pierre la plus pesante employée dans la bijouterie; elle est composée de *silice* et d'*oxyde* de *zirconium*. On en trouve dans le ruisseau d'Expailly ; il y en a de plusieurs couleurs [3].

[1] Du chaldéen *sappir*, couleur d'azur.

[2] Du latin *rubeus*, couleur rouge.

[3] Les pierres fines que nous venons de mentionner et beaucoup d'autres, appartenant à cette première classe, et rayant le quartz, ne se trouvent presque jamais dans leur gîte naturel; et, comme nous l'avons déjà dit, elles proviennent sans doute de filons dé-

Enfin, le *diamant*[1]; c'est le plus dur, le plus brillant, le plus estimé de tous les corps, et, ce qui surprend d'abord, ce minéral si précieux n'est composé que de carbone pur[2]. Il est électrisable par le frottement, et devient phosphorescent dans l'obscurité, quand il a été exposé au soleil. Il raie tous les corps, et ne peut être travaillé qu'avec de l'*égrisé*, qui est sa propre poussière. La presqu'île de l'Inde et une portion du Brésil sont les deux seules contrées qui recèlent dans le gravier de leurs ruisseaux, des mines de diamants exploitées.

Le diamant s'évalue par son poids, qu'on exprime en *karats*[3]. Le karat vaut 205 millig. (4 grains). On cite au nombre des diamants les plus célèbres celui du rajah de Bornéo (300 karats) ; celui du Grand Mogol (279 karats 1/2); celui de l'empereur de Russie (195 kar.); celui du roi de France, connu sous le nom de *régent;* il pèse 136 karats, et fut acheté 2,250,000 francs, mais il est estimé le double.

truits, lesquels, d'après les lois de la sublimation, ont dû être les plus riches à la partie supérieure, entraînée par le cours désastreux des eaux.

[1] D'α priv. et δαμάω, dompter, — qu'on ne saurait casser.

[2] Des savants (Jameson, Brewster) regardent le diamant comme un produit de décomposition végétale, analogue aux gommes, tel que l'ambre, etc.

[3] De *kuara*, nom d'une espèce de fève rouge du poids d'environ 205 milligr., dont on se sert pour peser dans les Indes orientales. La plante qui la produit est le condori (*adenanthera pavonina*).

§ III.

Terrain moderne. — Deltas.

La formation des terrains modernes est due aux causes que nous voyons encore agissantes autour de nous. Ce sont des dépôts terrestres, marins, lacustres, fluviatiles, fluvio-marins, madréporiques, etc.; la terre végétale, les éboulis, les moraines, les tourbes, les dunes, les deltas, certains tufs et travertins, produits par des sources thermales chargées de carbonate de chaux, etc. Ce groupe est caractérisé principalement par les monuments de l'industrie humaine, et par les débris organiques appartenant aux espèces aujourd'hui vivantes, mais parmi lesquels peuvent se trouver cependant des fossiles provenant de terrains plus anciens, remaniés et entraînés par les eaux actuelles.

Une des formations modernes les plus remarquables est celle des alluvions et des atterrissements des fleuves à leur embouchure. Aux bouches de l'Escaut, de la Meuse, du Rhin et dans toute la Hollande et la Zélande, ces dépôts ont plus de 73 mètres d'épaisseur. Ils sont dus, dans ces parages, principalement à l'action de la mer, qui refoule le limon et le sable que lui apportent ces fleuves. Ces dépôts donnent quelquefois naissance à des îles : le Delta du Nil, les fleuves de la Hollande, les terrains situés à l'embouchure du Pô, du Rhône, du Gange, du Volga, du Mississipi, du Maragnon, etc., en offrent des exemples remarquables.

On a du reste beaucoup exagéré les données souvent fautives, d'après lesquelles on a voulu calculer la marche des atterrissements à l'embouchure des fleuves. C'est ainsi que, d'après la position de l'ancienne ville d'Hatria, qui a donné son nom au golfe Adriatique, on a cru reconnaître que la marche moyenne des dépôts formés à l'embouchure du Pô, est d'environ 70 mètres par an; que les atterrissements du Rhône ont reculé, en 600 ou 800 ans, d'une demi-lieue, certains points reconnaissables; que, depuis le temps d'Hérodote, le Delta du Nil s'est accru d'environ un mille et un quart [1], etc.

Le Gange est l'un des fleuves qui forment les alluvions les plus considérables, ce qu'il faut attribuer à sa pente qui est de 27 pouces par lieue, et à la quantité d'eau qu'il verse par seconde dans l'Océan, et qui est de 80,000 pieds cubes pendant la saison sèche, et de 485,000 pendant la saison des pluies. Le delta qu'il a formé commence à plus de 35 lieues de la mer.

Le docteur Barrow a calculé que le limon charrié par le fleuve Jaune (Hoang-ho), dans la mer Jaune ou mer de Péking, pourrait combler celle-ci en 240 siècles; elle a 20,000 lieues carrées et 37 mètres de profondeur moyenne.

Toute la côte qui borde l'embouchure du fleuve des Amazones est garnie de bancs de limon qui augmentent

[1] Nous remarquerons, pour prévenir une erreur dans laquelle étaient tombés quelques observateurs, que, suivant Haïton et Renaud, l'ancienne Damiette, qui était un port à l'embouchure de ce dernier fleuve, au temps de saint Louis, fut rasée après le départ de ce roi, et rebâtie dans l'intérieur des terres, où elle se voit aujourd'hui. —Suivant Renaud, Aigues-Mortes, où saint Louis s'embarqua pour la terre sainte, était alors à la même distance de la mer où elle est de nos jours.

journellement et étendent la terre ferme aux dépens de l'Océan. Sur ces dépôts croissent des forêts, et au delà de ces forêts, des savanes se prolongent jusqu'aux montagnes. Tout porte à croire que l'espace qui s'étend depuis ces montagnes jusqu'à la mer, a été couvert par les alluvions du fleuve : c'est un amas de sable et de limon argileux, mêlé de parties animales et végétales.

Il se forme aussi de grandes îles à l'embouchure du Mississipi, et depuis moins de 107 ans les terres qui sont devant son embouchure se sont avancées de 15 lieues. On peut se faire une idée de la quantité de végétaux et de sable qu'il charrie, par celle qui entre dans la rivière d'Atchafalaya, un des bras de ce fleuve. Près de cette rivière, plusieurs centaines de milles sont changés en tas de bois, qui disparaissent tous les deux ou trois ans sous des lits alternatifs de sable, de vase et de feuilles. M. Bringier (*Americ. philos. Journal*) a calculé que dans une minute l'Atchafalaya charriait à son embouchure 8,000 pieds cubes de troncs d'arbres, et que si l'on y ajoute les feuilles, les branches, le sable et la vase, le dépôt annuel peut être évalué à une masse de 36 milles cubiques anglais. Le plus considérable de ces amas de végétaux et de matières sédimentaires se trouve sur les bords de la Rivière-Rouge, un des affluents du Mississipi, et n'a pas moins de 20 lieues de longueur. Les immenses alluvions du Mississipi, composées en grande partie de feuilles et de troncs de conifères, semblent indiquer de quelle manière se sont formés les dépôts de bois bitumineux et certains amas de houille, appartenant à des formations plus anciennes.

On a acquis la certitude par des sondages faits dans

différentes régions du globe, que les dépôts d'alluvions qui se forment dans la mer, à l'embouchure des fleuves et probablement aussi à une grande distance des côtes, sont presque toujours horizontaux, d'où l'on peut conclure que lorsqu'un dépôt quelconque est incliné de plusieurs degrés, cette inclinaison est due à l'action d'un mouvement postérieur au dépôt.

Parmi les matières utiles, propres aux formations modernes, on distingue la *tourbe*, laquelle présente trois modifications principales : la première est une espèce de feutre spongieux, formé de racines, de fibres et de parties végétales flétries, mais encore reconnaissables ; la seconde n'offre plus que quelques filaments végétaux ; la troisième est une substance noire, homogène, analogue aux lignites. Les tourbières les plus considérables se trouvent au milieu de vastes marais, principalement dans les contrées septentrionales. On en connaît aussi dans les montagnes du Harz, à plus de 1,300 mètres au-dessus de la mer Baltique. Elles contiennent souvent des arbres, et même des forêts entières de sapins, de chênes, de noisetiers avec leurs fruits, etc. On y rencontre des outils, des médailles, des armes, etc. Quant aux *forêts sous-marines* que l'on observe sur plusieurs points des côtes de l'Angleterre et de la France, c'est un phénomène que les uns attribuent à un abaissement graduel des côtes, d'autres le rapportent à des alluvions marines ou diluviennes, etc. Dans plusieurs, on a trouvé des débris du grand *élan* d'Irlande (*cervus giganteus*, fig. 53), des *scarabées* avec leurs couleurs parfaitement conservées, etc.

Les principales tourbières connues existent en Hollande et dans le nord de l'Allemagne, où l'on fait une consommation immense du combustible qu'elles fournissent avec une abondance inépuisable. Ces tourbières ont quelquefois 10 mètres d'épaisseur. En France, on cite celles de la vallée de la Somme, celles des départements de l'Oise, de la Meurthe, etc. Toutes les eaux n'ont pas la propriété de tourber les plantes; suivant quelques naturalistes, il n'y a que celles qui renferment un principe tannin.

Du *sel marin* ou chlorure de sodium ; il forme des croûtes superficielles au milieu de plaines immenses. Dans la Perse, on compte jusqu'à cinq grands *déserts salés*, dont un a 130 lieues de long et 70 de large. On en cite de semblables dans l'Hindostan, sur les plateaux du Thibet, à la Chine, etc.; mais c'est surtout l'Afrique qui présente une prodigieuse étendue de pays imprégnée de ce sel qui y entretient une éternelle et effrayante stérilité. Le *sel des déserts* se renouvelle rapidement partout où il a été recueilli ou dissous par les pluies.

Du sous-borate de soude ou *borax;* il se dépose quelquefois en quantité considérable au fond de certains lacs de l'Asie (Thibet, Bengale, etc.)

Une autre production remarquable de la période actuelle, est celle du *salpêtre* ou *nitre* (nitrate de potasse), composé de :

Acide nitrique (azotique)	52,95.
Protoxyde de potassium	47,05.
	100,00.

Il se présente en efflorescences blanches, cristallisées en petites aiguilles brillantes, à la surface de la terre, sur les parois de certains murs, et dans l'intérieur des cavernes où l'air peut pénétrer. Il ne paraît pas qu'on en ait jamais trouvé dans l'intérieur d'aucun banc de roche; d'où l'on est autorisé à conclure que l'air est indispensable à sa formation. L'on a remarqué aussi que la formation du nitre était plus active dans les lieux où il s'opérait quelque putréfaction animale; mais il paraît que, dans plusieurs cas, il suffit à sa formation, de la présence de l'air et d'une terre calcaire. Quant à la potasse, base de ce sel, on ignore son mode de formation[1].

Le nitrate de potasse entre dans la composition de la poudre suivant des rapports déterminés. Sur 100 parties, il y en a 75 de salpêtre dans la poudre de guerre; 78 dans la poudre de chasse; 65 seulement dans la poudre de *mine*, etc. C'est avec le nitre qu'on fabrique l'acide sulfurique. En médecine, on l'emploie comme sédatif, rafraîchissant et diurétique.

[1] On sait que les deux éléments gazeux qui composent l'air ont été réunis en *acide nitrique* par Cavendish, à l'aide de l'étincelle électrique. 17 échantillons de pluie d'orage, recueillis à des époques différentes, ont tous fourni à M. Liebig une plus ou moins grande quantité d'*acide nitrique*, combiné à de la *chaux* et à de l'*ammoniaque*. Ainsi la foudre déterminerait dans les hautes régions de l'atmosphère ces réunions subites d'*azote* et d'*oxygène* que l'illustre chimiste anglais opérait en vases clos. Il serait curieux de rechercher si l'*acide nitrique*, créé par la foudre aux dépens des deux éléments gazeux de l'atmosphère, ne suffirait pas à l'entretien des nitrières naturelles dont l'existence, dans certaines localités où les matières animales ne se voyaient nulle part, était pour la science une véritable pierre d'achoppement. On voit tout ce qu'il y aurait de piquant à *prouver* que la foudre élabore dans les régions de l'air le principal élément de *cette autre foudre* (la poudre à canon), dont les hommes font un si prodigieux usage pour s'entre-détruire. —*Annuaire du Bur. des longit.*, 1838.

Ce sel, commun surtout dans l'Asie, se trouve dans toutes les parties du monde, mais plus particulièrement dans les contrées intertropicales. (Voy. chap. X, ce que nous disons des *dunes*, etc.)

§ IV.

Volcans. — Terrains volcaniques. — Matières utiles, etc. (Voy. le Tableau *o*, *v*, *l*.)

On entend communément par *volcans* des montagnes terminées en cône tronqué, présentant à leur sommet une large ouverture en forme d'entonnoir (*cratère*), d'où s'échappent à des époques indéterminées, et avec accompagnement de phénomènes terribles, de la fumée, des flammes, des matières embrasées, tantôt sous forme de cendres, tantôt à l'état de fusion (*lave*). L'éjection violente de ces matières se nomme *éruption*.

On a établi trois principaux groupes de terrains volcaniques :

1° Le groupe *trachytique*, composé de roches feldspathiques diversement modifiées. Peu répandu dans l'ancien continent (Caucase, Hongrie, Auvergne, etc.), il acquiert des développements énormes dans l'Amérique (4,500 à 5,800 mètres d'épaisseur au Chimborazo, dans les Andes, etc.).

2° Le groupe *basaltique*, formé de roches pyroxéniques, dont la plus connue est le *basalte*. On pense que le basalte provient de laves dont les *coulées* ont été jusqu'à la mer, où il a pris, par le retrait, la forme prismatique [1].

[1] Les prismes basaltiques, rangés symétriquement les uns à

Nous avons rapporté ces deux groupes de roches éruptives aux terrains primitifs (chap. III).

3° Le groupe *lavique*, postérieur aux deux précédents, est composé de roches très-complexes, appelées *laves*, qui diffèrent essentiellement, suivant qu'elles appartiennent aux volcans éteints ou aux volcans en activité. Ces derniers produisent des laves pyroxéniques, à coulées très-étroites; les premiers ont émis des laves feldspathiques qui se sont étendues en larges nappes.

Parmi les volcans éteints, on cite celui de Gravenère (Auvergne), qui, d'après les calculs de M. Lecoq, professeur d'histoire naturelle à Clermont, aurait produit une coulée de lave, formant plus de 57 millions de mètres cubes.

Les caractères des laves sont ceux de matières qui ont été tenues à l'état de fusion, tels qu'une texture boursouflée, celluleuse ou scoriacée, grenue, rude au toucher, etc.

On a fait plusieurs hypothèses pour expliquer la présence, au milieu des laves, de divers cristaux, tels que le *zircon*, le *spinelle*, les *grenats*, etc., et surtout

côté des autres comme d'innombrables colonnes qui ont quelquefois plus de 975 décimètres d'élévation, donnent l'idée de monuments d'architecture d'une magnificence dont rien n'approche dans les travaux des hommes. Ces colonnes sont composées de pièces courtes, emboîtées l'une dans l'autre, comme un os dans sa jointure, par une extrémité tantôt concave, tantôt convexe, sans ordre déterminé, et, chose bien remarquable, la convexité et la concavité correspondante sont exactement rondes, tandis que le reste de la colonne est de forme pentagonale. (Composé de silice, d'alumine, d'oxyde de fer, etc.)

les cristaux de feldspath et de pyroxène, reconnus plus fusibles que la matière qui les enveloppe. On croit que les uns ont été formés par voie de combinaison chimique et de cristallisation [1], et que d'autres ont été arrachés aux roches granitiques, et entraînés sans altération par la lave.

Les principaux phénomènes qui accompagnent les éruptions volcaniques, sont un développement considérable d'électricité dans l'atmosphère, d'où tombent des torrents de pluie, et où la foudre gronde; des détonations souterraines, pareilles à de fortes décharges d'artillerie, qui s'entendent quelquefois de plus de deux cents lieues, et qui se prolongent, non au moyen de l'air, mais par l'intérieur du sol [2]; des tremblements de terre [3], d'abondantes émanations gazeuzes (soufre, chlore, carbone, azote, etc., diversement combinés), et surtout de la vapeur d'eau. On estime la vitesse de projection des volcans ordinaires, à 4 ou 500 mètres par seconde, et les jets de lave s'élèvent quelquefois

[1] On cite, pour appuyer cette opinion, les expériences de MM. Fourmy et Mitscherlich qui, à l'aide du feu de porcelaine, sont parvenus à faire du mica et du pyroxène cristallisés.

[2] La propagation de ce bruit souterrain serait analogue à celle du choc produit par la tête d'une épingle à l'un des bouts d'une longue poutre, qui fait vibrer toutes les fibres de cette poutre, et se transmet distinctement jusqu'à l'oreille attentive à l'autre extrémité.

[3] La cause principale et la plus générale des tremblements de terre paraît être l'action des vapeurs élastiques qui tendent à se frayer une issue, ou une longue interruption dans les émanations volcaniques. Depuis l'an 17 de notre ère jusqu'à 1835, on compte 177 principaux tremblements de terre qui ont détruit un nombre considérable de villes, et fait périr des millions d'hommes.

jusqu'à près de 3,250 mètres, suivant les accidents du terrain; les courants de lave sont très-lents ou très-rapides; et quant à leur refroidissement, il n'a lieu qu'après un espace de temps proportionné à leur épaisseur, mais ordinairement fort long; on en a vu fumer encore onze ans après l'éruption. Le volume des coulées est quelquefois prodigieux; ce sont des millions de mètres cubes, 14 et jusqu'à 20 millions en certains cas. Un courant a couvert, en 1783, dans l'Islande, une étendue de vingt lieues de long sur quatre de largeur [1]. L'éruption de l'Etna, en 1669, coûta la vie à 17,000 personnes, à Catane, et à plus de 60,000 dans la Sicile. Catane, éloignée de sept lieues du volcan, avait des

[1] Toutefois, il faut convenir que les changements produits à la surface du globe par les volcans et les tremblements de terre, sont, comparativement parlant, bien peu de chose. Ces faibles changements ne s'accordent pas du tout avec ces théories, dans lesquelles on a voulu expliquer le soulèvement de grandes chaînes de montagnes, et les dislocations subites des couches terrestres, soit par l'action répétée de tremblements de terre qui, agissant constamment dans une même direction, auraient élevé les montagnes par sauts successifs de 16 à 32 décimètres à la fois, soit par toute autre catastrophe d'une aussi faible importance géologique que nos tremblements de terre actuels. En vain on en appellerait au temps; la durée d'action d'une force n'ajoute rien à son intensité. Qu'on attelle une souris à une grosse pièce d'artillerie, jamais elle ne la mettra en mouvement, quand même on lui donnerait siècles sur siècles; mais qu'on y applique la force nécessaire, et la résistance sera aussitôt vaincue.— Voyez De la Bèche, *Manuel de géolog.*, p. 169. — On a calculé qu'en supposant à l'écorce de la terre une épaisseur moyenne de vingt lieues de 5000 mètres, il suffirait, dans cette enveloppe, d'une contraction capable de raccourcir le rayon moyen de la masse centrale de $\frac{1}{494}$ de millimètre pour produire la matière d'une éruption.

remparts de 195 décimètres; la lave les franchit, et tomba en cascade dans la ville.

Dans les Andes et au Japon, on connaît des espèces de volcans fort élevés à éruptions de boue, d'eau douce et de poissons assez souvent bien conservés, et ces éruptions couvrent quelquefois plusieurs lieues carrées.

A l'époque de l'éruption, uniquement de cendres et de pierres, qui ensevelit Herculanum et Pompéia, de grands arbres croissaient dans le cratère du Vésuve. Depuis cette époque (l'an 79 de l'ère chrétienne) jusqu'à 1830, on compte 53 éruptions.

On cite plusieurs exemples de montagnes volcaniques écroulées tout d'un coup ou graduellement, dans l'abîme creusé sous leur masse, et remplacées ensuite par des lacs.

Le nombre des volcans actifs connus est de 303 (109 sur les continents, 194 dans les îles), et presque tous sont placés sur les bords de la mer [1].

Les volcans *sous-marins* ont été peu étudiés à cause de la difficulté de les observer.

[1] Ceux de l'Asie centrale en sont éloignés de près de 300 lieues. La chaîne des Andes, qui s'étend du Chili au nord du Mexique, et probablement depuis le cap Horn jusqu'à la Californie, est une vaste région enflammée qui, se prolongeant à travers l'océan Pacifique, s'étend jusqu'à l'archipel polynésien, etc. Une autre chaîne qui commence aux îles Aleutiennes, passe au Kamtschatka, et de là aux Moluques et aux îles du Japon, puis elle se dirige vers la baie de Bengale en traversant l'archipel Indien. Une autre suite de volcans s'étend depuis le golfe Persique jusqu'à Madagascar, Bourbon, les Açores, d'où elle se prolonge le long de la Méditerranée jusqu'à la mer Caspienne. Dans l'Asie centrale, une autre région volcanique occupe une étendue de plus de 100 lieues.

On ne connaît pas le nombre des volcans éteints[1].

La *pierre ponce* et la *pouzzolane* sont des productions volcaniques. La première est feldspathique et d'un gris de perle très-clair, à cassure fibreuse ou vitreuse, sèche, âpre au toucher, et flottant à la surface de l'eau. On la tire principalement des îles Ponces, d'où lui vient son nom. Tous les volcans ne produisent pas la ponce. Au rapport de M. de Humboldt, des deux volcans voisins de la ville de Popayan (Amériq. mérid.), l'un, le Puracé, a vomi une immense quantité de ponces, l'autre, le Sotara, n'en produit aucune. On cite d'autres faits de même nature. Sa poudre, délayée dans l'eau, sert à polir les bois, l'ivoire, les métaux, etc. Dans les années 1816 et 1817, il en a été importé en France plus de 132,000,000 de kilog.

La *pouzzolane* (de Pouzzole, ville voisine du Vésuve) est une espèce de sable terreux, composé de laves pulvérulentes qui varient beaucoup d'aspect et de couleur, mais qui sont généralement d'un brun rouge. Unies à la chaux et au sable commun, les pouzzolanes forment des mortiers qui durcissent sous l'eau; cette propriété les rend très-précieux pour les constructions hydrauliques. La France possède des carrières de pouzzolanes dans le département de l'Ardèche, dans l'Auvergne, etc.

Il existe au village de Volvic un établissement fondé par M. de Chabrol, où l'on fait un heureux emploi d'un autre produit volcanique, la lave *téphrinique* ou

[1] Le mont Ararat, en Arménie, sur lequel la tradition suppose que l'arche de Noé s'arrêta, est un volcan éteint. La vallée du Jourdain a aussi été jadis le théâtre de phénomènes volcaniques.

la *téphrine*, roche qui paraît être feldspathique. Là, sous le ciseau du tailleur de pierres, comme sous celui du sculpteur, elle prend toutes les formes : on en fait des dalles, des bornes, des colonnes, des chapiteaux, des statues, des ornements et des tombeaux. Une école de dessin y prépare des élèves en sculpture qui en feront un jour rechercher les produits ; et lorsque le canal latéral à l'Allier sera terminé, Volvic trouvera dans l'emploi de sa lave une source de richesses. Depuis 1820, les départements voisins de celui du Puy-de-Dôme tirent de ce village des dalles, des bornes, des tuyaux de fontaines ; et Paris emploie aussi une partie de ces produits, car la lave de Volvic est plus solide que le granite même.

On trouve encore, dans les roches ignées des volcans modernes, de l'*arsenic*, du *soufre*, du *sel ammoniac*[1], du *sel de cuisine*, etc.

[1] Sel facilement dissoluble dans l'eau, couleur grisâtre, composé de :

Ammoniaque.	0,40
Acide chlorhydrique. . .	0,52
Eau.	0,08
	1,00

Presque tout le *sel ammoniac* du commerce vient du Levant, et particulièrement de l'Égypte ; il sert à la préparation de l'*alcali volatil*. Son nom dérive d'*Ammon*, surnom de Jupiter en Libye, d'où l'on en tirait beaucoup.

CHAPITRE IX.

GÉOLOGIE APPLIQUÉE A L'AGRICULTURE. — GÉOGRAPHIE BOTANIQUE ET ZOOLOGIQUE.

§ I.

Considérations générales sur l'agriculture. — Agriculture des diverses sortes de terrains. — Marnes, etc.

En principe général, la fertilité d'un sol résulte du mélange bien entendu des terres *siliceuses*, *argileuses* et *calcaires*, chacune de ces terres, prise séparément, étant comparativement stérile[1].

[1] Toutefois le sable pur est plus favorable à la végétation et plus facile à amender que l'argile ou le calcaire purs. Ce que les agriculteurs nomment *terres froides* n'est qu'un sol *argileux*, contenant peu d'*humus* et beaucoup de sable fin. L'infertilité de ce sol est causée principalement par l'abondance de l'alumine : les engrais seuls peuvent lui faire perdre ses mauvaises qualités. Un sol siliceux devient fertile aussi par les engrais. Celui où le carbonate de chaux est en trop grande quantité est peu favorable à la végétation. Les *terres fortes* sont composées d'un mélange dans lequel l'argile prédomine, avec une proportion d'humus, mais presque point de sable : ces terres, pour être fertiles, exigent peu d'engrais, mais beaucoup de travail. Enfin les *terres légères* se composent des mêmes éléments que les terres fortes, mais avec une petite quantité de sable et bien plus grande proportion d'humus ou de

La terre dite *végétale* se compose de deux parties distinctes, d'une sorte de terreau appelé *humus*, qui fournit aux plantes une partie de leur aliment, et d'une couche subjacente qui leur sert d'appui. D'où il suit que tout le secret de l'agriculture est dans la solution de ce problème : « Constituer un sol de la manière la plus convenable pour qu'il puisse recevoir et soutenir les plantes qui lui sont confiées, et fournir ensuite à ce sol ainsi préparé les aliments nécessaires à la nutrition de ces mêmes plantes. »

La terre destinée à servir de soutien aux plantes, doit 1° être *meuble*, c'est-à-dire, ne pas contenir une trop grande quantité d'argile que la moindre sécheresse ferait durcir en masses compactes, impropres au labour et à l'extension des racines, ou qui retiendrait les eaux prisonnières et ferait ainsi pourrir ces mêmes racines. Pour corriger ce vice d'un sol argileux à l'excès, on devra ajouter du sable ou du calcaire, suivant les circonstances.

2° Elle doit être *perméable*, c'est-à-dire laisser l'air pénétrer et les eaux s'infiltrer jusqu'au-dessous de la racine des plantes ; pour obtenir ce résultat, elle doit être convenablement mélangée de sable. Mais il est un inconvénient contraire qu'il faut s'appliquer à prévenir : c'est une trop prompte infiltration, qui livrerait les plantes à une sécheresse funeste ; on y remédie en ajoutant au terrain trop sablonneux une quantité suffisante d'argile.

détritus de corps organisés qui en font un sol gras et noir. Ce sol, doué d'une fertilité remarquable, occupe surtout les lieux bas, où les eaux pluviales ont à la longue contribué à l'accumuler.

Recherchons maintenant quels sont les moyens de féconder un sol ainsi bien constitué, et de le rendre propre à la nutrition des plantes. Les vrais, les seuls principes nutritifs des végétaux, sont l'eau, l'air, les gaz (oxygène, acide carbonique, etc.), dissous ou mélangés, puisés sous les influences de la lumière et de la chaleur, tout à la fois dans l'atmosphère par les feuilles, et dans le sein de la terre par les racines [1]. L'homme n'a aucune action sur la disposition de l'atmosphère, favorable ou défavorable à la végétation, mais il peut, dans le plus grand nombre de cas, corriger les vices du sol par des amendements, et modifier avantageusement l'*humus* qui contient les éléments chimiques destinés à la nutrition des plantes. On distingue deux sortes d'*humus* : l'*humus naturel*, qui se

[1] Tout le monde sait que le tissu ligneux ou herbacé des plantes, ainsi que leurs principes extractifs, *sucre*, *huiles*, *gommes*, *résine*, etc., s'élaborent dans le corps même des végétaux et n'existent pas tout formés dans la terre ou dans les engrais. Ainsi tout végétal et chaque partie d'un même végétal doit être considéré comme une sorte de laboratoire où s'accomplissent à toute heure, sous l'influence de la lumière et des agents atmosphériques, et à l'aide seulement de trois ou quatre substances élémentaires, une foule d'opérations chimiques intimes, merveilleuses, inimitables, au milieu de mouvements incessants d'atomes susceptibles de subir un nombre infini de combinaisons, et ne s'écartant jamais toutefois des lois invariables qui leur sont tracées pour chaque système d'organisation dans chaque espèce végétale. « O nature ! loi immuable de Dieu, par laquelle chaque chose est ce qu'elle est, agit comme il lui est ordonné d'agir ; ouvrière universelle, savante sans instruction, elle ne fait rien par saut, opère en secret, et, dans toutes ses opérations, suit ce qui est le plus utile. Rien de vain, rien de superflu ; tout sert à la nature pour accomplir ses œuvres. » (Linné.)

compose d'un détritus de matières organisées, végétales et animales, susceptible de devenir dissoluble dans l'eau ; l'*humus artificiel*, qui consiste dans les engrais saturés de matières alcalines ou acides que l'on ajoute à l'humus naturel comme énergiques auxiliaires. De plus, l'analyse chimique constate dans les plantes une proportion notable de *sels calcaires*, dont les acides tirent leur origine de l'atmosphère ou de la décomposition des matières organiques. Le sol qui serait dépourvu de calcaire manquerait donc d'un principe qui paraît essentiel au développement de la végétation. Cet humus et ce calcaire, dissous par l'eau et introduits par elle dans l'organisme des plantes qui se les approprient par un travail d'assimilation qui est un secret de la Providence, diminuent donc notablement par l'enlèvement de chaque récolte annuelle. Et ce n'est pas la seule cause de l'épuisement des terres : ces principes fertilisants, dont nous parlons, sont encore entraînés par les eaux au-dessous de la terre végétale. De là la nécessité de les renouveler souvent, en répandant sur les champs, non-seulement des fumiers, mais aussi des marnes que l'on doit choisir argileuses, calcaires ou sablonneuses, suivant le besoin des terres que l'on veut améliorer.

Ces principes établis, il ne s'agit plus que de les appliquer aux différents terrains, et à cet égard on ne peut donner que des indications générales qui rentrent tout à fait dans ce que nous venons d'exposer. On sent d'ailleurs qu'il est une foule de circonstances qui doivent modifier l'application de la théorie selon les diverses localités. C'est à l'agriculteur intelligent et expérimenté de s'appliquer à les reconnaître, et de considérer ce qui est praticable et ce qui ne l'est pas, ou ne l'est qu'en entraînant des frais qui dépasseraient de beaucoup le bénéfice qu'on peut raisonnablement se promettre.

Considérés par rapport à l'agriculture, les pays *granitiques* sont généralement frappés de stérilité. Toutefois, il faut distinguer les contrées où le terrain primitif forme des montagnes nues et abruptes, de celles où il n'offre que des collines arrondies et peu élevées. Dans les premières, partout où il existe quelque portion de roche à surface horizontale, ou modérément inclinée, l'habitant industrieux et actif s'applique à y fixer l'*humus* et le *terreau*, qui, composés presque entièrement de débris organiques, deviennent extrêmement productifs. La fertilité de ces petits coins de terre est due surtout à l'inaltérabilité de l'espèce de roche granitique qui les supporte et contre laquelle les agents atmosphériques sont impuissants.

Au contraire, les pays granitiques à collines arrondies, facilement accessibles sur tous les points, peuvent être cultivés sur toute leur surface; mais il ne s'y forme qu'un sol stérile et sans valeur, qui trompe presque toujours les espérances du malheureux habitant de ces tristes régions. Une pareille stérilité peut être attribuée à deux causes principales :

1° Le *feldspath*, élément constitutif et prédominant de ces sortes de roches, se décompose facilement et entraîne ainsi la désagrégation des autres éléments qui lui sont associés. Il résulte de cette décomposition qui a lieu quelquefois jusqu'à de grandes profondeurs, que le sol ne pouvant conserver l'eau des pluies, est livré à une éternelle sécheresse, ennemie de toute végétation.

2° La *potasse* et la *soude* entrent pour une grande proportion dans la composition chimique du feldspath : or, ces deux alcalis ont une tendance naturelle à s'unir avec l'eau, qui, se trouvant ainsi chargée de l'un ou l'autre de ces alcalis, à l'état pur, devient funeste à la plupart des plantes. Les sels alcalins, mais non les sels caustiques, sont favorables à la végétation.

Joignez à ces deux causes d'infertilité l'absence complète de carbonate de chaux, matière si importante dans l'économie végétale.

Des marnes argileuses pour rendre le sol moins perméable, des engrais acides pour neutraliser l'influence caustique de la potasse et de la soude, sont les principaux remèdes par lesquels il convient de combattre la stérilité de ces sortes de terrains primordiaux.

Généralement, le *granit* est dépourvu de bois ou ne porte que quelques conifères ; toutefois, dans le midi de l'Europe, il est souvent recouvert de chênes et de châtaigniers.

Le *gneiss* et les *schistes* se chargent aussi de bois, mais particulièrement de conifères.

Les schistes de *transition* forment ordinairement des montagnes fort escarpées, à sommets abrupts et aux flancs profondément excavés, d'où tombent d'abondantes cascades : l'on comprend que de telles contrées, qui ne présentent qu'escarpements et précipices, soient tout à fait impropres à la culture. Si, au lieu de cimes crénelées et de pentes verticales, les montagnes schisteuses offrent des contours arrondis, il arrive presque toujours que les débris des schistes, qui recouvrent leur surface en gros fragments, s'opposent à tout labour ; et s'ils se sont décomposés, il en résulte une terre imparfaite, privée de sable et de calcaire, qui ordinairement a tous les défauts que nous avons signalés en parlant de certaines contrées granitiques. Quelquefois pourtant les vallées qui s'étendent au pied de ces montagnes présentent une belle végétation. Des marnes calcaires et des engrais acides conviennent surtout aux terres schisteuses; mais il faut préalablement les débarrasser de tous les fragments grossiers qui n'auraient pas été assez divisés par les agents extérieurs.

Les terrains de *grès* durs ou friables ne sont point ordinairement rebelles à la culture, et il est facile de les amender, suivant le principe dont ils sont dépourvus, par des argiles ou par des calcaires dont ils possèdent presque toujours quelques couches.

Quand les terrains *calcaires* de transition forment des montagnes à cimes très-escarpées, la culture y devient généralement impraticable; cependant, il s'y trouve toujours des emplacements plus ou moins étendus où s'établit une population nombreuse, ce qui est un indice de la fertilité du sol. En effet, les calcaires ayant la propriété de conserver l'humidité, se couvrent de mousses et de lichens, dont les débris, entraînés par les eaux, forment bientôt une sorte de terre végétale assez productive.

A l'égard des terrains *secondaires*, les contrées crétacées sont ordinairement horizontales, et seulement entrecoupées de collines peu élevées et à formes arrondies. Les contrées crétacées et jurassiques, surtout quand ce sont des plaines étendues, sont généralement frappées de stérilité. Cette stérilité provient de la nature des roches qui sont caverneuses et remplies de fissures où se perdent toutes les eaux, sans qu'aucun ruisseau puisse se former et féconder la surface du sol livré ainsi à la plus triste aridité[1]. Au contraire, les vallées creusées dans ces mêmes terrains sont toujours fertiles. Cette fécondité résulte de l'abondance des eaux qui découlent des sources latérales et du mélange des terres argileuses, sablonneuses et calcaires, entraînées par ces eaux et mêlées au fond de la vallée, dans une proportion que l'agriculteur peut toujours aisément modifier, puisqu'il a sous la main les matériaux nécessaires.

La craie *chloritée* et la craie *tuffeau* étant argileuses dans leurs couches inférieures, peuvent retenir les eaux pluviales, et forment ordinairement un sol très-fertile (Touraine).

C'est à la présence de la craie *blanche*, à la surface du sol, que la Champagne *pouilleuse* doit son aridité; et si le pays chartrain, bien que composé de craie blanche tendre et même friable, est cependant remarquable par sa fertilité, c'est que cette craie ne s'y montre point à la surface du sol, et qu'elle est en général recouverte par une couche d'alluvion. Les riches pâturages de la vallée d'Auge (Calvados) appartiennent au *calcaire marneux* de l'oolithe inférieure. Les agriculteurs de Normandie ont remarqué que l'orme et le chêne sont les arbres qui réussissent le mieux sur ce sol. Il convient aussi beaucoup au pommier, mais peu aux céréales.

La formation du *grès bigarré* et les *calcaires* durs et

[1] Le seul système d'irrigation qui soit praticable dans ces sortes de terrains, c'est l'établissement de puits artésiens, dont le succès est presque toujours assuré, à cause des courants souterrains qui s'y rencontrent ordinairement à de médiocres profondeurs.

peu absorbants du *lias* constituent des montagnes ordinairement productives ou susceptibles d'être facilement amendées[1]. C'est dans les fermes placées sur les marnes des étages supérieur et moyen du lias que se fabrique la plus grande partie du beurre de la Normandie, qui se vend sous le nom de beurre d'Isigny (Calvados).

Les terrains *tertiaires* sont presque toujours des pays de plaines, coupés de collines seulement le long des rivières; et comme il entre dans la composition minéralogique de ces terrains un grand nombre d'éléments divers, empruntés aux terrains plus anciens par les eaux qui les ont entraînés et mélangés, ils se trouvent presque toujours favorablement constitués pour la végétation[2]. Quant aux parties qui seraient moins fertiles, elles peuvent devenir facilement productives à cause de l'abondance des *marnes* que fournissent les terrains tertiaires[3].

[1] En général, les *grès* sont favorables à la végétation des forêts, ainsi que certains dépôts calcaires qui forment, en Europe, le plus grand nombre de vignobles et de champs de céréales; c'est également le terroir par excellence des plantes aromatiques de l'Europe méridionale.

[2] Toutes les grandes capitales sont établies sur le sol formé par les terrains tertiaires peu élevés, sans doute parce que les populations trouvent la fertilité à la superficie du sol, et au-dessous des matériaux, propres aux constructions.

[3] Les *marnes* sont principalement composées de trois substances, d'argile, de chaux et de sable siliceux, variant infiniment dans leurs proportions respectives. De là, trois espèces de marnes, les seules propres à servir d'amendement.

1° Les marnes *calcaires*, d'un blanc pur ou jaunâtres, quelque-

En général, dans les terrains tertiaires, les *grès* de formation marine sont peu fertiles, parce que la terre est alors trop sablonneuse, tandis que les calcaires et les argiles d'eau douce doivent, au contraire, leur infertilité à l'absence du sable.

Privé d'argile et de calcaire, le terrain *diluvien* ne peut conserver l'eau, ni se charger, par conséquent, de principes alimentaires; aussi forme-t-il plus de la moitié des terres infertiles de l'Europe, et l'on ne voit guère prospérer dans les contrées où il domine, que la vigne et les bois, sans doute parce que leurs racines pénètrent au-dessous du *diluvium* dans les terres argileuses et fécondes. Les engrais donnent à ce terrain des qualités précieuses (plaines de Boulogne et de Clichy, près de Paris).

fois rougeâtres, de consistance solide et terreuse, s'émiétant au contact de l'air, etc.

2° Les marnes *argileuses;* compactes; solides; d'un gris verdâtre ou noirâtre; douces et savonneuses au toucher.

3° Les marnes *sablonneuses,* ou marnes calcaires mélangées de 1/10 de sable; blanches, sèches au toucher, s'imbibant d'eau avec facilité, se délitant à l'air, etc.

Suivant Pline, les Grecs et les Romains empruntèrent aux Gaulois, aux Bas-Bretons, aux Celtes, l'usage de marner les terres. Il convient de n'employer les marnes que quelques mois après leur extraction, et de choisir, pour le marnage, la saison des pluies, vers la fin de l'automne. Les marnes agissent tantôt mécaniquement sur le sol, en divisant les terres trop compactes, en multipliant leurs points de contact avec l'air et l'eau, en donnant plus de consistance à celles qui sont trop légères; tantôt physiquement et chimiquement, en décomposant l'*humus,* en le rendant dissoluble dans l'eau, en absorbant l'oxygène et le carbone qu'elles fixent entre leurs molécules, à mesure que ces gaz s'émanent des substances végétales et animales qui forment la base des engrais, etc.

Quant aux terrains *alluviens*, ce sont les plus riches en produits agricoles, et c'est à eux qu'appartient la presque totalité des terres végétales qui couvrent la surface du globe.

Il existe dans l'ancien continent deux régions considérables où la couche de terre végétale est tellement chargée d'humus, qu'elle n'exige aucun engrais pour être mise en culture : ce sont l'Indoustan septentrional et la Russie méridionale. On évalue la superficie qu'occupe cette dernière région à 65,000 lieues carrées, c'est-à-dire à une étendue plus grande que la France, l'Espagne et toute la Prusse. La terre végétale y présente une épaisseur de 1 mètre à 1 mètre et demi. C'est cette région qui fournit de grains la plus grande partie du territoire russe, et qui au moindre signal de disette dans le reste de l'Europe, y déverse par la mer Noire et la Baltique, pour une valeur de 100 millions de francs de céréales. Cependant, faute de population, elle n'est qu'en partie employée à la culture.

Le *trapp*, le *basalte* et les *laves* se décomposent aisément à l'air, et, comme ils attirent beaucoup d'humidité, ils produisent un sol très-fertile [1]. — En Hon-

[1] Dans un avenir qui ne peut être très-éloigné, les progrès de la science permettront de dresser, sur une grande échelle, des cartes géologiques détaillées qui feront la base de l'agriculture de chaque pays. On y notera non-seulement les terrains prédominants, mais encore les dépôts particuliers, le caractère spécial des roches, leurs divers accidents, l'existence et la nature des amendements qu'elles renferment, l'emploi qu'il en faut faire pour l'amélioration du terroir suivant le genre de culture que l'on a en vue. L'agronome apprendra à connaître les effets différents de certaines végétations sur la production de l'*humus* ou sur la décomposition des roches,

grie, les célèbres vignes de Tokay croissent sur une montagne de *trachytes*.

§ II.

Géographie botanique.

Les êtres organisés ne sont pas répandus indistinctement et au hasard sous toutes les zones; mais leur distribution sur le globe est soumise à des lois invariables qui résultent de l'influence de plusieurs agents extérieurs. Ces agents, pour les plantes, sont ceux qui déterminent leurs *habitations* et leurs *stations*[1]; comme

les plantes exotiques qu'il peut emprunter aux autres climats, l'art d'échelonner ses essais sans s'exposer aux risques d'une tentative inutile et ruineuse, etc.

[1] On entend par l'*habitation* d'une plante, le pays où elle croît naturellement, et par *station*, la nature spéciale de la localité à laquelle elle appartient, comme les *sables*, les *marais*, etc. Par exemple, si je dis que le quinquina est originaire du Pérou, j'indique son *habitation*; si j'ajoute qu'il croît dans les montagnes des Andes, je désigne sa *station*. — Le *riz* est d'Asie, et sa *station* est dans les marais. On pense, relativement à la distribution primitive des plantes sur la surface du globe, que la création végétale a dû avoir lieu dans un certain nombre de centres distincts, dont chacun est devenu la souche d'un certain nombre d'espèces particulières. S'appuyant sur les observations faites par Humboldt et Bompland dans l'Amérique du Sud, par Pursh dans les États-Unis, et par Brown à la Nouvelle-Hollande, de Candole a énuméré vingt provinces botaniques habitées par des plantes indigènes ou aborigènes. Les bruyères appartiennent exclusivement à l'ancien monde; on n'a jamais découvert aucun rosier indigène dans l'Amérique ni dans l'hémisphère sud, ni un cèdre croissant naturellement ailleurs que sur le mont Liban.

la température, la lumière, l'eau, l'atmosphère, la nature du sol.

L'action de la température fait particulièrement ressentir son influence sur les végétaux, soit en congelant par un excès de froid les matières dont ils se nourrissent, ou les liquides qui tiennent ces matières en suspension, soit en faisant évaporer, par un excès de chaleur, ces mêmes liquides alimentaires; dans le premier cas, il y a rupture des vaisseaux de la plante, dans le second, flétrissure et dessèchement.

On doit noter, pour chaque pays, la température moyenne de l'année, les extrêmes de chaleur et de froid, ainsi que l'ordre et la proportion suivant lesquels la chaleur se distribue durant l'année [1]. Il est des plan-

[1] Au voisinage de la mer, les extrêmes de la température se rapprochent : dans les régions chaudes il fait moins chaud; dans les régions froides il fait moins froid. Les exhalaisons diffèrent aussi suivant la nature du sol : les terrains argileux et salins refroidissent l'air et le rendent insalubre; ceux qui sont sablonneux et calcaires le réchauffent et le rendent favorable à la santé. La culture modifie avantageusement les climats en élevant la température, en desséchant les marais, en propageant les plantes utiles, en faisant plus librement circuler l'air, et le dégageant d'impures vapeurs; c'est ce qui est arrivé pour l'Allemagne, qui, du temps de Tacite, était beaucoup plus froide que de nos jours, et pour les États-Unis, dont le climat s'est très-sensiblement adouci depuis 50 ans. Cependant la culture n'est pas sans inconvénients, car le déboisement dessèche les sources, et l'atmosphère ouvre quelquefois passage à des vents funestes, etc. On peut distinguer, relativement à la totalité du globe, quatre principaux climats, dont voici en quelque sorte les signalements :

Climats :	
CHAUD et SEC....	Ciel et terre brûlants; eau rare; plantes languissantes; animaux et hommes peu nombreux, maigres, forts et irascibles.

tes qui ne prospèrent que dans les climats à température égale; d'autres demandent un été très-chaud, et passent ensuite l'hiver dans une sorte d'engourdissement; mais, à l'exception de certaines espèces qui résistent à une température fort élevée, toutes les plantes redoutent autant l'excès de la chaleur que le trop peu [1].

CHAUD et HUMIDE.	Eaux en quantité; verdure éternelle; double ou triple moisson; végétaux énormes, reptiles, miasmes; propagation rapide de l'homme et des animaux, mais tempérament flegmatique et mou.
FROID et SEC.....	Eau pure, mais crue; végétation robuste, mais peu abondante; chez les animaux et les hommes, plus de force et de santé; longévité.
FROID et HUMIDE.	Brouillards, atmosphère malsaine; broussailles et mousses; épaisses fourrures aux animaux; à l'homme tempérament mélancolique, lourdeur, faiblesse, lors même qu'il a la taille haute.

[1] En général, les lignes isothermes déterminent, suivant des rapports constants, les zones végétales. Quant au degré absolu de chaleur ou de froid auquel la végétation doit s'arrêter, on n'a pu l'assigner encore. Dans les sources de Washita (Amérique sept.), dont la température est de 57 degrés, on n'a pas seulement remarqué des conferves et d'autres végétaux; on y a vu un grand nombre de petits insectes qui se jouaient au sein des eaux. M. de Humboldt a vu croître des plantes dans un sable noir échauffé à 60°, dans les plaines de Jorullo; nos eaux chaudes nourrissent des *oscillatoires*, êtres ambigus que se disputent maintenant les botanistes et les zoologistes. On connaît même des végétaux microscopiques dans des eaux bouillantes, tels que ceux de la bière, du lait, etc., tandis que les neiges des régions polaires et celles des hautes montagnes produisent une petite algue qui les colore d'un rouge éclatant (le *protococcus nivalis*). On trouve le *saxifraga Boussingaulii* à 4,950 mètres sur le Chimborazo.

Deux climats dont la température moyenne est la même peu-

Une des principales fonctions de la lumière est de décomposer l'acide carbonique absorbé par les feuilles des plantes, d'où dérivent la fixation du carbone dans le végétal, la coloration des parties vertes, etc. Ces influences ne s'exercent pas au même degré sur toutes les espèces, et différentes plantes exigent différentes doses de lumière ou supportent différents degrés d'obscurité. L'intensité de la lumière est compensée par la durée du jour. Ainsi, à mesure qu'on s'éloigne de l'équateur, la lumière diminue graduellement d'intensité; mais elle reste beaucoup plus longtemps sur l'horizon pendant l'époque de la végétation. Plus on s'élève au-dessus du niveau de la mer, plus la lumière est abondante; mais plus aussi la température baisse : de là les habitudes de diverses plantes qui se plaisent, les unes dans les plaines, les autres à différents degrés d'élévation, suivant le plus ou le moins de chaleur ou de lumière qui leur convient[1].

L'eau est tout à la fois aliment et véhicule des ali-

vent cependant avoir des productions très-différentes, à cause de la différence de leurs températures extrêmes. Ainsi, sous l'équateur, les fougères arborescentes croissent à des hauteurs dont la température moyenne est celle de Paris; mais sous le climat de cette ville, la rigueur des hivers les fait infailliblement périr.

[1] Le blé peut être cultivé jusqu'au 60e degré de latitude nord ; mais, dans la zone torride, l'épi se forme rarement sur un sol élevé de moins de 1,300 mètres au-dessus du niveau de la mer, et en général il ne mûrit pas si cette élévation dépasse 3,300 mètres.

Quatre graminées sont principalement cultivées sur le globe pour la nourriture de l'homme : le riz en Asie, le sorgho en Afrique, le maïs en Amérique, et le froment en Europe; on connaît jusqu'à 175 variétés de cette dernière céréale.

ments pour les végétaux. Les molécules nutritives contenues dans l'eau sont l'acide carbonique, des matières solubles, végétales ou animales, des principes alcalins ou terreux. La plante souffre donc ou prospère en raison de son exigence, relativement à ces principes fournis par l'eau, dont le trop peu empêche le développement du végétal, et dont la trop grande abondance peut en corrompre et en dissoudre le tissu organique.

L'atmosphère influe sur la végétation par les émanations étrangères dont elle peut être habituellement ou accidentellement chargée, par son humidité, par son état d'agitation, de stagnation ou de tension électrique, par la densité de l'air. Un air trop rare ne peut convenir à la végétation, parce qu'il ne peut fournir à l'absorption des plantes la quantité d'oxygène indispensable à leur nutrition.

Enfin, nous avons vu quelle doit être la composition du sol et sa nature chimique, pour qu'il puisse servir de support aux plantes et fournir à leur alimentation. Différents végétaux affectionnent différents terrains : les uns veulent des terrains calcaires, d'autres des terrains granitiques, etc. C'est d'après l'influence incontestable de ces divers terrains sur la croissance de telle ou telle plante, qu'est établie la théorie des amendements et des engrais.

Nous pourrions parler encore des influences exercées dans le règne végétal par les antipathies et l'état de guerre perpétuel que l'on observe entre les plantes, dont certaines tribus s'emparent de l'espace en souveraines et refusent toute place aux autres, ou les étouffent à leurs pieds. Les plantes qui envahissent ainsi l'espace sont dites plantes *sociales;* elles sont rares entre les tropiques, où la végétation est variée et brillante[1], mais elles sont communes dans les zones tempérées et dans le nord; telles sont, par exemple, les quatre ou cinq espèces de *bruyères* qui donnent aux pays septentrionaux un aspect si monotone, l'*ajonc*, certains *genêts*, etc.

Voici les résultats généraux auxquels on est arrivé sous le rapport des habitations des plantes :

1° Les hauteurs équivalent à l'élévation des latitudes, et les plantes qui croissent à toutes les latitudes croissent aussi à toutes les hauteurs ;

[1] C'est dans les vallées intertropicales que la nature se plaît à développer toute la puissance, toute la surabondance de vie que des pluies périodiques et des flots de lumière y entretiennent perpétuellement, et qui se manifeste par un luxe de végétation inconnu sous les autres climats. Dans ces heureuses contrées, tous les végétaux présentent les formes les plus élégantes et les plus majestueuses, la plus fraîche verdure et les plus gracieuses découpures dans leur feuillage, la plus grande vivacité comme la plus riche variété de couleurs dans leurs corolles, d'où s'exhalent au loin les plus précieux aromates. Là croissent ces végétaux qui fournissent au commerce ces bois recherchés, ces gommes, ces résines odorantes, ces substances condimentaires, ou colorantes, ou médicinales, qu'on estime à un si haut prix : le bois de campêche, les casses, les myrobolans, le tamarin, le curcuma, le gingembre, le cardamome, le sang-dragon, etc., etc. Les palmiers aux tiges cannelées, couronnées par un feuillage luisant, ailé ou en éventail, le bombax ceiba, une foule d'arbres superbes de 30 à 60 mètres de haut, voient fleurir au-dessous d'eux le bananier aux fruits succulents, les bambous souples et mobiles, les fougères arborescentes, tandis qu'autour de leurs troncs et sur leurs branches se groupent ou se suspendent en lianes magnifiques une multitude de plantes parasites, et la vanille odorante, et les orchidées aux couleurs si variées, et les grenadilles grimpantes, et les *bignonia*, et les *bauhinia*, et les *banisteria*, et mille autres fleurs délicates, aux plus riches nuances, aux plus délicieux parfums.

2° Les plantes aquatiques sont moins rigoureusement assujetties à un climat déterminé ;

3° Les espèces d'une contrée diminuent en nombre à mesure qu'on s'éloigne de l'équateur ;

4° Le nombre des dicotylédones augmente, des pôles à l'équateur[1], à l'inverse des acotylédones ;

5° Le rapport des arbres à la totalité des végétaux est plus considérable à mesure qu'on s'avance vers la zone équatoriale ;

6° Enfin les plantes herbacées, annuelles et bisannuelles, affectionnent surtout les zones tempérées. En général, les limites des régions botaniques sont les déserts, les mers, les chaînes de montagnes[2].

Suivant un calcul approximatif, fondé sur les ri-

[1] Ce principe n'est pas applicable aux îles éloignées des continents.

[2] S'il n'est aucun rocher, aucun monument antique (même ces pyramides d'Égypte crues si dénuées de toute végétation), aucune écorce d'arbre sur laquelle on ne puisse découvrir un végétal, il n'est pas étonnant que l'homme, partout où il peut porter ses pas, trouve autour de lui un monde végétal plus ou moins abondant ; et les lieux qu'il traite de déserts, s'ils ne lui fournissent que quelques rares espèces et d'un développement restreint, n'en sont pas moins parsemés de végétaux appropriés aux solitudes des plages sableuses et inhabitées. » (Desvaux, *Traité génér. de Bot.*, t. I, prem. part., p. 279.)

Le nombre des plantes communes à l'Australie et à l'Europe, n'est que de 166 sur 4,100 ; la proportion entre les espèces européennes et celles de l'Afrique méridionale, et surtout de l'Amérique équinoxiale, est encore beaucoup moindre. Sur 61 espèces indigènes que possède l'île de Sainte-Hélène, il n'y en a que deux ou trois qui se retrouvent sur quelque autre partie du globe. Dans les États-Unis, sur 2,891 espèces de plantes, seulement 385 se retrouvent dans le nord de l'Europe.

chesses actuelles de la botanique, la distribution des grandes classes de végétaux, sur la surface du globe, aurait lieu de la manière suivante : les plantes *agames* sont aux *phanérogames* dans la proportion de 1 à 7; dans les contrées équinoxiales, elles sont de 1 à 5; les *monocotylédones* sont aux *dicotylédones* comme 2 est à 9, et comme 1 est à 5, depuis l'équateur jusqu'au 30e degré de latitude nord : plus on s'éloigne de l'équateur, plus ces dernières diminuent, en sorte qu'elles sont moitié moins nombreuses vers le 60e de latitude nord et le 50e de latitude sud.

Sauf quelques exceptions, on voit diminuer de l'équateur aux pôles le nombre des *composées*, des *euphorbiacées* et des *malvacées;* les zones tempérées sont les plus riches en *labiées*, en *ombellifères*, en *amentacées* et en *crucifères :* la plupart de ces dernières disparaissent entièrement dans la zone torride.

L'Europe, qui possède les deux cinquièmes des végétaux connus et décrits, a été partagée en trois grands climats qui peuvent se subdiviser en vingt-six régions physiques. Sur les côtes occidentales, depuis le cap Saint-Vincent en Portugal, jusqu'au cap Finistère en Espagne, on retrouve les végétaux américains qui s'y multiplient comme dans leur propre patrie. Du cap Finistère aux sources de l'Adour, s'étend au pied des Pyrénées une région où ne croît plus le laurier-rose, où la vigne s'élève avec difficulté, mais où le pommier prend une telle extension, que l'on appelle cette région la Normandie de la péninsule hispanique.

On retrouve sur les pentes orientales de la même Péninsule les végétaux de la Grèce et de l'Italie : l'olivier, le caroubier, le lentisque, le laurier, le figuier, le grenadier et le mûrier. La vigne y donne un vin capiteux et fortement coloré.

La région qui s'étend du cap Palos au cap Saint-Vincent est caractérisée par une végétation, que l'on peut appeler africaine, telle que le palmier nain, le cactus et le bananier.

Les plantes de l'Afrique septentrionale se propagent en Grèce, en Sicile, en Calabre, en Sardaigne, dans les environs de Gênes, en Provence. D'après les plus habiles botanistes, les 50,000 espèces végétales connues aujourd'hui seraient distribuées, dans l'ordre suivant, sur la surface de la terre :

En Europe	19,000
Dans l'Asie tempérée	1,500
Dans l'Asie équinoxiale et les îles voisines	4,500
En Afrique	3,000
Dans l'Amérique tempérée des deux hémisphères	4,000
Dans l'Amérique équinoxiale	13,000
Dans l'Océanie	5,000

Quant aux plantes marines, les nuances de végétation que nous avons remarquées aux différentes hauteurs, pour les plantes terrestres, ne leur paraissent pas applicables. « Soumises, dit un savant naturaliste, à l'influence de la couche d'eau qui les couvre, elles suivent les courbures des côtes, et la quantité des espèces peut diminuer en partant d'un point déterminé et suivant la direction des terres ; mais cette diminution ne rayonne jamais. On ne peut pas considérer comme une diminution rayonnante celle que présentent quelques genres, et qui a lieu d'une mer profonde vers la côte, ou des côtes vers la mer. Pour les hydrophytes, de même que pour les phanérogames, il y a des localités centrales où des formes particulières semblent dominer, soit dans des groupes de plusieurs genres, soit dans des groupes de plusieurs espèces. A mesure que l'on s'éloigne des points où elles se montrent dans toute leur beauté et dans toute leur profusion, ces formes perdent quelques-uns de leurs caractères : elles se dégradent, se confondent avec d'autres, et finissent par disparaître pour faire place à de nouveaux caractères, à de nouvelles formes entièrement différentes des premières. »

Dans l'océan Atlantique on voit, depuis le pôle jusqu'au 40e degré de latitude nord, une végétation différente de celle de la région des mers équatoriales (golfe du Mexique, océan Indien, parages de la Nouvelle-Hollande). Les hydrophytes de la Méditerranée et de la mer Noire diffèrent de celles des océans. Les plantes marines des côtes du Portugal ne sont pas les mêmes que celles des côtes de la Normandie et de l'Angleterre.

Les *Sargasses* forment entre les tropiques d'immenses prairies flottantes ; au delà du 30e degré de latitude, elles ne sont plus que par groupes isolés ; elles dépassent rarement le 42e degré de latitude dans les deux hémisphères. Les *Laminaires*, si communes dans les mers froides et polaires, deviennent rares dès le 36e degré. Les *Conferves* forment environ les deux tiers des plantes du Nord, la moitié de celles des côtes de France, et un peu plus du tiers de celles du golfe de Venise.

A mesure qu'on se rapproche des régions tempérées ou chaudes, le nombre des *Fucacées* et des *Floridées* augmente : ces dernières deviennent peu à peu trois ou quatre fois plus nombreuses que les précédentes ; mais vers le 45e degré, les Floridées commencent à diminuer, tandis que les Fucacées paraissent au contraire s'accroître.

Les Flabellaires n'existent que dans la Méditerranée.

On évalue que les eaux douces et les côtes de France offrent au moins 600 espèces d'hydrophytes[1].

§ III.

Géographie zoologique.

Les créations animales sont groupées sur le globe dans un ordre résultant, comme pour les végétaux, des grandes lois géologiques qui, à toutes les époques, ont présidé à la formation des continents, à leur abaissement au-dessous du niveau des mers, ou à leur élévation au-dessus ; et depuis le polype qui sécrète sa demeure pierreuse dans les abîmes de l'Océan, jusqu'au condor qui plane à plus de 6,000 mètres au-dessus des sommets les plus élevés des Cordillières, on peut établir, pour les innombrables colonies animales, plusieurs régions zoologiques déterminées par la diversité des climats, par celle des substances qui servent de nourriture aux animaux, et par une foule d'autres causes plus ou moins influentes. En général, à mesure qu'on s'avance de l'équateur vers les pôles, ou qu'on s'élève du niveau des mers au sommet des montagnes, les espèces, leurs variétés, le nombre des individus, la beauté des formes et des couleurs diminuent.

[1] Voir la note B à la fin du volume.

MAMMIFÈRES.

Chaque continent est caractérisé par certains types qui lui sont propres. Ainsi l'Amérique méridionale a ses *Tardigrades*, l'Afrique sa *Girafe* et ses *Antilopes*, l'Asie son *Dromadaire* originaire de l'Arabie et des déserts de la Perse ; la Nouvelle-Hollande a ses *Kanguroos* et ses *Ornithorhynques*.

Aucun Mammifère terrestre de l'Amérique méridionale n'est identique avec ceux du sud de l'ancien monde, tandis que plusieurs sont communs aux régions du nord des deux continents. Cette identité observée dans certaines espèces vivantes et dans plusieurs genres et espèces fossiles, fait supposer qu'il a existé anciennement une communication entre ces régions septentrionales.

L'homme surtout a produit de grandes perturbations dans la distribution géographique des Mammifères, en diminuant certaines races, en les restreignant dans des limites plus étroites, ou même en les faisant disparaître tout à fait. C'est ainsi que le *Castor* est devenu extrêmement rare sur les rives du Danube et du Rhône, que le *Lion* a abandonné la Grèce et l'Europe méridionale, et que le *Loup* ne se trouve plus en Angleterre. L'*Auroch*, qui habitait le sol de la France du temps de César, ne se voit plus que dans les forêts de la Lithuanie; l'*Élan* ou *Cerf* à bois gigantesque (fig. 53) n'existe plus en Europe; la *Vache marine* de la mer du Kamtschatka a été détruite au commencement du dix-huitième siècle; le *Bouquetin* et l'*Ours* ne se montrent qu'en très-petit nombre, l'un dans les Pyrénées et les Alpes de la Savoie, l'autre dans les montagnes de la Suisse. Le *Dronte* ou *Dodo*, oiseau plus gros que l'autruche, a disparu depuis un siècle de l'île de France.

L'homme a encore contribué à modifier les caractères spécifiques des animaux. Ainsi le *Porc*, transporté en Amérique, errant tout le jour dans les bois, a pris tout à fait l'aspect du sanglier, à l'exception de son poil qui est devenu rare. Le *Cheval*, abandonné à lui-même dans les *llanos*, n'a plus qu'un pelage, le bai châtain, et sa taille est au-dessous de la taille ordinaire. Ceux qui marchaient l'*amble* ont transmis cette allure à leurs rejetons. En Europe, la vache donne constamment son lait; en Amérique, ses mamelles se tarissent aussitôt que son veau est mort ou qu'on le lui a enlevé. La taille et les formes de la *Chèvre* sont plus sveltes et plus élégantes qu'en Europe; mais elle y perd cette ampleur de mamelles, signe le plus évident de la domesticité.

Tableau comparatif du nombre d'espèces de Mammifères répandus dans les diverses parties du globe.

	GENRES propres.	ESPÈCES propres.	GENRES et espèces communs.	
EUROPE........	0	66	41 genr.. 91 esp...	Communs surtout avec le nord de l'Asie. C'est avec l'Amérique du Sud qu'elle offre le moins de rapport.
ASIE BORÉALE...	1	339	43 genr.. 103 esp..	Communs avec l'Europe et presque point avec l'Amérique méridionale.
ASIE MÉRIDION..	11	191	33 genr.. 67 esp...	Communs pour la plupart avec l'Afrique, fort éloignés de ceux de l'Amérique du Sud.
AMÉRIQ. DU NORD.	.....	.....	7 genr... 129 esp..	Communs le plus grand nombre avec l'Europe, et le moindre avec l'Océanie.
AMÉRIQ. MÉRID...	39	331	33 genr.. 23 esp...	Communs avec l'Amérique du Nord, pour la plupart, et aucun avec l'Asie.
AFRIQUE.......	13	221	30 genr.. 51 esp. ..	Communs principalement avec l'Asie méridionale, et peu avec l'Amérique du Sud.
OCÉANIE.......	11	34	33 genr.. 67 esp...	Communs surtout avec l'Asie méridionale, mais offrant peu de rapprochement principalement avec ceux de l'Asie boréale.

L'hémisphère boréal contient 317 Mammifères qui lui sont propres ;

L'austral 817, dont 68 sont communs aux deux hémisphères.

L'hémisphère oriental du globe en nourrit 672;

L'hémisphère occidental 469, dont 61 sont communs à l'un et à l'autre.

On voit que c'est l'Asie qui contient le plus grand nombre de Mammifères.

OISEAUX.

Il semble d'abord que la nature, en donnant des ailes aux Oiseaux, leur ait assigné l'atmosphère entière pour domaine. Cependant la variété du plumage dont ils sont revêtus, évidemment dépendante des climats et des températures, montre assez que ces êtres en apparence si libres, sont pourtant soumis à certaines lois géographiques. Tous, en général, paraissent retenus par des goûts et des affections dans les lieux qui les ont vus naître.

Ainsi le *Condor* et l'*Irubi* ne s'éloignent point de la chaîne des Cordillières; le *Vautour des agneaux* et le *Grand-Aigle* ne quittent point le sommet de nos Alpes.

Les Perroquets, communs en Amérique, qui possède en propre les *Aras* si brillants et les *Papegais*, n'appartiennent pas exclusivement à la zone torride; on en a retrouvé jusque dans l'île de Macquarie, par le 55° de latitude australe. Les *Kakatoës* sont très-répandus aux Indes orientales et dans l'Océanie, ainsi que les *Perruches*, qui se trouvent aussi en Afrique.

L'*Oiseau de Paradis* ne sort pas de la Nouvelle-Guinée et des îles voisines.

Quelques grands Oiseaux inhabiles à voler et offrant la même tendance générale dans l'organisation, présentent des espèces particulières à chaque région équatoriale, isolée par des mers : l'*Autruche* d'Afrique et d'Arabie, le *Casoar* de Java et de la Nouvelle-Hollande, le *Nandou* de l'Amérique méridionale.

Le plumage des Oiseaux de moyenne taille brille, sous cette même zone, des couleurs les plus riches et les plus variées.

Dans la zone tempérée de notre hémisphère, du 30e parallèle au 60e, il ne paraît plus y avoir, pour les genres et même pour quelques espèces, de régions particulières bien fixes[1]. Les *Hirondelles*, les *Cigognes* et les *Grues* quittent aux approches de l'hiver les contrées boréales de l'Europe, pour se rendre en Italie, en Espagne ou même en Afrique.

Les Lamellirostres, *Canard*, *Oie*, *Cygne*, *Eider*; *Harle*, *Bernache*, etc., caractérisent la zone glaciale.

Chaque grande division maritime a aussi ses Oiseaux particuliers. Les *Phaétons* et la *Frégate* ne s'éloignent pas des mers tropicales.

Les Longipennes, tels que l'*Alcyon* des navigateurs, les *Pétrels damier*, *brun*, *géant*, l'*Albatros*, le plus

[1] Quant à la station, elle ne varie jamais. Ainsi, « le pic n'abandonne jamais la tige des arbres, autour de laquelle il lui est ordonné de ramper; la barge doit rester dans ses marais, l'alouette dans ses sillons, la fauvette dans ses bocages; et ne voyons-nous pas tous les oiseaux granivores chercher les pays habités et suivre nos cultures, tandis que ceux qui préfèrent à nos graines les fruits sauvages et les baies, constants à nous fuir, ne quittent pas les bois et les lieux escarpés des montagnes où ils vivent loin de nous et seuls avec la nature, qui d'avance leur a dicté ses lois et donné les moyens de les exécuter? Elle retient la gelinotte sous l'ombre épaisse des sapins, le merle solitaire sur son rocher, le loriot dans les forêts, dont il fait retentir les échos, tandis que l'outarde va chercher les friches arides, et le râle les humides guérets. » Buffon, *Hist. nat. des Ois.* — Le Bec-Croisé.

grand des Oiseaux pélagiques, appartiennent aux latitudes des zones tempérées antarctiques ou septentrionales.

Le *Pingouin* de nos mers polaires est représenté dans les mers australes par le grand *Manchot*, qui habite, en très-grandes troupes, les terres magellaniques et les îles de l'Océanie.

REPTILES.

Les Reptiles, placés au dernier rang parmi les animaux terrestres, ne semblent prospérer que dans les marais échauffés par les rayons verticaux du soleil, sur les savanes immenses et submergées, ou dans les profondeurs des forêts vierges, au milieu des détritus des végétaux. Ils pullulent sous le ciel enflammé des Moluques, des îles de la Sonde et de la Nouvelle-Guinée.

Les géants de l'ordre des Sauriens sont le *Crocodile* du Nil, le *Gavial* du Gange, les *Caïmans* d'Amérique, et le *Tupinambis* de la Nouvelle-Hollande.

Les Serpents gigantesques et venimeux appartiennent aux régions les plus chaudes de l'Amérique et des terres océaniques. Les *Boas* sont propres à l'Amérique méridionale, et les *Pithons* à la Malaisie. Les *Serpents à sonnettes* ou *Crotales* sont de l'Amérique septentrionale. Le *Trigonocéphale* habite les Antilles. L'Afrique et la Syrie possèdent seules les *Cérastes*, et l'Asie le *Naïa*.

Les Tortues *marines* paissent les algues au fond des mers équatoriales. Les Tortues *paludines* et *fluviatiles* (Emydes, Chelydes, Trionyx) se cachent dans la fange et les roseaux (Nil, Amérique septentrionale, midi de l'Europe). Les Tortues *terrestres* habitent les régions méridionales de l'Europe. Les *Syrènes* sont américaines ; le *Protée* est propre à la Carniole, le *Caméléon* à l'ancien monde, et notre *Crapaud commun* ne se trouve que dans l'Europe occidentale.

POISSONS.

L'Océan paraît avoir, comme la terre, ses régions populeuses et ses solitudes. Les premières sont habitées par des races qui y trouvent la chaleur, la lumière et la subsistance qui leur conviennent ; les secondes sont parcourues par des poissons voraces, tyrans cruels de l'empire des eaux : tels sont le *Requin*, que l'on rencontre dans toutes les mers à la suite des vaisseaux, les *Coryphènes* et les *Scombres*, qui vivent de chasse et traversent l'Océan dans tous les sens.

Les *Chétodons*, les *Pomacentres*, les *Acanthures*, les *Balistes*, et plusieurs autres tribus aux couleurs brillantes, vivent dans les mers intertropicales, au milieu des massifs de madrépores. Toutefois il y a des parages entre les tropiques ou peu au delà, comme la baie des Chiens-Marins, le cap de Bonne-Espérance, la Nouvelle-Hollande, qui ne nourrissent que des Poissons aux couleurs sombres.

On trouve dans presque toutes les rivières des zones tempérées, la famille des Cyprinoïdes et celle des Percoïdes, dont la *Carpe* et la *Perche* sont respectivement les types. Les *Esturgeons* habitent la Baltique, la Caspienne, la mer Noire, le Volga et le Danube. Le *Brochet* destructeur et quelques autres espèces se trouvent jusque dans des lacs souterrains.

Le besoin de trouver des eaux moins profondes pour y déposer leur frai, paraît déterminer les migrations de certaines tribus de Poissons. C'est ce qui amène les *Harengs* du fond de la mer Glaciale sur les côtes septentrionales des deux continents. Leurs immenses légions se guident sur les chaînes de bancs sous-marins, et les variations qu'on a observées dans ces voyages semblent aussi dépendre de causes locales. Les *Thons* se transportent également de l'océan Atlantique dans la Méditerranée[1].

ARTICULÉS, INSECTES ET CRUSTACÉS.

Partout où le soleil fait germer une plante, éclore une fleur, la nature y place quelque Insecte. Aussi la distribution géographique de ces petits êtres est-elle soumise aux mêmes règles que celle des végétaux. Leur multiplication, leur taille, l'éclat de leurs couleurs, sont généralement en rapport avec la richesse de la végétation et l'élévation de la température. Plus on avance vers la région des neiges et des glaces, soit en allant vers les pôles, soit en s'élevant sur les montagnes, plus le nombre des plantes diminue et celui des Insectes dans les mêmes proportions.

Plusieurs Insectes des environs de Paris n'habitent dans le midi de la France que des montagnes sous-alpines. On trouve dans les Pyrénées et les Alpes des espèces propres à la Suède et aux autres contrées du

[1] Les Poissons paraissent souffrir beaucoup d'un changement subit de température; mais une circonstance qui doit favoriser singulièrement les migrations de ceux qui vivent dans les couches inférieures de la mer, c'est l'admirable propriété de leurs organes respiratoires qui s'emparent d'une quantité d'autant plus considérable d'oxygène qu'ils descendent à une plus grande profondeur, ainsi que l'ont démontré MM. Biot et Laroche.

nord de l'Europe. Dans le bassin de la Seine, là où la vigne commence à prospérer, on voit paraître les Insectes des contrées chaudes de l'Europe occidentale. Des espèces africaines se montrent dans les parties de la France où l'olivier et le grenadier croissent spontanément. On remarque aussi quelques affinités entre les Insectes de la côte méridionale des Indes et de la Chine et ceux de l'Afrique : ce dernier climat paraîtrait même s'étendre jusqu'aux îles Canaries et Sainte-Hélène.

Les mêmes rapports et les mêmes dissemblances, en raison du climat, ont été observés en Amérique.

Les Crustacés sont répandus sur toutes les plages du globe, aux bords des fleuves, dans les marais, les ruisseaux, les sables et les rochers de toutes les mers, les uns nageurs isolés, les autres groupés sur d'immenses bancs de fucus. Des myriades de *Gélasimes* et de *Thelphuses* habitent les vastes marais de Rio-Janeiro ; les *Hippes* s'y cachent sous les sables humides ; les *Portunes* et les *Maïas* ne quittent pas le fond des eaux.

Les Crustacés se multiplient surtout le long des côtes découpées en baies nombreuses ; beaucoup moins sur celles qui sont formées de roches abruptes battues par la tempête.

Les *Hermites*, conformés pour vivre très-longtemps hors de l'eau, sont les Crustacés que l'on rencontre le plus fréquemment, surtout dans les îles Marianens, à Timor, à la Nouvelle-Guinée. Les *Phyllosomes*, dont le corps est aplati comme une feuille, appartiennent aussi pour la plupart aux mers voisines des tropiques. Les *Limules*, de forme non moins singulière, habitent l'océan Indien et les côtes d'Amérique.

MOLLUSQUES ET ZOOPHYTES.

On a remarqué, pour les Mollusques, que le nombre des genres, celui des espèces dans chaque genre, et le volume de chacune de celles-ci, sont en raison directe de l'accroissement de la température. Il en est de même relativement à leur beauté et à leur coloration. Ainsi le nombre des espèces de Mollusques qui, vers le 80e degré de latitude, est seulement de 10 à 12, va en augmentant progressivement jusqu'à dépasser 900 dans les mers du Sénégal et de la Guinée.

Les *Auricules*, les *Bulimes*, les *Planorbes*, les *Physes*, de nos climats, sont plus petits que ceux de la zone torride : il y a une exception pour les *Lymnées*, plus grands et plus nombreux dans nos régions tempérées.

Les *Hélices* sont de tous les continents.

Les Céphalopodes, *Spirule*, *Nautile*, *Argonautes*, les Gastéropodes, *Cônes*, *Olives*, *Porcelaines*, *Mitres*, *Harpes*, dont les coquilles sont si belles de formes et de couleurs, habitent particulièrement les mers voisines de l'équateur. Les uns se tiennent à peu de distance des côtes, les autres dans la haute mer, d'autres, comme le *Fuseau*, descendent à une grande profondeur.

Les *Oscabrions*, *Patelles*, *Haliotide*, *Strombe*, *Rocher*, *Buccin*, sont de toutes les mers.

Parmi les Acéphales testacés, les uns, comme *Huître*, *Arche*, *Peigne*, *Jambonneau*, *Bucarde*, *Telline*, *Cythérée*, *Pholade*, *Moule*, sont répandus dans toutes les mers; les autres, comme les *Myes*, les *Lutraires* et les *Solens*, vivent presque solitaires et s'enfoncent çà et là dans le sable des grèves.

Le *Buccinum carinatum* appartient exclusivement à la mer Polaire.

Les *Houlette*, *Placune*, *Hippope*, *Corbeille*, *Fistulane*, *Cloisonnaire*, *Marteau*, et les énormes *Tridacnes*, appartiennent à la mer des Indes.

La connaissance de la station des différents Mollusques dans les profondeurs de l'Océan, serait très-importante pour établir des points de comparaison avec les coquilles fossiles, ce qui aiderait à déterminer avec quelque précision la nature des dépôts de sédiments marins en littoraux, pélagiques, etc. On sait que la famille des *Huîtres* se fixe près des rivages, tandis que les *Térébratules*, les *Nautiles*, les *Argonautes*, les *Spirules*, les *Janthines*, les *Biphores*, les *Calmars* et les *Sèches* habitent la haute mer.

Il y a des Mollusques marins qui peuvent vivre dans l'eau douce des rivières, tels que le genre *Moule*, dont une espèce se trouve dans la mer et dans le Danube. Le Niger nourrit des *Tarets*, des *Pholades*, des *Pétoncles*, des *Balanes* et des *Tellines*, pendant les six mois de l'année où il n'y coule que des eaux douces, comme durant les six autres mois où ce fleuve ne roule que des eaux salées. D'autres Mollusques particuliers aux eaux douces, comme les *Paludines*, les *Mélanies*, les *Lymnées*, les *Nayades* et les *Cyclades*, vivent aussi dans des eaux saumâtres. Nilson a trouvé sur les côtes de Norwége des *Unios*, des *Anodontes* et des *Cyclades*, vivant pêle-mêle avec des *Vénus*, des *Bucardes* et des *Cythérées*. Tous ces faits font comprendre la nécessité de ne pas s'en tenir à un petit nombre de coquilles fossiles, pour déterminer la nature marine, lacustre ou fluviatile d'une formation géologique.

Enfin, parmi les Zoophytes, les *Polypiers*, peu multipliés et peu développés dans les mers du Nord, augmentent graduellement en nombre et en beauté jusqu'aux mers équinoxiales. Ce sont surtout les parages de l'Océanie qui offrent aux regards et à l'admiration des navigateurs d'immenses bancs de Coralligènes, d'espèces les plus belles et les plus variées. Les *Polypiers* flexibles appartiennent plus particulièrement aux mers des régions tempérées.

Dans la mer Rouge seule on connaît environ 120 espèces de Polypiers pierreux, appartenant à 44 genres, et 13 familles, telles que *Méandrines*, *Caryophyllées*, *Astrées*, etc. Il paraît qu'ils croissent fort lentement dans cette mer, et qu'ils s'y tiennent à 2 ou 3 mètres au-dessous du niveau des eaux; dans le grand Océan, au contraire, ils se multiplient assez rapidement et s'élèvent jusqu'au-dessus de sa surface. Dans l'océan Indien, ils constituent des îles entières (Maldives, Laquedives, etc.). Toutefois Cook, Bougainville, Peyron et quelques autres navigateurs paraissent avoir exagéré la puissance des Polypiers à former des îles au sein de l'Océan; les explorations plus récentes de MM. Quoy et Gaimard peuvent servir à rectifier ces exagérations [1].

[1] La diffusion des espèces animales et végétales s'opère par un grand nombre de moyens dont les principaux sont les vents, les courants marins, les îles flottantes et les îles de glace, les facultés locomotrices des animaux eux-mêmes qui emportent fort loin avec eux d'autres animaux, des plantes, des œufs, des larves, du frai, des graines, dans leur pelage, dans leurs intestins, etc.

Toutefois, aucun de ces divers moyens ne semble expliquer d'une manière satisfaisante les migrations de certains animaux dans l'Amérique, la Nouvelle-Hollande et autres îles éloignées de l'ancien continent. Comment, par exemple, les *Paresseux*, les *Fourmiliers*, les *Armadilles*, etc., qui ne peuvent vivre que dans des contrées chaudes, ont-ils pu passer jusque dans l'Amérique méridionale? Il est impossible qu'ils y aient pénétré par le détroit de Behring, si le climat de cette latitude était, immédiatement après le déluge, aussi rigoureux que de nos jours. D'un autre côté, l'océan Pacifique leur présentait une barrière infranchissable. On a supposé, à la vérité, que, dans des temps postérieurs au déluge, mais voisins de cette grande catastrophe, l'Amérique, la Nouvelle-Hollande et diverses autres îles habitées par des animaux particuliers, étaient unies à l'Asie et à l'Afrique par des terres qui depuis ont été submergées. (Voyez, dans le Timée de Platon, les traditions sur l'Atlantide, etc.) Tout en admettant la possibilité de quelque submersion de ce genre, depuis le déluge, on est forcé de reconnaître que les animaux dont nous parlons n'auraient pu pénétrer dans ces régions lointaines, si la main de la Providence ne les y eût conduits.

CHAPITRE X.

DU DÉLUGE.

C'est le cri universel du genre humain.
BOULANGER, *Antiq. dév.*, ch. I.

Dans le siècle dernier, on niait encore qu'il y ait eu sur la terre un déluge universel; mais à mesure que les faits ont été mieux observés, la géologie a reconnu son existence et ne conserve plus aucun doute à ce sujet.

Trois points sont à examiner relativement au déluge :

1° Son existence;

2° Son universalité;

3° Sa date.

---

§ I.

Existence du déluge. — Vallées de dénudation. — Blocs erratiques, etc.

Une première preuve de l'existence du déluge, ce sont les *vallées de dénudation*. On appelle ainsi les vallées qui ont été creusées dans la masse même des plateaux élevés; elles se reconnaissent aisément en ce que, sur chaque versant des collines, on voit l'exacte correspondance des couches qui, avant le creusement, étaient évidemment continues, puisque aujourd'hui elles se trouvent précisément à la même hauteur, de la même structure et dans le même ordre de superposition des deux côtés de la vallée. Un caractère bien remarquable de ces vallées, c'est d'avoir été creusées généralement dans une même direction, celle du *nord-est* au *sud-ouest*, direction suivant laquelle nous verrons que les *blocs erratiques* ont été aussi entraînés. On ne peut attribuer la formation de ces vallées aux courants d'eau actuels, car la plupart sont des vallées *sèches*; on en voit même dont les couches composant le sol sont verticales, et qui perdent ainsi dans leurs joints toutes les eaux pluviales.

De Saussure rapporte aussi à une action violente des eaux la dénudation d'énormes masses de granit qui ont jusqu'à 975 mètres d'élévation sur les plus hautes Alpes [1]. D'autres pyramides semblables s'élèvent à plus de 30 mètres au-dessus de certaines plaines (Greifenstein en Saxe).

Un autre phénomène non moins extraordinaire est celui des *blocs erratiques*. Ce sont des fragments de rochers épars, d'un volume qui varie depuis quelques décimètres jusqu'à 1,500 mètres cubes et jusqu'au poids de 300,000 kilogr., reposant sur du sable ou enfouis dans des dépôts meubles, quelquefois isolés, plus souvent accumulés sur de grandes plaines ou dispersés en longues traînées sur des pentes et jusque sur des crêtes de montagnes, au sol desquelles ces blocs sont étrangers. Par leur nature minéralogique, ces blocs appartiennent aux roches *primitives* ou de *transition*;

[1] *Voyage dans les Alpes*, t. IV, p. 414.

ce sont des granites, des syénites, des quartzites, etc.[1], et ce qui est très-notable, c'est qu'ils se trouvent, pour la plupart, à de très-grandes distances des chaînes de montagnes qui seules ont pu les fournir et dont ils sont séparés par de profondes vallées[2], et même par de larges bras de mer[3]. Ils sont généralement disposés par bandes, souvent parallèles, quelquefois elliptiques, dans une direction constante du *nord-est* au *sud-ouest*, et cette dernière circonstance a été reconnue en Amérique comme dans l'ancien continent.

Les blocs erratiques ont été observés, en Angleterre, par Buckland, de La Bêche, Sedgwich, Conybeare, etc. Ces savants géologues ont constaté sur tous les points de cette contrée, en Écosse, dans les îles Shetland, etc., l'existence d'un nombre infini de ces blocs plus ou moins volumineux, répandus sur les collines ou dans les plaines, et dont les caractères minéralogiques sont tels qu'on ne peut évidemment en rapporter l'origine qu'à des districts fort éloignés : il en est même que l'on considère comme provenant de la Norwége, et toutes les circonstances se réunissent pour témoigner d'une translation violente de ces blocs par

[1] On en connaît aussi qui sont calcaires, et qui contiennent des débris de *madrépores*, de *trilobites*, et autres produits marins.

[2] Comme ceux qui ont traversé la large vallée de l'Aar pour remonter par-dessus les crêtes orientales du Jura.

[3] Tels sont les blocs que l'on rencontre en Danemark, dans la Prusse et dans le nord de la Russie européenne jusqu'à Moscou et aux mont Ourals, et qui proviennent des montagnes de la Scandinavie, de la Finlande, etc., d'où ils ont été transportés à travers la mer Baltique. Voy. le comte de Razoumowski, *Annal. des Sc. nat.*, t. XVIII.

une immense masse d'eau, se dirigeant du nord au sud. De semblables observations ont été faites sur le continent, en Suède, en Russie, en Allemagne, dans les Alpes, par MM. Deluc, Brongniart, Pusch, Razoumowski, Escher, Élie de Beaumont, de La Bèche, etc. : partout les blocs erratiques présentent les mêmes phénomènes de position, de direction et de transport.

On trouve des blocs erratiques de granit de 22 mètres sur les points les plus élevés de l'Irlande, qui est fort éloignée de tout pays granitique. Les vastes contrées septentrionales de l'Amérique sont couvertes de semblables globes de roches primitives, qui attestent une irruption extraordinaire des eaux suivant une même ligne du nord au sud[1]. De pareils blocs gisent sur les montagnes du Potosi, au-dessus de Lima, et l'on ne trouve de granit qu'à plus de 400 lieues de là[2].

Les causes existantes ne sauraient expliquer le transport des sables, des cailloux, de tant de blocs énormes, à de si immenses distances, à de si grandes hauteurs, suivant des lignes parallèles dirigées du *nord-est* au *sud-ouest*, dans le nouveau comme l'ancien monde. Des courants particuliers, des catastrophes partielles, des inondations locales, ne peuvent rendre compte d'un phénomène si uniforme dans ses accidents, si extraordinaire par la puissance des agents qu'il suppose. Et d'où seraient venus ces inondations et ces courants

[1] Voy. MM. Bigsby, Lapham, Jackson, Alger, Hitchcock, etc.

[2] Les blocs appelés *pierres levées* ne seraient, suivant quelques savants, que des blocs erratiques, disposés pour former des temples ou des autels druidiques (cromle' ach, men'hir, dolmen), masses énormes, soulevées par des forces humaines à l'aide de procédés qui nous sont inconnus.

d'une si prodigieuse violence, qui ont détaché du sommet des montagnes des masses granitiques de plusieurs milliers, pour les disséminer sur la crête d'autres montagnes ? L'esprit n'est pas plus satisfait de l'hypothèse de quelques géologues modernes, qui attribuent tous ces étonnants effets à des soulèvements de lacs, qui se seraient en quelque sorte entendus pour briser leur digue à peu près à jour fixe et se précipiter dans le même sens. Où sont les bassins vides de ces lacs immenses qui ont ainsi brusquement épanché leurs eaux ? Ou bien, qu'on nous montre les terrains plus récents que le *diluvium* qui les ont comblés. Et peut-on supposer à l'irruption de leurs eaux une puissance suffisante pour emporter des granits de plusieurs centaines de mètres cubes par-dessus des montagnes [1] ? Il y a bien plus de raison d'inférer, avec de La Bêche, de tous les phénomènes observés dans les deux hémisphères, que quelque cause perturbatrice, ayant son origine dans les régions polaires, s'est développée de manière à produire cette dispersion de matière solide sur une grande portion de la surface de la terre [2].

[1] Nous avons surtout en vue ici la théorie de M. Prévost, lequel toutefois ne prétend rien conclure qui soit contraire au déluge mosaïque. « Je ne suis cependant pas moins disposé, dit-il, à reconnaître avec Deluc, Cuvier, Buckland, etc., qu'un grand nombre de faits géologiques viennent appuyer les traditions historiques de presque tous les peuples, pour nous apprendre qu'à une époque que l'on peut jusqu'à un certain point fixer par des chronomètres physiques, les terres découvertes ont été généralement et momentanément ravagées par de grandes inondations qui ont sûrement fait périr des milliers d'animaux terrestres et une grande partie des hommes sur les points où ils étaient établis. »

[2] *Recherches sur la part. théor. de la Géologie*, p. 390.

§ II.

Existence du déluge. — Mammouth. — Cavernes à ossements. — Brèches osseuses.

Abordons maintenant le sujet non moins important des débris d'animaux fossiles du *diluvium*. C'est un point qui est encore débattu entre les géologues, et auquel se rattachent plusieurs hypothèses contradictoires. Toutefois, la plus grande partie des animaux fossiles de la période du nouveau Pliocène, tels qu'éléphant, mastodonte (fig. 59), hippopotame (fig. 58), rhinocéros (fig. 57), cerf, bœuf, megatherium, hyène, ours, cheval, etc., paraît devoir être rapportée à la catastrophe diluvienne.

Les débris fossiles des animaux antédiluviens se présentent dans trois situations différentes : ce sont tantôt des cadavres entiers, encaissés dans de la glace ou dans des vases gelées ; tantôt des ossements entassés dans des cavernes, d'autres fois, des os brisés et agglutinés par un sédiment de nature siliceuse, calcaire ou ferrugineuse : c'est ce que les géologues désignent par le nom de *brèches osseuses*.

A la première classe appartiennent ces milliers d'éléphants, de rhinocéros, de buffles (fig. 54), etc., trouvés dans les terrains glacés des latitudes septentrionales de l'ancien monde et de l'Amérique. Tout le monde a entendu parler de cet éléphant découvert en 1799, en Sibérie, à l'embouchure de la Léna, par un chef tongouse, nommé Schumachoff. Cet animal était si bien conservé, que les chiens purent manger de sa chair. Son squelette se voit au *Muséum* impérial de Saint-Pétersbourg. Cet éléphant, appelé *Mammouth*[1] par les Sibériens, était velu, et, suivant l'évêque Héber, cité par Fairholme, il existerait encore aujourd'hui dans l'Inde des éléphants couverts de poil. En 1770, Pallas décrivit un rhinocéros qui avait été découvert entier, avec sa peau et ses poils, dans du sable, sur les bords du Wilui, une des branches de la Léna; et le même observateur avoue que « jusqu'à ce qu'il eût exploré ces contrées et vu des mouvements aussi étonnants, il n'avait jamais été persuadé de la vérité du déluge[2]. »

Pendant l'expédition du capitaine Beechey, au delà du cercle arctique, en Amérique, des observations furent faites dans la baie d'Escholtz, où l'on a trouvé aussi des restes d'éléphants, de bœufs, de chevaux, etc., ensevelis dans une boue et un sable glacés[3].

[1] Peut-être, par corruption, de *Méhémoth*, épithète donnée par les Arabes aux éléphants qui sont d'une grande taille, et qui paraît être le même que *Béhémoth*, employé par Job pour désigner un animal gigantesque. D'autres font dériver ce mot de *Mammont*, qui est le nom sous lequel les plus anciens auteurs ont parlé de cet éléphant. Ludolf, dans son livre intitulé: *Grammatica russica*, etc., se sert du nom de *Mammonteus*. *Mamma*, en langue tatar, signifie *terre*. Les Tatars et les Chinois s'imaginent que ces animaux vivent dans la terre et qu'ils meurent dès qu'ils voient la lumière. — Le Mammouth a laissé, dit Cuvier, des milliers de cadavres, depuis l'Espagne jusqu'à la Sibérie. On peut se faire une idée de la taille de ces pachydermes par les dimensions de leurs défenses, qui ont jusqu'à 13 pieds de longueur.

[2] *Essai sur la formation des montagnes.*

[3] Voy. l'appendice du docteur Buckland sur ce sujet, à la fin de l'ouvrage du capitaine Beechey. Les dépouilles fossiles de ces

Ces animaux habitaient-ils le pays où ils se trouvent maintenant enterrés? La nature laineuse du poil dont leur peau est revêtue pourrait le faire présumer. Mais comment ces herbivores gigantesques ont-ils pu vivre dans des contrées aussi froides et aussi stériles, où il ne croît qu'une végétation misérable, et encore seulement pendant quelques mois de l'année? La température du climat aurait-elle subi une modification? On est forcé de le supposer, si l'on ne veut pas admettre qu'ils aient été transportés de régions plus hospitalières par le déluge[1]. Mais alors cet abaissement de température a dû être soudain, instantané, pour prévenir la décomposition des animaux et les geler aussitôt après leur mort[2]. Quoi qu'il en soit de la solution de ce problème,

grands animaux se rencontrent encore, suivant le même professeur, sur les plateaux de l'Inde, à plus de 520 mètres au-dessus de la mer.

[1] M. Boué pense qu'ils ont été entraînés du centre de l'Asie par un charriage violent. Voyez la *Revue encyclopédique* (mai 1832).

[2] .... « Toutes ces rivières (le Kéta, le Trugan, la Mungazea, la Léna) ont, dans le temps du dégel, des cours de glaces si impétueux qu'elles arrachent des montagnes, et roulent avec leurs eaux des masses de terre d'une grandeur prodigieuse. L'inondation finie, ces masses de terre restent sur leurs bords, et la sécheresse les faisant fondre, on trouve au milieu des dents de *mammouth*, et quelquefois des *mammouths* tout entiers.

« .... Avant le déluge, disent les vieux Russes de Sibérie, le pays était fort chaud, et il y avait quantité d'éléphants, lesquels flottèrent sur les eaux jusqu'à l'écoulement, et s'enterrèrent ensuite dans le limon. Le climat étant devenu très-froid après cette grande catastrophe, le limon gela, et avec lui les corps d'éléphants, lesquels se conservent dans la terre sans corruption jusqu'à ce que le dégel les découvre. » Isbrant Ides, *Voyage de Moscou à la Chine*, chap. vi (1672).

difficile, on ne peut douter que ces animaux n'aient été surpris par un fléau formidable, par une grande et subite révolution qui les a détruits dans un seul et même moment.

Les cavernes ossifères présentent un nouveau degré d'intérêt dans la question qui nous occupe. Elles sont vraisemblablement le résultat des commotions que l'enveloppe du globe a éprouvées par suite des fréquents soulèvements, qui, en disloquant des couches calcaires primitivement horizontales, ont produit ces cavités, agrandies ensuite par l'action des eaux diluviennes. Quoiqu'elles existent dans les terrains les plus différents, c'est le plus communément dans les calcaires magnésiens, oolithiques et crayeux, qu'on les trouve. (Voir le Tableau des terrains 20 et 12, à la lettre *i.*)

Voici la description générale de ces sortes de cavernes :

Les parois primitives et le plafond souvent couverts de stalactites [1];

Des débris d'animaux de races très-souvent antipathiques, empâtés dans des vases et des cailloux roulés ou brisés ;

Des stalagmites recouvrant le dépôt de boue durcie

[1] De σταλάζω, *distiller :* sorte de concrétion calcaire allongée et pointue qui pend de la voute des grottes, ou le long de leurs parois. Les *stalagmites* sont des concrétions calcaires en mamelons, qui recouvrent le sol des cavernes. Les stalactites se forment de haut en bas, et les stalagmites de bas en haut, au moyen des eaux, chargées de molécules calcaires, qui suintent au travers du plafond des grottes naturelles.

et de débris organiques [1]; ces débris se rapportent généralement aux animaux suivants :

CARNIVORES.	Lion, hyène, tigre (fig. 55), lynx, ours, loup, chien, belette, etc.
PACHYDERMES..	Éléphant, rhinocéros, hippopotame, cheval, sanglier.
RUMINANTS.	Bœuf, cerf, daim.
RONGEURS. .	Lièvre, lapin, rat, etc.
OISEAUX. . . .	Corbeau (fig. 51), pigeon (fig. 50), alouette, canard (fig. 52).

Les cavernes de Kirkdale (Angleterre) et de Lunel-Viel, près de Montpellier, renferment des excréments d'hyène parfaitement conservés.

Les os sont presque toujours rompus et disséminés; plusieurs portent la trace des dents des hyènes qui les ont rongés. Dans certaines grottes, comme à Échenoz (Haute-Saône), ces débris ne paraissent pas avoir éprouvé une dislocation complète; on y trouve presque toujours des vertèbres dorsales près des crânes et des mâchoires, des *humerus* et des *cubitus* près des bassins, etc. Enfin, de l'ensemble des circonstances observées dans ces sortes de cavernes, on a conclu que, lorsque les débris des carnassiers sont accompagnés d'un petit nombre d'herbivores, ils proviennent ou de générations qui s'y sont éteintes avant l'époque du cataclysme, ou d'individus qui, étant venus s'y réfugier, ont été surpris et détruits par l'irruption des eaux, ou

[1] Quelquefois les stalagmites sont recouvertes d'un dépôt d'alluvion, mais il est remarquable que jamais ce dépôt ne renferme de cailloux roulés.

bien enfin d'une translation diluvienne, causes qui peuvent avoir agi isolément ou concurremment.

Il serait trop long d'énumérer ici toutes les cavernes à ossements. Les principales sont :

En Angleterre, la caverne de Kirkdale (Yorkshire), découverte en 1821 et explorée par M. Buckland : elle a 245 pieds de longueur ; celles de Banwell (Sommerset), de Torquay, etc.

En Allemagne, la célèbre caverne de Gailenreuth (Bavière), composée de sept grandes chambres, ayant ensemble plus de 400 pieds de longueur et jusqu'à 30 pieds de hauteur. Sur 1000 ossements qu'on y prend au hasard, plus de 850 appartiennent à des ours. Les grottes de Küloch, de Baumann, de Rabestein, de Zahnloch, etc. Cette dernière est à 195 mètres au-dessus d'une vallée.

En France, les grottes de Quingey ou d'Oselles, près de Besançon, célèbres par la beauté, la richesse et la variété des concrétions calcaires qui s'y forment : elles ont un peu plus d'un quart de lieue de longueur. Plus des 19 vingtièmes des ossements de cette caverne appartiennent à des ours[1]. C'est une étonnante réunion d'animaux de tous les âges. — La grotte d'Échenoz (Haute-Saône), décrite avec beaucoup de détail et de précision par M. Thirria[2]. Elle est formée de quatre chambres, qui ont ensemble 245 mètres de longueur[3].

[1] Selon M. Brongniart, les 9/12 des débris organiques, trouvés dans les cavernes, appartiennent à des ours, 2/12 à des hyènes, et 1/12 aux autres animaux. Il y a des grottes qui contiennent jusqu'à 100 mètres cubes d'ossements d'ours seulement.

[2] *Mémoires de la Société d'Hist. nat.* de Strasbourg, t. I.

[3] Sur le revers des Alpes, le long de la grande route de Laybach

Les ossements forment au milieu de l'argile un dépôt de 8 à 16 centimètres d'épaisseur. Les fouilles ont procuré 800 ossements ou portions d'ossements, non compris une grande quantité d'os trop fracturés pour être recueillis. M. Thirria estime que cette quantité n'est pas la dixième partie de celle qui peut encore exister dans la grotte. Ce savant a observé la plus grande ressemblance entre la nature du sédiment dans lequel les débris d'animaux sont enveloppés, et celle du dépôt diluvien que l'on trouve dans le voisinage. Tout ici atteste donc encore une irruption violente et subite des eaux, qui a détruit les animaux qui peuplaient nos contrées septentrionales.

Enfin, une dernière classe de débris organiques se trouve dans le dépôt des *brèches osseuses*, que nous avons définies plus haut, et que l'on a découvertes sur tous les points de l'Europe et jusque dans l'Australie. Celles des contrées méridionales de l'Europe ont été surtout étudiées et décrites. Elles sont formées d'os brisés et fortement cimentés ensemble, appartenant à des animaux qui ont la plus grande ressemblance avec ceux du terrain diluvien superficiel. On les découvre principalement dans les roches calcaires, dans des fentes et

à Trieste, on connaît une caverne qui a plus de trois lieues de longueur.

Dans les deux continents, les cavernes offrent plusieurs caractères communs, limon, cailloux roulés, ossements fossiles et stalagmites recouvrant le sol; mais aucune caverne de l'Amérique n'a présenté d'ossements d'ours et d'hyènes, et aucune caverne n'a offert d'ossements de Megathérium et de Megalonyx, espèce de *paresseux* fossile pourvu de grands ongles, que l'on trouve aux États-Unis et au Brésil.

des fissures irrégulières où elles ont été entraînées par les eaux ; et comme elles se trouvent la plupart à des hauteurs que les courants actuels n'ont jamais pu atteindre [1], leur origine doit remonter à l'époque du dernier grand cataclysme [2].

Les débris d'animaux trouvés dans les *brèches osseuses* de l'Australie ont été examinés par Clift, Pentland, Cuvier, etc. Les uns appartiennent à des animaux qui vivent encore dans ces contrées ; d'autres à des espèces inconnues.

Notons qu'en ce qui concerne les formations osseuses des *cavernes* et des *brèches*, il n'y a que l'examen attentif de la topographie du lieu qui puisse permettre de déterminer la cause qui les a produites, ou l'époque à laquelle il faut les rapporter [3].

[1] Les brèches de Nice sont à 50 mètres au-dessus du niveau de la mer. On y a trouvé des ossements de rhinocéros, de bœuf, de cerf, de lion, d'éléphant, de tapir, d'une tortue voisine d'une espèce appartenant à la Nouvelle-Hollande, et des ossements humains.

Les brèches osseuses de Bastia (Corse) sont à une demi-lieue de la mer, et à 975 mètres au-dessus de son niveau. On a trouvé des dents de *palæothérium* dans celles de Cette, et un morceau de défense de *mastodonte* dans celles de Nancy.

[2] Voy. Cuvier, Buckland, de la Bêche, Cristie, de la Marmora, etc.

[3] L'on a trouvé aussi jusque sur le sommet des montagnes (*Mont-Perdu*, par exemple, à 2,900 mètres au-dessus du niveau de la mer, à 5,200 mètres sur certains plateaux de l'Asie), des couches de coquillages appartenant à des espèces communes dans nos mers actuelles, telles que des *huîtres*, etc. On rencontre près de Potosi des coquilles d'eau douce fossiles à une élévation de 500 mètres... Est-ce par des soulèvements ou par le déluge que ces coquillages ont été portés à ces hauteurs?... On peut faire la meme

§ III.

Universalité du déluge. — Date du déluge. — Dunes. — Moraines.

Le déluge a-t-il été universel ?

Cette question est déjà résolue par l'exposé des faits précédents. L'uniformité que nous avons observée dans la distribution du *diluvium* sur la surface du globe, et dans la direction des blocs erratiques suivant des lignes courant généralement du *nord-est* au *sud-ouest*, dans le nouveau comme dans l'ancien continent ; le parallélisme des sillons ou des creux plus ou moins

question relativement aux dépôts coquilliers qui existent sur différentes plages de l'ancien et du nouveau continent, composés de coquilles qui appartiennent à des mollusques identiques avec les espèces encore vivantes dans la mer voisine. Tel est le dépôt d'Uddevalla (Norwége), observé par M. Al. Brongniart ; il est élevé de 70 mètres au-dessus du niveau de la mer, et on y voit plusieurs *balanes* attachées à une roche de gneiss. Tels sont encore les dépôts coquilliers des environs de Nice, dans lesquels M. Risso a signalé la présence de 256 espèces de coquilles, etc., et celui de Saint-Michel en l'Herm, arrondissement de Fontenay (Vendée). Ce dernier est à 6000 mètres de la côte, et formé de trois buttes qui ont ensemble 720 mètres de longueur sur 300 de largeur et 15 de hauteur. Plusieurs des coquilles qui le composent ont encore leurs valves attachées ensemble. On y a trouvé aussi des ossements humains dans une place qui ne permet pas de douter de leur contemporanéité avec le dépôt qui les renferme. Sur la côte du Chili (baie de la Conception), on connaît un dépôt sableux et coquillier à la hauteur de 500 mètres au-dessus du niveau de l'Océan. Une partie de cette côte a été soulevée d'environ 25 pieds en 1750 ; le même phénomène s'y est renouvelé en 1822 et 1835.

On a observé des dépôts et des soulèvements analogues au Pérou, aux Antilles, etc.

profonds que ces blocs ont tracés, par leurs mouvements impétueux, dans les roches, le long des collines[1], et la découverte des innombrables débris organiques qui, dans toutes les parties du monde, gisent au milieu du dépôt diluvien, ne peuvent laisser aucun doute sur l'universalité de la grande catastrophe qui a produit, sur une échelle immense, tous ces prodigieux et constants phénomènes. Et quand il arriverait que, dans les régions non encore explorées, la science constatât des résultats différents de ceux que l'on a observés dans la marche des mers polaires envahissant les contrées septentrionales, on n'en pourrait rien arguer contre l'universalité du déluge; car on doit naturellement penser que d'autres océans ont rompu en même temps leurs

[1] Tout récemment, M. Sefstrom a retrouvé près de Stockholm et dans la Westgothie, les sillons creusés dans la pierre des montagnes par l'action du courant diluvien, et il calcule que la masse des cailloux emportés par les eaux avait une hauteur de 488 mètres. Voy. *Annales der Chemie*, de Poggendorff, t. XXXVIII, p. 614.

La même direction et le même parallélisme que l'on observe dans la disposition des blocs erratiques, se fait remarquer en Suède, dans les dépôts de transport, que tous les voyageurs regardent comme des amas de débris de montagnes. Ces dépôts, nommés *Oses* par les géographes suédois, s'élèvent en collines d'une forme particulière, qui atteignent rarement cent mètres de hauteur. Elles sont composées en général de gravier, de granite ou de quartz, et de blocs de roches granitoïdes d'un à deux pieds de diamètre. M. Al. Brongniart compare les traînées de transport qu'elles forment aux petits amas allongés de sable que l'on observe dans les cours d'eau au-dessous d'un corps solide qui modifie le courant, comme cela se voit à la suite des grosses pierres qui se trouvent au fond des rivières, ou à la suite des piles de ponts, etc.

barrières, et se sont précipités sur d'autres points de la terre, suivant une autre direction. D'un autre côté, on conçoit fort bien aussi que dans plusieurs localités, différents obstacles, tels que la direction de certaines vallées, auront pu modifier l'action du courant venu du Nord, de sorte qu'il se sera formé des courants partiels qui auront disséminé les débris charriés, blocs erratiques, etc., dans des directions qui déviaient plus ou moins de la direction générale. Ajoutons que la nature des matériaux du *diluvium*, vases, sables, galets, débris mêlés, et le peu d'épaisseur en général de la couche qui en est résultée, ne permettent pas de supposer que la durée de la dernière inondation se soit prolongée sur la terre, mais qu'au contraire il est manifeste que ce n'a été qu'une immersion temporaire, un flot rapide et vengeur, comme celui qui, selon l'Écriture, fut déchaîné contre les nations des premiers âges, alors que *toute chair avait corrompu sa voie sur la terre*[1].

Enfin les investigations de la science fournissent-elles quelque donnée qui puisse servir à fixer, approximativement au moins, la date de ce grand événement? Les premières tentatives qui ont été faites dans le but de résoudre cette question importante remontent à Deluc, qui, par l'appréciation des effets périodiques produits par les causes actuellement agissantes, parvint à déterminer avec quelque précision l'époque où elles ont dû commencer d'agir. Ce sont ces données qu'il appelait *chronomètres*[2]. Parmi les chronomètres naturels

[1] Gén. V, 12.

[2] « En mesurant l'effet produit, dans un instant donné, par les causes aujourd'hui agissantes, et en le comparant avec ceux

qui offrent les résultats les plus concluants, nous devons placer les dunes.

Les dunes sont des monticules d'une hauteur plus ou moins considérable, formés par une accumulation de sables que les vagues de la mer rejettent sur le rivage dans les lieux où la côte est basse. Lorsque les vents soufflent de la mer, ces sables mouvants glissent sur le flanc opposé de ces collines, qui s'avancent ainsi, par une marche progressive, vers l'intérieur des terres, refoulant devant elles des étangs d'eau de pluie, et ensevelissant sous le sable ou dans les eaux les forêts, les moissons, des villages entiers, sans que les efforts de l'industrie humaine puissent opposer utilement aucune barrière à leur envahissement. Ces collines ambulantes atteignent souvent une hauteur de 20 à 50 mètres. C'est principalement sur les côtes occidentales des continents qu'on les observe, et l'on croit en avoir trouvé la raison dans les vents d'ouest ou dans un mouvement de l'Océan d'occident en orient.

La marche dévastatrice des dunes a été étudiée sur les côtes de l'Angleterre, de l'Irlande, de la Hollande, par le célèbre Deluc, le plus savant interprète des ac-

qu'elles ont produits depuis qu'elles ont commencé d'agir, l'on parvient à déterminer à peu près l'instant où leur action a commencé, lequel est nécessairement le même que celui où nos continents ont pris leur forme actuelle, ou que celui de la dernière retraite subite des eaux. C'est en effet à compter de cette retraite que nos escarpements actuels ont commencé à s'ébouler, que nos fleuves ont commencé à déposer leurs alluvions, que notre végétation a commencé à s'étendre et à produire du terreau, que nos falaises ont commencé à être rongées par les mers, que nos dunes actuelles ont commencé à être rejetées par les vents, et que les colonies humaines ont commencé ou recommencé à se répandre. » Cuvier, *Disc.*, etc.

cidents que présente la surface de la terre. Mais c'est surtout sur les plages de l'ouest de la France que ce phénomène exerce ses ravages avec une effrayante rapidité. Les dunes s'étendent parallèlement au golfe de Gascogne, de Bayonne à Médoc, sur une largeur d'une lieue et demie, et, dans leur course irrésistible, elles ont ensablé des plaines fertiles et de hautes forêts, et fait disparaître sous leurs flots de graviers un grand nombre de villages mentionnés dans les archives du moyen âge. Elles ont détourné le cours de l'Adour de plus de 500 mètres. En 1802, elles abîmèrent dans les eaux qu'elles chassent devant elles, cinq belles fermes de la commune de Saint-Julien, et aujourd'hui plusieurs villages sont menacés d'une complète destruction par quelques-unes de ces montagnes roulantes qui ont jusqu'à 20 mètres d'élévation. Brémontier, inspecteur des ponts et chaussées, a étudié avec une grande persévérance, pendant une longue suite d'années, le mouvement des dunes dans le département des Landes. « Les dunes de cette partie du golfe de Gascogne (entre l'embouchure de la Gironde et celle de l'Adour) embrassent un espace de 75 lieues carrées, et de 300 milles de superficie [1]. »

Il estima que ces dunes avancent de 20 à 21 mètres par an ; dans 2,000 ans, elles peuvent ruiner Bordeaux. Suivant les calculs de cet habile ingénieur, fondés sur l'étendue actuelle des dunes, elles ont dû commencer à se mouvoir à une époque qui ne peut guère remonter au delà de 4000 ans. Deluc avait obtenu un pareil résultat en mesurant les dunes de la Hollande.

[1] Brémontier, *Mém. sur la fixation des dunes*, dans les *Ann. des ponts et chaussées*, année 1833, ch. II.

Nous pourrions citer encore, à l'appui de la même thèse, la faible accumulation de détritus dans les *moraines*, au pied des glaciers, et d'autres phénomènes analogues relatifs à l'accroissement de la *tourbe* et du *terreau*, et à la quantité d'alluvions déposées par les rivières dans les lacs qu'elles traversent[1], etc. C'est d'après ces considérations, fondées sur les faits géologiques les plus concluants, que les observateurs les plus éminents dans la science ont reconnu que la dernière grande modification qu'a subie notre globe est d'une date comparativement moderne.

De Saussure, après avoir parlé des éboulements de roches des glaciers de Chamouny, ajoute : « Cette observation donne lieu de penser, avec M. Deluc, que l'état actuel de notre globe n'est pas aussi ancien que quelques philosophes l'ont imaginé[2]. »

« Je veux, dit Dolomieu, défendre une autre vérité qui me paraît incontestable, sur laquelle les ouvrages de M. Deluc m'ont éclairé, et de laquelle je crois voir des preuves dans chaque page de l'histoire de l'homme, et partout où des faits naturels sont consignés ; je

[1] Nous pourrions rappeler l'envahissement des sables poussés sur le sol de l'Égypte par les vents soufflant du désert de Libye, lesquels ont profondément ensablé un grand nombre de villes, de villages et d'anciens monuments, de même que nous pourrions nous prévaloir des encombrements produits sur les côtes de la mer Rouge par les constructions calcaires des polypes. Si tous ces phénomènes s'accomplissaient depuis une époque indéfinie, ou même depuis cinq à six mille ans, la mer Rouge ne serait-elle pas depuis longtemps impraticable, la vallée du Nil comblée, le lit des lacs exhaussé au niveau de leur rive, etc., etc.?

[2] *Voyage dans les Alpes*, § 625.

dirai donc avec M. Deluc, que l'état actuel de nos continents n'est pas très-ancien [1]. »

Le sentiment de Cuvier sur ce point n'est pas moins formellement exprimé : « C'est dans le fait, dit-il, un des résultats, quoique inattendus, de toute bonne recherche géologique, que la dernière révolution qui a tourmenté la surface du globe n'est pas très-ancienne. » Et ailleurs : « Je pense donc, avec MM. Deluc et Dolomieu, que s'il y a quelque chose de constaté en géologie, c'est que la surface de notre globe a été victime d'une grande et subite révolution, dont la date ne peut remonter au delà de 5 à 6000 ans [2]. »

[1] *Journal de Physique*, part. I, p. 42.

[2] *Discours*, etc., p. 132-228. — Knight, *Facts and observ.*, p. 216. — Deluc, *Traité élément. de Géologie*, p. 129, et *Lett. géol.* — Bertrand, *Rév. du globe*, p. 269. — Th. Howard, *the scrip. hist. of the earth.*

Toutes les nations ont conservé le souvenir de cette terrible catastrophe. — Euseb. *Præp. ev.*, lib. X, c. XI et seq.; lib. XII, c. XV. — Plat. *de Leg.*, lib. III. — Lucian. Samos. *de Syriâ Deâ*, t. II. — Edm. Dickinson. — Joan. Nicolaï, etc. — *Antiq. sac. Thesaur.* Blos. Ugolin, vol. IV. — Essai *sur les Hiérog. des Égypt.*, t. II. — Le *Chou-King*, p. CVIII, seq. 4, 13, 15, 26, etc. — *Chron. de Champol. Figeac.* — De Humboldt, *Vues des Cordil.*, t. I. — Selon la chronique des Thibétains, le déluge a dû arriver l'an du monde 2190, et selon celle des Chinois, l'an 2290. — *Alphab. Tib.*, t. I. — « La nature, dit Cuvier, nous tient partout le même langage ; partout elle nous dit que l'ordre actuel des choses ne remonte pas très-haut ; et, ce qui est bien remarquable, partout l'homme nous parle comme la nature, soit que nous consultions les vraies traditions des peuples, soit que nous examinions leur état moral et politique et le développement intellectuel qu'ils avaient atteints au moment où commencent leurs monuments authentiques. » *Disc. sur les Ossem. foss.*

§ IV.

Fossiles humains.

Nous n'entrerons pas dans l'examen des diverses hypothèses qui ont été proposées pour expliquer physiquement la catastrophe du déluge[1]. Toutes sont purement gratuites et sujettes, d'ailleurs, à des difficultés contre lesquelles la science échoue. En effet, aucune de ces explications théoriques ne peut s'appuyer sur les lois qui régissent le monde physique actuel, depuis les temps historiques les plus reculés.

C'est ici le lieu de répondre à une difficulté que plusieurs savants géologues élèvent contre la conclusion que l'étude des divers phénomènes décrits plus haut nous a porté à déduire en faveur du déluge mosaïque. Suivant l'opinion de ces géologues, la plupart de ces

[1] Brunet attribuait la cause du déluge à la rupture d'une croûte qui jusque-là aurait recouvert l'Océan; Woodward, à la suspension de la force de cohésion des parties solides du globe que les parties liquides auraient pénétrées; Whiston, à la queue d'une comète; Lamanon, à un débordement de lacs qu'il disposait par étages les uns au-dessus des autres; Dolomieu, à des marées de 1,560 mètres; Bertrand suppose que les mouvements d'un noyau d'aimant caché dans l'intérieur du globe, en troublèrent un moment le mécanisme, déplacèrent le centre de gravité, et occasionnèrent ainsi la submersion du globe; M. Boubée veut qu'une comète ait choqué obliquement la terre et suspendu son mouvement de rotation; M. de Beaumont a recours au soulèvement des Andes et des grands plateaux de l'Asie... En attendant de la fécondité d'imagination des savants quelque nouvelle hypothèse non moins satisfaisante, tenons-nous-en provisoirement au récit du Livre sacré.

phénomènes devraient être rapportés, non au grand cataclysme de l'Écriture, mais à une révolution plus ancienne; et la principale raison sur laquelle ils appuient leur sentiment, c'est que parmi les débris si abondants du *diluvium* on ne trouve rien qui constate que l'homme ait existé durant la période immédiatement antérieure : on n'y a découvert jusqu'ici ni ossements humains, ni produits de l'industrie humaine, comme pierres taillées, métaux façonnés ou tout autre monument de la civilisation ou de l'habileté naturelle à l'homme.

En admettant un instant que de cette absence de tout vestige de l'existence de l'homme dans le dépôt diluvien, il s'ensuive que les phénomènes que nous avons attribués au déluge de Moïse appartiennent à une ère plus ancienne, il n'y aurait assurément aucun sujet de le regretter dans l'intérêt du récit sacré, bien indépendant des recherches et des considérations aventureuses de la science humaine, et contre lequel il est certain que rien d'hostile ne pourra jamais être prouvé. Les croyances religieuses consignées dans la Genèse se soutiennent assez d'elles-mêmes pour pouvoir se passer de toutes les preuves puisées dans l'ordre scientifique. Ainsi, quand on ne ferait qu'exercer, relativement aux faits géologiques, une critique négative, en montrant qu'aucun d'eux ne fournit des difficultés insolubles contre la croyance universelle de la création et du déluge, on aurait fait tout ce que l'homme instruit peut exiger pour mettre d'accord la foi avec la science. La marche progressive de la science ne s'accomplit que lentement, péniblement, au milieu des tâtonnements et des incertitudes, et nous devons être contents si, après un long labeur et de nombreuses vicissitudes, elle parvient enfin à se mettre d'accord sur quelque point avec la Genèse, ce livre divin qui renferme la vérité éternelle, et centre d'unité auquel doivent aboutir un jour toutes les branches des connaissances humaines.

Mais il s'en faut bien que les progrès de la géologie exigent la concession que nous venons de faire sur la question du déluge biblique[1]. Sans doute la découverte des fossiles humains décidera le point contesté, et déjà, même dans nos contrées, bon nombre de faits de ce genre pourraient être invoqués à l'appui de la thèse que nous avons soutenue[2].

[1] M. Dubois de Montpereux a reconnu des traces manifestes du déluge sur le théâtre même où la tradition biblique place ce grand événement. Selon M. Dubois, la tradition du déluge d'Ararat coïncide admirablement avec les faits.

[2] « Quoi qu'il en soit, de tous les arguments qu'on a présentés pour démontrer l'impossibilité de trouver dans les formations antédiluviennes des ossements humains, il n'en est pas un seul qui conserve aujourd'hui quelque valeur; de sorte qu'il n'est plus permis de rejeter, sans un examen scrupuleux, les cas de cette nature qui peuvent être annoncés, surtout quand ils le seront par des hommes éclairés; or on ne peut nier que parmi les géologues qui, depuis quelques années, ont publié des observations sur les ossements humains découverts soit dans les cavernes de la Belgique, soit dans d'autres dépôts limoneux, tels que ceux que l'on connaît dans la vallée du Rhin, il n'y en ait plusieurs dont les lumières sont prouvées par leurs travaux antérieurs, et dont la bonne foi ne saurait être soupçonnée. » Al. Bertrand, *Lett. sur les révolut. du globe*, p. 204, 5e édit.

On a cru longtemps qu'il ne se trouvait, ni dans les terrains les plus récents, ni dans des terrains plus anciens, aucun os qu'on pût rapporter à un singe, ou même à une chauve-souris, et pourtant on vient d'en découvrir des uns et des autres, comme nous l'avons vu.

Dans la grotte de Bise, près de Narbonne, M. Tournal a découvert des ossements humains, mêlés à des débris de poterie grossière et enfouis avec des os de lions, d'hyènes, de tigres, etc. Les matériaux qui les ont ensevelis sont regardés par tous les géologues comme appartenant au *diluvium*.

Dans la caverne de Gailenreuth on a trouvé, en 1829, des fragments d'urnes sépulcrales parmi les ossements d'ours.

MM. E. Dumas et J. de Christol ont examiné avec le plus grand soin la caverne de Pondres (Gard). Cette caverne est entièrement comblée par le dépôt diluvien, en sorte qu'on ne peut supposer que des objets modernes aient pu y être introduits. Le dépôt diluvien a, dans certains points, la solidité du tuf. On y trouve à toutes les hauteurs des ossements d'hyènes, d'aurochs et de cerfs. Dans les parties les plus basses comme dans les plus élevées, on a trouvé des fragments de poterie d'une argile séchée au soleil et des ossements humains, qui consistent en une molaire, plusieurs phalanges de la main et un métatarsien.

A une demi-lieue de la caverne de Pondres est située celle de Souvignargues. On a trouvé dans cette dernière, au milieu d'un dépôt d'environ deux mètres d'épaisseur, plusieurs ossements humains, une omoplate, un humerus, un radius, un péroné, un sacrum et deux vertèbres, mêlés à des débris de cerfs, de bœufs, d'ours, etc. Ces os happent fortement à la langue; leur couleur, leur poids, leur degré d'altération ne montrent aucune différence entre eux et les ossements de la caverne de Lunel-Viel, qui a servi de repaire à des hyènes.

M. le docteur Schmerling, de Liége, a découvert dans la caverne d'Engis, située à Engihoul, à 70 mètres au-dessus du niveau de la Meuse, un crâne et d'autres ossements humains bien caractérisés, confondus avec des débris d'ours, de rats, d'oiseaux, etc.

Le même explorateur a trouvé, en 1835, dans une caverne naturelle, près de Chokier, parmi des restes d'ours et de rhinocéros, non-seulement des ossements humains, mais plusieurs objets d'industrie humaine, une aiguille faite en arête de poisson, un os taillé en pointe et portant d'autres traces de coupures, des silex taillés en flèches et en couteaux, et des os travaillés.

Longtemps avant ces découvertes, déjà le naturaliste italien Donati avait signalé des ossements humains dans les brèches osseuses de l'île Incoronata, sur la côte de Dalmatie, dans les fentes du rocher de Jadra ; les brèches osseuses de la Dalmatie et de la Syrie offrirent aussi à Spallanzani des ossements humains. Ces faits ont été confirmés par le professeur Germar, qui a trouvé, dans les mêmes lieux, des fragments de verre grossier et de poterie. Le baron de Schlotheim, M. Schottin et le comte de Sternberg ont signalé dans une brèche osseuse, près de Köstritz, des ossements humains, mêlés à des os de cheval, de rhinocéros, etc. Le comte Razoumowski a découvert aussi des ossements et des crânes humains dans les sables marneux de Baden, près de Vienne, avec des os d'ours et de rhinocéros. Le comte Breuner a signalé également des crânes d'hommes près de Krems (archiduché d'Autriche), sur la rive gauche du Danube, au milieu d'un dépôt coquillier, fort au-dessus des bords du fleuve.

Enfin M. Boué, observateur consciencieux et digne

de toute confiance, a trouvé, en 1823, dans un dépôt marneux, à environ 100 mètres au-dessus du Rhin (duché de Bade), des ossements humains, mêlés à des coquilles terrestres et fluviatiles et à des restes d'animaux d'espèces en partie perdues. Le même géologue en a trouvé d'autres, en 1829, dans les mêmes lieux.

Il paraît que les ossements humains découverts dans les diverses localités mentionnées ci-dessus, appartiennent à des races qui diffèrent complétement de celles qui vivent aujourd'hui en Europe. Ainsi les têtes trouvées dans les sables de Baden, près de Vienne, se rapprochent par la forme de celles des races africaines; celles des bords du Rhin et du Danube offrent de grandes ressemblances avec des têtes de Caraïbes et avec celles des anciens habitants du Chili et du Pérou.

Tous ces faits sont dignes de fixer l'attention, et ne permettent guère de douter que l'homme n'ait été contemporain du dernier cataclysme qui a ravagé la surface du globe et accumulé sur une foule de points des animaux qui existent encore, avec d'autres qui ne vivent plus dans les mêmes contrées, ou qui même appartiennent à des espèces perdues.

Mais si l'on trouve que ces faits ne sont pas assez nombreux, ou sont d'une origine trop douteuse pour être concluants, on reconnaîtra sans peine combien il s'en faut que les dépôts diluviens aient été partout fouillés et assez attentivement examinés, pour que l'on soit en droit d'affirmer qu'ils ne contiennent pas de traces de l'existence de l'homme. « Les moins connus, les moins explorés de ces dépôts, sont précisément ceux de l'Asie, ceux du *nord-est* de l'Afrique, où cependant devront se trouver les débris des premiers peuples, alliés aux dépôts du cataclysme par lequel ils furent engloutis. Or, ici la question à résoudre est à la fois si importante et si simple, qu'on a peine à comprendre que nul voyageur n'ait encore songé à l'étudier sur les lieux... Car évidemment, si dans l'ancienne Mésopotamie, dans la Babylonie, l'Assyrie, l'Arménie, on rencontre, au milieu des dépôts diluviens, à *blocs erratiques*, des ossements humains ou des objets ouvragés, il n'en faudra pas davantage pour démontrer que le déluge qui vient de nous occuper, et dont nous avons pu, par les seules considérations géologiques, constater l'universalité, la cause et les terribles effets, est précisément celui dont le Livre saint nous donne la date précise. » N. BOUBÉE.

De ce que l'on a étudié avec un succès plus ou moins heureux quelques contrées de l'Europe, la plus petite des parties du monde, on veut tirer des conclusions générales sur le caractère géologique du reste du globe, « comme s'il était rationnel et sage, dit Cuvier, d'appliquer avec assurance, à toute la surface du globe, un ordre de choses qui n'a été réellement bien observé que dans l'hémisphère boréal, et que sur quelques points qui ne représentent pas la millième partie de cette surface. » (*Discours*, etc.)

N'est-il pas aussi très-raisonnable de présumer que l'espèce humaine n'était pas encore très-répandue à l'époque du déluge, et que ses restes, par conséquent, ne se retrouveront que dans une seule contrée ? Et cette contrée, est-ce bien sous nos latitudes rigoureuses qu'il faut la chercher ? n'est-ce pas plutôt dans les beaux climats de l'Orient où toutes les traditions placent le berceau du genre humain, dans les contrées asiatiques centrales encore géologiquement inconnues? « Peut-être aussi les lieux où l'homme se tenait ont-ils été abîmés, et ses os ensevelis au fond des mers actuelles, à l'exception du petit nombre d'individus qui ont continué son espèce. » (Cuvier, *ibid.*) Toutefois ce dernier sentiment serait difficile à concilier avec les 11e, 12e, 13e et 14e versets du IIe chap. de la Genèse.

Enfin, des considérations d'un autre ordre doivent nous porter à croire que l'on découvrira des fossiles de notre espèce beaucoup plus rarement que des autres animaux. En effet, les conditions de la pétrification des corps organisés exigent que ces corps soient soustraits à l'action de l'air et de l'eau, qui les décomposerait entièrement, et qu'ils soient enveloppés dans des sédiments imputrescibles, où la silice, réduite à une extrême ténuité, se substitue à leurs éléments sans altérer leur forme. On ne peut donc s'attendre à rencontrer à l'état fossile les ossements des hommes morts durant la période anté-diluvienne, dont les restes, suivant un usage universel et instinctif que l'on a retrouvé chez les peuplades les plus sauvages, furent sans doute ou brûlés ou ensevelis dans la terre, où ils auront subi, avec le temps, une complète dissolution. Il est donc à présumer qu'il n'y a de fossiles que les ossements des hommes qui furent surpris par le cataclysme. Or cette condition est peu favorable à la formation des fossiles, car il est vraisemblable qu'à l'approche des eaux, l'homme aura naturellement cherché à gagner les lieux élevés, et ainsi les cadavres humains auront pu flotter et se décomposer à la surface des eaux avec ceux de beaucoup d'animaux, pendant qu'au-dessous d'eux se formaient des dépôts de sable et de vase qui ensevelissaient les débris épars des animaux morts antérieurement à la catastrophe, ou les corps de ceux qui avaient été saisis d'abord par le fléau dans une position désavantageuse, par exemple, sur les plaines et dans les vallées qui ont dû être submergées les premières[1].

[1] Voy. M. Forichon, *Examen des quest. scientif.*, etc.

CHAPITRE XI.

GÉOGÉNIE.

> Dieu a fondé la terre par sa sagesse, il a créé les cieux par son intelligence.
>
> *Prov.*, III, 19.

§ I.

Système cosmogonique. — État primitif des matériaux du globe. — Leur mode de consolidation. — Leur oxydation ou formation des roches cristallines. — Formation des terrains gneissiques. — Le feu et l'eau, agents universels.

Jusqu'ici nous nous sommes borné à l'exposition rapide des phénomènes géognostiques, tels qu'ils paraissent avoir été définitivement constatés par les investigations de la science moderne. Mais il n'est sans doute aucun lecteur qui, en considérant ces étonnantes découvertes, n'ait cherché à remonter aux causes de tous ces grands mouvements dont notre globe a été le théâtre, et qui n'ait basardé quelques idées théoriques pour résoudre les diverses questions qui se présentent alors naturellement à l'esprit. C'est donc en ce moment qu'il convient d'aborder ces questions difficiles, mais bien propres à exciter le plus vif intérêt.

Aucune science n'a subi l'influence de l'imagination autant que la géologie; aucune n'a donné lieu à plus de théories idéales et de systèmes fragiles, à plus d'hypothèses bizarres ou hostiles aux traditions mosaïques, orgueilleuses et vaines conceptions, fastueuses pyramides de sable qui ont enseveli sous leur prompte ruine jusqu'à la mémoire de leur auteur [1].

Quoi qu'il en soit, nous allons livrer au jugement du lecteur les conclusions auxquelles on a cru pouvoir s'arrêter de nos jours, et qui paraissent le résultat d'études plus consciencieuses et plus approfondies. Elles sont au moins les données finales de nombreux hommes de génie. Rien, d'ailleurs, dans la théorie géogénique que nous allons exposer, qui ne paraisse très-conciliable avec le récit de la Genèse, comme nous le verrons plus loin; et, s'il ne peut y avoir certitude, il y a au moins de la grandeur dans de pareilles conceptions.

Selon cette théorie, le premier acte de la création paraît avoir été de remplir l'incommensurable espace d'une matière éthérée, qui, d'après les plus récentes découvertes astronomiques, dues principalement aux infatigables recherches des Herschell [2], va se condensant en amas plus ou moins globulaires d'étoiles ou soleils, de comètes, de planètes, de satellites, etc., amas iso-

[1] Au commencement du siècle, on comptait plus de 80 théories cosmogoniques, toutes plus ou moins en opposition avec nos Livres sacrés; comme les soldats sortis des dents semées par Cadmus, tous ces systèmes se sont dévorés les uns les autres, et personne aujourd'hui n'aurait le courage d'évoquer ces tristes ombres.

[2] *Transact. philos.* 1833. — *Traité d'astronomie*, etc. — Laplace, Ampère, Arago et beaucoup d'autres.

lés dans les cieux, soumis à des lois qui ne régissent qu'eux seuls, et placés à une distance si considérable de la terre, que la lumière qu'ils nous envoient, mue avec une vitesse de 78,000 lieues métriques par seconde, s'en est dégagée il y a probablement plus de mille ans[1]. Chacune de ces masses globulaires, constituant ce que l'on appelle une *nébuleuse*, est considérée comme le germe d'un système de mondes futurs, analogue au système de mondes dont notre soleil et nos étoiles font partie. Car, suivant cette hypothèse, tous les corps célestes que nous apercevons dans l'espace autour de nous ne forment qu'une nébuleuse, parvenue au point où toute la matière s'est concentrée en noyaux solides, et comparable, pour la forme, à une meule de moulin dont la voie lactée indiquerait le diamètre[2], et qui comprendrait, dans son épaisseur, toutes les étoiles que nous découvrons à droite et à gauche dans le sens de ses deux faces.

A présent, si nous recherchons quelle force, en résistant à l'action de la pesanteur et à celle des affinités chimiques, a dû originairement s'opposer à la conden-

[1] Ce qui fait un total d'au moins 24,608,080,000,000,000 lieues pour leur distance de la terre.

[2] C'est à cause de l'énorme largeur de cette nébuleuse dont nous occupons à peu près le centre, que les étoiles qui la composent, vues dans le sens du diamètre, présentent à l'œil nu l'apparence de légers nuages blancs, formant ce qu'on appelle vulgairement la *voie lactée*, composée de myriades d'étoiles les unes derrière les autres. D'après l'estimation de W. Herschell, il en passa 50,000 au moins dans le champ de son télescope en une heure, et dans une zone de 2 degrés de largeur seulement.

On connaît 2,500 nébuleuses et groupes d'étoiles : elles ont une grande variété de formes.

sation de cette immense masse à l'état de fluide élastique, dont tous les globes de notre nébuleuse particulière auraient été formés, c'est dans le calorique que nous devons naturellement la placer. Mais, en vertu des lois de la chaleur rayonnante, et à la suite de siècles qui échappent à tout calcul, toutes ces matières si diverses se seront graduellement refroidies en se partageant entre une multitude de noyaux ou centres d'attraction, selon l'ordre de leur pesanteur spécifique; de gazeuses, elles seront devenues liquides, puis solides à divers degrés, de manière, toutefois, que la température de chaque dépôt successif et concentrique ne se sera jamais élevée au-dessus de celle à laquelle le dépôt aura d'abord été formé. A l'état liquide, chacune de ces masses, soumise à un mouvement de rotation sur elle-même, aura pris la forme d'un sphéroïde renflé à son équateur, aplati vers les pôles[1].

Ainsi, pour nous renfermer dans un cercle comparativement beaucoup plus restreint, l'espace qui s'étend jusqu'aux orbes des planètes les plus reculées de notre système solaire, jusqu'à l'orbite d'Uranus, par exemple, éloignée du soleil de 660 millions de lieues, tout cet espace n'aurait été à l'origine qu'une vaste nébulosité, ayant pour centre le centre de notre soleil, dont elle formait comme l'atmosphère. Par suite de la condensation progressive et continue que le refroidissement opérait aux extrêmes limites de cette immense

[1] C'est ce que démontre, pour la terre, le calcul basé soit sur les lois de l'hydrostatique, soit sur l'action des perturbations lunaires. Cet aplatissement de la terre aux pôles est de 1/305, d'après les calculs de Clairaut et de Laplace.

masse de vapeurs[1], mise en mouvement sur elle-même, des masses partielles, des agglomérations distinctes, s'en détachaient successivement dans le plan de son équateur. En vertu du principe des aires, à mesure que l'atmosphère solaire se resserrait, le mouvement de rotation s'accélérait, la force centrifuge due à ce mouvement devenait proportionnellement plus grande, et le point où la pesanteur lui est égale se rapprochait du centre du soleil. Toutes les masses de vapeur ainsi abandonnées à des époques et à des distances diverses, continuaient de circuler autour de l'astre central, leur force centrifuge ou d'impulsion se trouvant balancée par leur pesanteur, c'est-à-dire par la force attractive du soleil.

Toujours conformément aux mêmes lois, ces masses secondaires, constituant ce que nous appelons les planètes, par la condensation de l'atmosphère propre dont elles étaient environnées, ont formé aux limites de cette atmosphère de nouvelles masses globulaires, circulant autour du centre des planètes dont elles sont devenues les satellites.

Le peu d'excentricité des orbes des planètes et de leurs satellites, le peu d'inclinaison de ces orbes à l'équateur, et l'identité du sens des mouvements de rota-

[1] M. Poisson, lui, établit que la déperdition de toute la chaleur d'origine précédait ou accompagnait la solidification des masses, que les quantités de chaleur dégagées étaient transportées à la surface où elles se dissipaient dans l'espace sous forme rayonnante, et que la solidification commençait par les couches centrales. — *Théorie math. de la chaleur*, p. 427.

Dans l'une et l'autre théorie, que devenait cette prodigieuse quantité de calorique? On ne nous le dit pas.

tion et de révolution de tous ces corps avec celui de la rotation du soleil, paraissent donner à cette hypothèse un nouveau degré de vraisemblance.

En admettant que les choses se soient passées de la manière que nous venons de l'exposer relativement à la formation originelle de chacun des globes de notre système, et faisant abstraction de toute réaction chimique entre les diverses substances simples et composées qui constituent chaque dépôt particulier, on peut imaginer qu'il y aurait eu homogénéité de composition entre chacune des enveloppes concentriques et une exacte séparation les unes d'avec les autres par des lignes de niveau. Mais pour expliquer l'état du globe terrestre, où tout atteste d'immenses explosions et des déchirements sans nombre, il faut rendre aux éléments des couches successives les propriétés chimiques dont ils sont doués. Alors l'ordre régulier que nous supposions tout à l'heure est détruit, et il se manifeste d'innombrables réactions et combinaisons nouvelles qui amènent des soulèvements, des brisements, des bouleversements, et une série de phénomènes d'une prodigieuse grandeur, accomplis pendant la durée de périodes de temps immenses [1], sur toute l'étendue de la surface du globe.....

[1] On a été conduit, par de savants calculs, à ce résultat remarquable que la terre, une fois échauffée à une température quelconque, et plongée dans un milieu plus froid qu'elle, ne se refroidit pas plus, dans l'espace de 1,280,000 années, qu'un globe de 325 millimètres de diamètre, formé de matières pareilles, et placé dans les mêmes circonstances, ne le ferait en *une seconde*. La durée de ces grands phénomènes, dit Fourier, répond aux dimensions de l'univers; elle est mesurée par des nombres du même

Cependant les siècles s'écoulent, l'énergique effervescence de tous les éléments antipathiques qui se combattent et qui se mêlent, diminue par l'effet des combinaisons et d'un refroidissement toujours progressif; la croûte solidifiée s'épaissit, se fixe peu à peu malgré des commotions fréquentes, des bouleversements partiels et une foule de phénomènes chimiques et météorologiques; l'atmosphère environnant le noyau condensé, d'abord d'une immense étendue et composée d'une foule de substances diverses à une excessive température, subit une longue suite de modifications, jusqu'à ce qu'enfin sa température soit assez abaissée pour que la vapeur d'eau puisse passer à l'état liquide et se précipiter à la surface de la terre. Alors commence une nouvelle et longue série de réactions chimiques: une immense oxydation s'opère par le contact de l'eau avec les bases métalloïdes des terres et des alcalis, en dégageant une énorme quantité de chaleur qui volatilise les eaux à mesure qu'elles arrivent. Mais le refroidissement augmentant de plus en plus, l'eau se précipite en plus grande abondance; le noyau solide est entouré d'un vaste océan acide, qui, pénétrant dans l'intérieur du sphéroïde, y détermine une oxydation violente; la croûte supérieure est soulevée, brisée de toutes parts, soumise à des remaniements, et pour ré-

ordre que ceux qui expriment les distances des étoiles fixes. — *Annales de chim. et de phys.* (oct. 1824). — Il est démontré que depuis 2,000 ans, le jour sidéral n'a pas varié de 1/100e de seconde, ou que la diminution de la température de la *masse totale* du globe a été moindre de 1/200e de degré; c'est-à-dire qu'il est démontré qu'en 2,000 ans la terre n'a pas éprouvé la plus légère diminution dans ses dimensions.

sultat de ces grands mouvements mécaniques, la terre se hérisse de montagnes autour desquelles roulent les flots brûlants d'une mer agitée par les marées, les courants, etc., et douée d'une prodigieuse puissance d'érosion. Sous l'action prolongée de ces eaux si énergiquement dissolvantes, les éléments des roches granitiques sont désagrégés[1]; leurs détritus, longtemps tenus en suspension mécanique dans les eaux, se déposent peu à peu au fond des mers, et se convertissent, sous l'influence de la chaleur centrale, en immenses lits de gneiss, de micaschistes, de roches amphiboliques, de schistes argileux, etc.[2]. Les agents atmosphériques

[1] L'eau bouillante passe de 100 degrés à 172 par la compression de 8 atmosphères, et à 265,89, par la compression de 50 atmosphères. Si l'on suppose que le tiers ou même le quart des eaux marines étaient à l'état de vapeur, lorsque les premiers granits se formaient, ce sera au fond d'une masse d'eau comprimée par le poids de 50 atmosphères et soumise à une chaleur de plus de 265 degrés, que se sera opéré le remaniement des détritus granitiques, et leur agglutination par le ciment siliceux et feldspathique qu'abandonnèrent les eaux en devenant moins chaudes.

[2] Il existe plusieurs théories sur la formation de ces premières roches stratifiées qui ne contiennent aucun débris organique. (Voyez de la Bèche, *Recherches sur la part. théor. de la Géol.*, ch. XIV.)

La consolidation des divers dépôts sédimentaires s'est effectuée sous l'influence de plusieurs causes. Si l'action de la chaleur a dû contribuer à convertir les premiers dépôts de sable en quartz compacte et les premiers lits d'argile en schistes argileux, dans les terrains stratiformes primitifs et dans les roches de la grauwacke, la consolidation des couches argileuses, secondaires et tertiaires, peut très-bien s'expliquer par une pression considérable, ou par l'admission de carbonate de chaux, lorsque l'argile devient marneuse. Cette même pression rend compte de la transformation des sables en lits de grès, dans les mêmes terrains, transformation qui

secondent l'action des mers dans ce travail de destruction, en attaquant avec une violence désintégrante, qui ne se retrouve plus dans aucun des météores actuels, toutes les masses minérales qui s'élevaient au-dessus du niveau de ces mers primitives, au fond desquelles sont balayés tous ces abondants matériaux sous forme de vase, de sable et de gravier.

Telle serait la solution d'un des problèmes les plus difficiles et les plus compliqués de la géologie, celui de la formation de cette immense masse cristalline à surface irrégulière qui sert de fondement à toutes les couches sédimentaires stratifiées qui lui sont superposées, et dont tous les matériaux proviennent de la disgrégation opérée primitivement dans ces masses granitiques par des forces d'un grand pouvoir de dissolution.

Parmi les nombreux agents physiques dont l'action paraît avoir le plus puissamment influé à toutes les époques sur la composition et l'arrangement des éléments du monde matériel, la dynamique géologique place donc au premier rang deux principes antagonistes, le feu et l'eau, instruments d'une énergie immen-

a été favorisée, dans un grand nombre de circonstances, par la précipitation d'un ciment tantôt calcaire, tantôt siliceux, déposé très-probablement par quelque voie humide, de la même manière que se forment les stalactites et certaines concrétions quartzeuses, la chalcédonie, etc. Ce dernier procédé paraît être celui qu'a employé la nature pour la formation des marbres, bien que plusieurs marbres cristallins aient pu se former par l'action du feu sous une pression énorme. Les dépôts des eaux de Saint-Philippe, en Toscane, forment journellement des marbres qui ont la cassure, l'aspect et tout ce qui constitue les marbres dits primitifs ou statuaires.

se, qui ont déterminé visiblement, dans l'économie de notre globe, à sa surface comme dans son intérieur, les plus étonnantes révolutions et les changements les plus féconds en résultats d'une haute importance. Tels sont les deux grands leviers à l'aide desquels l'Intelligence créatrice paraît avoir pétri, façonné, disposé la matière inorganique de notre monde ; et jusqu'au milieu de la turbulence et du désordre apparent de tant d'éléments opposés, sa sagesse providentielle et sa toute-puissance éclatent par l'uniformité des lois qui ont réglé tous ces mouvements, dirigé toutes ces forces, présidé à l'accomplissement de tous ces étonnants phénomènes.

§ II.

Réflexions sur la théorie précédente. — Loi du développement graduel. — Conjectures sur la nature des nébuleuses. — Nécessité de l'intervention du Créateur, 1° pour l'origine du mouvement en général; 2° pour la détermination des centres d'attraction ; 3° pour l'origine du mouvement de rotation; 4° pour l'existence de la force attractive; 5° pour la disposition des planètes, des satellites, et des comètes.

Beaucoup d'esprits du premier ordre appellent grande et simple l'hypothèse cosmogonique que nous venons d'exposer [1]; quelques-uns la trouvent absurde, quasi

[1] « L'hypothèse qui nous présente les matériaux du globe comme ayant existé primitivement sous la forme d'une nébuleuse, offre, dit le célèbre Buckland, la théorie la plus simple et par conséquent la plus probable de la condition première des éléments matériels qui composent notre système solaire. »

Un autre savant anglais, M. Whewell, a fait voir jusqu'à quel point cette théorie, supposée vraie, tend à augmenter nos convictions sur l'existence d'une intelligence primitive et présidant à tout. — Voir son *Traité de Bridgewater*, ch. 7.

« Toutes les théories modernes, fondées sur les données les plus

impie ; elle paraît à d'autres assez ingénieuse, et surtout parfaitement innocente. S'il nous est permis d'émettre notre sentiment à cet égard, nous dirons que nous sommes assez disposés à nous ranger du côté de ces derniers. Nous pensons que pour parvenir à ses fins, il a suffi à l'éternel géomètre de laisser un libre cours aux agents naturels une fois mis en action par sa volonté toute-puissante [1]. Nous ne voyons aucune impiété à supposer que Dieu n'a pas créé instantanément les globes sans nombre qui circulent dans l'immensité. Il l'aurait pu sans doute ; qui le nie ? mais l'a-t-il fait? La Genèse est-elle donc si explicite à cet égard ? Que Dieu ait employé à créer ce monde un moment, ou cent mille ans, ou mille millions d'années, qu'importe à sa gloire? L'éternité tout entière n'est-elle pas toujours au delà ? Répugne-t-il à ses attributs d'admettre qu'il ait soumis à des lois organisatrices les éléments de la matière dont il a formé les mondes, et qu'il leur ait fait subir une longue suite de modifications, à peu près comme il fait dépendre d'une succession de phénomènes l'accroissement du chêne de nos forêts ? Qui s'étonne que cet arbre, qui nous ombrage de sa vaste

positives que nous fournissent l'astronomie, la physique et la géologie, admettent que la terre était primitivement à l'état gazeux, c'est-à-dire que toutes les substances solides qui la composent aujourd'hui, se trouvaient disséminées à l'état de vapeur, dans un espace beaucoup plus grand que celui qu'elle occupe aujourd'hui. » Becquerel, *Traité de l'élect. et du magn.* t. I, p. 430. — Voir aussi de la Bêche, *Recherches sur la partie théorique de la géologie*, c. II.

[1] « La sagesse divine embrasse avec une force infinie et la raison première et la fin dernière des êtres, et dispose tout avec douceur pour les conduire à cette fin. » *Sagesse*, VIII, 1.

cime, n'ait pas poussé, tel qu'il est, dans l'espace d'une minute, au lieu de n'avoir développé son tronc majestueux qu'après trois siècles d'évolution ? Et les éléments dont il est composé ont été, eux aussi, à l'état de gaz ou de vapeur. Personne ne songe à faire un crime au savant de rechercher les lois physiologiques qui ont présidé à la croissance du chêne, l'honneur de nos forêts ; pourquoi ne lui serait-il pas permis aussi de rechercher les lois génésiaques qui ont présidé à la formation de la terre et des corps célestes qui peuplent le firmament ?

Au reste, la loi du développement graduel se retrouve dans tous les ordres de phénomènes de la nature, qui, comme l'a dit un observateur célèbre, *ne fait rien par saut*[1]. Elle paraît être une des lois les plus universelles de la création. Le temps est l'élément nécessaire du perfectionnement de toutes choses, et cette observation est aussi applicable au monde moral qu'au monde physique ou organique. Le minéral polyèdre n'est d'abord qu'une molécule autour de laquelle viennent se ranger symétriquement d'autres molécules ; toute plante, à son origine, n'est qu'un germe, tout animal qu'un embryon, et cet embryon et ce germe n'arrivent à leur entier accroissement que par une marche progressive.

« L'ordre même observé dans la création des six jours, qui se rapporte à la disposition présente des cho-

[1] *Natura non agit per saltum.* Linné. — Cette loi de continuité qui semble régir toute la nature, a donné lieu à une foule de découvertes physiques, et a conduit à la connaissance d'analogies, de relations intimes entre des phénomènes qu'on ne soupçonnait pas d'abord en avoir aucune.

ses, semble indiquer que la puissance divine aimait à se manifester par des développements graduels, s'élevant en quelque sorte avec mesure de l'inanimé à l'organisé, de l'insensible à l'instinctif, de l'irrationnel à l'homme. Et quelle répugnance y a-t-il à supposer que, depuis la première création de l'informe embryon de ce monde si beau, jusqu'à ce qu'il ait été revêtu de tous ses ornements, et proportionné aux besoins et aux habitudes de l'homme, la Providence puisse avoir voulu conserver une gradation analogue, au moyen de laquelle la vie aurait progressivement avancé vers la perfection et dans sa puissance intérieure et dans ses instruments extérieurs ? Si les phénomènes découverts par la géologie manifestaient l'existence d'un pareil plan, qui oserait dire qu'il ne s'accorde pas dans la plus stricte analogie avec les voies de Dieu dans la loi physique et morale de ce monde? Ou qui assurera que ce plan contredit la parole sacrée, puisque pour cette période indéfinie dans laquelle l'œuvre du développement graduel est placée, nous sommes dans une complète obscurité [1] ? »

Ce n'est pas que nous n'ayons bien des difficultés à opposer à la théorie en question, et l'on n'en doit pas être surpris, le sujet est certainement le plus ardu qu'on puisse se proposer.

Et d'abord nous observerons que les nébuleuses sur lesquelles on s'appuie, sont les objets astronomiques les moins connus de tout le ciel étoilé, et sur la nature desquels les savants sont le moins d'accord.

[1] Wiseman, *Discours sur les rapports entre la science et la religion révélée*, t. I, p. 309.

On suppose que ces masses de matière diffuse se condensent et se séparent en d'autres nébuleuses à plusieurs siéges d'attraction ; mais ce n'est là en effet qu'une pure supposition, et le télescope n'a encore rien révélé aux astronomes, qui porte à croire qu'une pareille transformation s'opère.

On peut fort raisonnablement conjecturer que les étoiles environnées de nébulosités sont de grandes étoiles, centres d'autant de systèmes célestes d'une nature particulière, et que ce qui donne lieu à ces nébulosités apparentes, c'est la réunion d'une multitude d'autres étoiles trop petites pour être observées. On peut penser encore que ces nébuleuses sont entièrement formées d'étoiles agglomérées dans un espace plus ou moins resserré et d'un éclat intrinséquement trop faible pour être individuellement aperçues : la densité paraît croître vers le centre, parce que là un plus grand nombre de ces étoiles se projettent les unes sur les autres, et, par un effet d'optique, ces étoiles, en se rapprochant et réunissant leurs lumières, produisent l'image d'un point plus brillant que le reste. C'est l'opinion d'Herschell. Enfin d'autres savants conjecturent que ces points faiblement lumineux, semés sur la voûte céleste, pourraient bien être autant de voies lactées d'un autre ordre de mondes plus élevés, dont il ne nous est pas possible de distinguer les innombrables étoiles [1].

[1] L'opinion qui regarde les nébuleuses comme une agglomération d'étoiles trop éloignées pour être aperçues distinctement à l'aide de nos instruments d'optique, nous paraît la plus vraisemblable. Il y a, dans le ciel, des groupes qui ne présentent à l'œil nu qu'une masse confuse de lumière et dont on distingue très-bien les principales étoiles avec le secours de simples besicles. Tel est

Admettons cependant l'existence de la matière éthérée ou nébuleuse. Il faut du mouvement à présent, dans cette matière, pour former le monde, et du mouvement selon certaines lois déterminées, et par conséquent encore l'intervention d'une cause première, intelligente et toute-puissante. Le système cosmogonique qui nous occupe suppose tout cela, comme il suppose la création de la matière élémentaire et primitive qui remplit l'espace.

On ne peut soutenir que le mouvement soit un attribut essentiel de la matière. La matière est indifférente au mouvement et au repos, c'est un axiome de mécanique. Si le mouvement était essentiel à la matière, il en serait inséparable, il y serait toujours au même degré : toujours le même dans chaque portion de matière, il serait incommunicable, il ne pourrait ni augmenter ni diminuer, et l'on ne pourrait pas même concevoir la matière en repos. Or, loin que nous ne puissions pas la concevoir en repos, nous sommes portés au contraire à regarder le repos comme son état naturel. Si nous voyons un corps inanimé en mouve-

le cas pour les Pléiades. Il y a d'autres taches lumineuses qu'on ne parvient à résoudre en groupes d'étoiles qu'au moyen de télescopes d'un fort pouvoir d'amplification. Ce qui a résisté à des grossissements de 50, de 100, de 150, de 200 fois, cède quand on peut pousser les grossissements jusqu'à 1,000 et au-delà. Ainsi Herschell est parvenu à transformer en agglomérations d'étoiles la plupart des nébuleuses que Meissier, pourvu de lunettes moins puissantes, croyait irréductibles, et qu'il appelait des nébuleuses sans étoiles. A ce point de vue, sans contredit le plus raisonnable, les nébuleuses sont contraires plutôt que favorables à l'hypothèse astronomico-chimique, car ce seraient des mondes tout formés et non à l'état naissant.

ment, nous ne mettons pas un seul instant en doute l'existence d'une cause qui a déterminé ce mouvement; certains qu'il a commencé et qu'il doit finir avec l'impulsion de la cause étrangère qui l'a produit. Mais allons plus avant. On parle de mouvement essentiel à la matière : qu'est-ce que ce mouvement? est-il indéterminé ou déterminé? Dans le premier cas, ce serait un mouvement en tous sens, ayant à la fois tous les degrés de vitesse, chose absurde. Dans le second cas, qu'on nous dise quelle est la direction que la matière en mouvement suit nécessairement. Toute la matière en corps a-t-elle un mouvement uniforme, ou chaque atome a-t-il son mouvement propre? Selon la première idée, l'univers entier ne devrait former qu'une masse solide et indivisible; selon la seconde, il ne devrait former qu'un fluide épars et incohérent, sans qu'il fût jamais possible que deux atomes se réunissent. Sur quelle direction se fera ce mouvement commun de toute la matière? Sera-ce en droite ligne ou circulairement, en haut, en bas, à droite, à gauche? Si chaque molécule de matière a sa direction particulière, quelles seront les causes de toutes ces directions et de toutes ces différences? Si chaque atome ou molécule de matière ne faisait que tourner sur son propre centre, jamais rien ne sortirait de sa place, et il n'y aurait point de mouvement communiqué; encore même faudrait-il que ce mouvement circulaire fût déterminé dans quelque sens. Donner à la matière le mouvement par abstraction, c'est dire des mots qui ne signifient rien; et lui donner un mouvement déterminé, c'est supposer une cause qui le détermine. Plus je multiplie les forces particulières, plus j'ai de nouvelles causes à expliquer, sans jamais trouver aucun agent commun qui les dirige. Loin de pouvoir imaginer aucun ordre dans le concours fortuit des éléments, je n'en puis pas même imaginer le combat, et le chaos de l'univers m'est plus inconcevable que son harmonie.

Il ne sert de rien de recourir à des lois générales pour expliquer l'existence du mouvement, son intensité plus ou moins grande et ses directions diverses. « Ces lois n'étant point des êtres réels, des substances, ont donc quelque autre fondement qui m'est inconnu. L'expérience et l'observation nous ont fait connaître les lois du mouvement; ces lois déterminent les effets sans montrer les causes; elles ne suffisent point pour expliquer le système du monde et la marche de l'univers. Descartes avec des dés formait le ciel et la terre, mais il ne put donner le premier branle à ces dés, ni mettre en jeu la force centrifuge qu'à l'aide d'un mouvement de rotation. Newton a trouvé la loi de l'attraction; mais l'attraction seule réduirait bientôt l'univers en une masse immobile; à cette loi il a fallu joindre une force projectile pour faire décrire des courbes aux corps célestes. Que Descartes nous dise quelle loi physique a fait tourner ses tourbillons; que Newton nous montre la main qui lança les planètes sur la tangente de leurs orbites [1].

[1] Voici la réponse de Newton à cette question. — « Les mouvements observés maintenant par les planètes, ne peuvent être simplement déterminés par une cause naturelle, ils doivent provenir de la volonté d'un agent libre et plein d'intelligence. Puisque les comètes descendent dans les régions de nos planètes et s'y meuvent en toute sorte de directions, suivant quelquefois le même chemin que les planètes, d'autres fois prenant le chemin opposé, ou

« Les premières causes du mouvement ne sont point dans la matière : elle reçoit le mouvement et le communique, mais elle ne le produit pas. Plus j'observe l'action et réaction des forces de la nature agissant les unes sur les autres, plus je trouve que, d'effets en effets, il faut toujours remonter à quelque volonté pour première cause ; car supposer un progrès de causes à l'infini, c'est n'en point supposer du tout. En un mot, tout mouvement qui n'est point produit par un autre ne peut venir que d'un acte spontané, volontaire. Les corps inanimés n'agissent que par le mouvement, et il n'y a point de véritable action sans volonté. Voilà

bien encore une direction oblique, ayant leurs plans inclinés vers le plan de l'écliptique et à des angles de toute espèce, il est bien évident qu'aucune cause naturelle ne pourrait obliger les planètes, tant principales que secondaires, à se mouvoir constamment dans la même direction et sur le même plan. Cette régularité doit être l'effet d'un calcul intelligent. Il n'y a pas non plus de cause naturelle qui fût capable de communiquer aux planètes le degré précis de vélocité qui leur est nécessaire, relativement à leur distance du soleil et des autres corps placés dans une position centrale pour se mouvoir en orbes concentriques autour de ces corps... Pour ordonner ce système avec son ensemble admirable de mouvements, il fallait une cause qui jugeât et comparât les quantités diverses de matière qui devaient entrer dans la formation du soleil et des planètes, qui appréciât la puissance de gravitation résultant de ces différences, réglât les distances à établir entre le soleil et les planètes principales, de même qu'entre Saturne, Jupiter, la Terre et les planètes secondaires, et qui assignât aux planètes le degré juste de vélocité qu'elles devaient avoir pour accomplir leur révolution autour des corps placés au centre. Afin de mettre en rapport et d'ajuster toutes ces choses dans un ensemble de corps si variés, il a fallu bien certainement, non pas une cause fortuite ou aveugle, mais l'intelligence du géomètre le plus habile et du mécanicien le plus consommé. » 1re lettre à Bentley.

mon premier principe. Je crois donc qu'une volonté meut l'univers et anime la nature. Voilà mon premier dogme ou mon premier article de foi [1]. »

Le mouvement n'est donc pas essentiel à la matière. Il existe donc un premier Moteur.

Dans l'hypothèse que nous discutons, il faut, pour construire le monde avec la matière nébulaire, qu'il s'y forme différents centres ou siéges d'attraction. En vertu de quelle loi ces centres divers ont-ils été déterminés? On parle d'attraction; mais qu'est-ce que l'attraction dans l'état de choses dont il s'agit?. L'attraction est de deux sortes, l'attraction *planétaire*, et l'attraction *moléculaire*. L'attraction planétaire s'exerce sur les grandes masses, à des distances considérables; elle n'est autre chose que l'action par laquelle des corps éloignés opèrent ou influent les uns sur les autres à travers l'espace qui les sépare, sans qu'il y ait aucun écoulement de corpuscules qui y contribue [2]. Or, l'attraction planétaire ne pouvant pas évidemment exister avant qu'il y eût des planètes ou un système de corps célestes organisé, ce n'est pas sans doute de cette sorte d'attraction qu'il s'agit dans l'hypothèse de nos cosmogonistes. Reste donc l'attraction *moléculaire*. Cette dernière a deux modes d'action, l'un en vertu duquel

[1] J.-J. Rousseau.

[2] Cette force agit toujours en raison directe des masses et en raison inverse du carré des distances. Quand on dit que le pouvoir de la gravitation agit *en raison directe des masses*, on entend que ce pouvoir agit d'autant plus sur un corps, que ce corps a plus de parties, et quand on ajoute que cette même gravitation s'exerce *en raison inverse du carré des distances*, on veut dire que le corps qui pèse, par exemple, 100 kilogrammes à un diamètre de la terre, ne pèsera qu'un kilogr. s'il est éloigné de dix diamètres.

les molécules de même nature sont unies entre elles dans les corps solides ; c'est la *cohésion*. Cette force, insensible dans les corps à l'état gazeux, était nulle dans la masse élémentaire dont nous parlons. L'autre mode d'action de l'attraction atomique s'appelle *affinité* ; c'est cette force qui, sous certaines conditions, unit, combine entre eux les atomes de nature différente, qui sont à l'état de gaz. La loi d'affinité est donc la seule que l'on puisse invoquer ici ; mais pour qu'elle obtienne son effet, plusieurs conditions sont nécessaires. Il y avait gazéification, il est vrai ; mais pour qu'il puisse y avoir combinaison, il faut de plus pression et par conséquent résistance. D'où est venue cette pression ? qui est-ce qui a produit cette résistance dans la supposition d'une matière élémentaire formée de gaz essentiellement élastiques et soumis à une expansion indéfinie en tous sens ? Évidemment il n'y avait pas de pression, et par conséquent pas de combinaison possible. D'où nous conclurons qu'il n'y avait place pour aucune des espèces connues d'attraction, et partant pas d'attraction. D'où encore la nécessité de recourir à l'intervention d'un Agent suprême et tout-puissant pour établir les centres d'attraction et régulariser les mouvements de la matière primitive.

Supposons toutefois la matière élémentaire distribuée par masses globulaires dans l'espace, et formant des nébuleuses avec un centre d'attraction et des limites déterminés. Pour former un monde avec cette masse d'éléments ainsi disposés, une foule de conditions sont nécessaires. Il ne faut pas d'abord que, dans chaque masse respective, ces éléments se solidifient, par le refroidissement, autour du centre qui les attire, autrement nous n'aurions qu'un globe énorme au lieu d'un système de globes. Qui préviendra cet inconvénient ? Le mouvement de rotation. Mais d'où naît un pareil mouvement dans la nébuleuse? Quelle est sa cause physique? Pour expliquer le mouvement giratoire des planètes, on a recours à un échange continuel et réciproque des électricités de noms différents entre ces globes et celui du soleil ; c'est une hypothèse à laquelle une expérience d'électro-magnétisme a donné une apparence de probabilité [1] ; mais, quelle qu'elle soit, elle n'est ici susceptible d'aucune application. En effet, pour que cet échange d'électricité ait lieu, il faut au moins deux globes dans le même système, et il n'y en a qu'un, dans le cas dont il s'agit, la masse immense de la nébuleuse.

La géométrie la plus transcendante, la plus haute philosophie, sont donc dans l'impuissance absolue d'expliquer l'origine de ce mouvement de rotation que l'on suppose dans la nébuleuse ; il ne peut donc être attribué qu'à la volonté du Créateur.

[1] On plonge dans du mercure les deux tiers environ d'un petit aimant dont l'extrémité inférieure est attachée par un fil au fond du vase. Lorsque l'aimant flotte ainsi presque verticalement, de manière que son pôle nord s'élève un peu au-dessus de la surface, on fait descendre perpendiculairement un courant d'électricité positive le long d'un fil métallique qui touche le mercure, et l'aimant commence aussitôt à tourner de gauche à droite autour du fil. Comme la force est uniforme, la rotation s'accélère jusqu'à ce que la force tangentielle se trouve balancée par la résistance du mercure ; alors elle devient constante. On fait tourner par le même procédé et avec une grande rapidité, un aimant et un cylindre autour de leurs propres axes. On a communiqué par les mêmes moyens un mouvement de rotation régulier au mercure, à l'eau, etc., le vase qui les renfermait restant immobile.

Poursuivons. La nébuleuse tourne sur elle-même; à mesure qu'elle se refroidit, des masses s'en détachent par l'effet du mouvement giratoire ou de la force tangentielle. L'attraction[1] agissant sur chaque masse séparée, règle sa rotation autour de la masse gazeuse principale. Cette opération s'étant renouvelée au moins dix fois pour notre système, le mouvement de la première planète détachée, Uranus, a donc varié autant de fois? L'attraction, pour cette planète, ne serait donc aujourd'hui que le dixième de ce qu'elle était à son origine? Il en a été de même proportionnellement pour toutes les autres planètes. Chaque modification dans le mouvement d'une planète a dû en déterminer une autre dans sa forme, et par suite amener une série de variations profondes dans tout l'ensemble des phénomènes qui se rapportaient à cette planète. Il a donc été nécessaire qu'une intelligence souveraine présidât à toutes ces opérations diverses, à ces séparations successives des masses secondaires, planètes, satellites, etc., réglât tous les mouvements, et dictât à la matière, dans toutes ses phases de transformation, des lois rigoureuses pour prévenir les perturbations et empêcher la destruction de l'ordre préexistant.

[1] On a avancé que l'attraction était essentielle à la matière. « Admettre que la gravitation soit innée, inhérente et essentielle à la matière, de sorte qu'un corps puisse agir sur un autre corps à travers le vide et la distance qui les séparent, sans le concours d'un agent par qui l'action et la force de ces corps soient transmises de l'un à l'autre, est à mes yeux la plus grande absurdité que l'on puisse concevoir, et aucun homme, je pense, ne peut y tomber, pour peu qu'il soit capable de raisonnement en matières philosophiques. Évidemment la gravitation doit avoir pour cause un agent qui opère toujours d'après des lois déterminées. » Newton *Troisième lettre à Bentley*.

D'autres considérations démontrent encore visiblement l'action d'un Ordonnateur éternel et tout-puissant au milieu de ces grandes évolutions. Il existe un rapport numérique constant entre les distances des planètes à l'égard les unes des autres. La cosmogonie des savants nous conduit à supposer que, pour obtenir un pareil résultat, il aurait fallu qu'à chaque planète qui se détachait de la masse génératrice, la puissance attractive diminuât d'une quantité égale et uniforme, et par conséquent que la masse gazeuse primitive perdît, à chaque nouvelle formation de planète, une quantité de matière égale et uniforme; or, l'observation fait voir que les choses ne se sont pourtant point passées ainsi; en effet les volumes et les diamètres des planètes sont loin de décroître d'une manière uniforme dans leur ordre d'éloignement du soleil; par exemple, Uranus, qui est la plus éloignée, a 77,5 de volume; Saturne, qui vient ensuite, en a 887,3; Jupiter, 1470,2; Mars, 0,2; la Terre, 1; Vénus, 0,9; Mercure, 0,1.

On ne peut non plus, sans l'intermédiaire de la volonté libre du Créateur, rendre compte de la formation des satellites et des comètes. On fait sortir les satellites de la masse des planètes; ils devraient donc participer à la nature de la masse d'où ils tirent leur origine; cependant, la lune, par exemple, n'a pas d'atmosphère, tandis que la terre en a une. D'où vient encore que parmi ces planètes il en est qui n'ont pas de satellites ou qui n'en ont qu'un, tandis que d'autres en ont jusqu'à six, sept, etc.? Enfin comment expliquer l'origine des comètes? Les fera-t-on venir, comme les planètes, de la masse gazeuse principale? Pourquoi alors ne sont-elles pas soumises aux mêmes lois de forme et de révolution...?

Ainsi donc, dans cet ordre de hautes spéculations, on sent à chaque pas la nécessité de recourir à une intelligence qui a conçu et exécuté un plan d'ordre et d'harmonie, d'invoquer la volonté d'un législateur qui a imposé des lois à la matière pour l'exécution de ses conceptions et pour la conservation de son œuvre à mesure qu'elle se développait. Mais quelles étaient ces lois? qui peut le dire? Les lois qui ont présidé à la formation, à l'évolution du monde physique, ne peuvent être celles qui le régissent dans l'état présent; car ces dernières sont des effets et non des causes, ce sont des résultats de l'ordre de choses existant. Dans un ordre de choses nécessairement différent, comme celui que le système cosmogonique suppose avoir existé à l'origine, il a dû y avoir des lois organisatrices appropriées, différentes des lois actuelles. Il est probable qu'elles échapperont toujours aux investigations de la science, et que « Celui qui a étendu les cieux et donné la loi à toute leur armée [1], » s'en est réservé le secret. « Car mes pensées ne sont pas vos pensées, et mes voies ne sont pas vos voies, » dit l'Éternel. « Autant les cieux sont élevés au-dessus de la terre, autant mes voies sont au-dessus de vos voies et mes pensées au-dessus de vos pensées [2].

« Nous jugeons difficilement ce qui se passe sur la terre, » dit l'auteur de la Sagesse, « et nous trouvons avec peine ce qui est sous nos yeux; qui donc oserait scruter les secrets des cieux [3]?

[1] Isaïe, XLV, 12.
[2] Isaïe, LV, 8, 9.
[3] Sagesse, IX, 16.

§ III.

Forces mécaniques qui ont déterminé la formation et l'arrangement des terrains stratifiés. — Système des *époques* de Cuvier. — Systèmes sur l'origine des roches éruptives et des montagnes. — Hypothèse du feu central. — Objections. — Hypothèse d'un noyau non oxydé. — Autres objections contre l'existence d'un noyau en fusion. — Hypothèse de M. Poisson.

Si la raison de la composition et de l'arrangement des roches cristallines doit être cherchée particulièrement dans l'action exercée sur leurs éléments par les forces chimiques, électriques et magnétiques, c'est dans l'action mécanique des eaux en mouvement qu'il convient évidemment de placer celle de la formation et de la disposition des matériaux qui constituent cette énorme série de couches stratifiées et fossilifères dont l'ensemble, en Europe, paraît s'étendre à une profondeur moyenne d'environ deux lieues.

Toutefois, ainsi que nous l'avons remarqué dans la description particulière de chaque terrain, les forces physiques internes, les pouvoirs expansifs de la chaleur et de l'eau vaporisée, qui avaient déjà si puissamment influencé la formation des roches cristallines primitives, n'ont cessé d'agir à aucune des périodes géologiques durant lesquelles se sont opérés les vastes dépôts sédimenteux. Leur action a continué de se manifester avec une prodigieuse énergie par l'introduction, au milieu des couches stratifiées, d'énormes jets de matière en fusion, élancée du sein des roches primordiales par des soulèvements ou des dépressions, par des fractures, des dislocations sans nombre, qui ont modifié de mille manières la surface du sol, changé les niveaux, rongé les digues, imprimé aux eaux de puissants mouvements d'impulsion, émergé ou rempli des bassins de toutes grandeurs, et opéré tous ces changements considérables, tous ces innombrables accidents que présentent la surface et l'intérieur de cette partie de la croûte terrestre que constituent les terrains de transport.

Et ici, encore, qui pourrait méconnaître les vues providentielles de la Toute-Puissance créatrice, l'existence d'un ordre et d'un plan dans ce travail incessant des forces perturbatrices que le vulgaire regarde comme des agents de ruine et de destruction, et que des considérations plus élevées nous montrent comme des instruments soumis à des lois générales et déterminées, qui, en soulevant, en brisant la surface du globe, en l'inclinant et la tordant dans mille sens divers, ont amené les plus puissants résultats, les arrangements les plus parfaits et les mieux ordonnés, dans les masses formées par voie de sédiment, et l'émersion définitive de la terre ferme au-dessus des océans, au fond desquels, sans ces grands effets dynamiques, dirigés par une sagesse et une prévoyance infinies, les continents actuels seraient restés à jamais ensevelis?

« Le fait de changements considérables et fréquemment répétés dans le niveau relatif de la terre et des mers, dit un habile observateur, est maintenant si bien établi, que les seules questions qui restent à résoudre ont trait au mode suivant lequel ces changements se sont effectués. Est-ce par le soulèvement de la surface solide elle-même, ou par un abaissement de la surface liquide ? Et dans l'un ou dans l'autre cas, de quelle nature a été la force agissante? Les exemples de grands et fréquents mouvements de la surface solide, soit qu'ils aient eu pour résultat définitif de l'élever au-dessus ou de l'abaisser au-dessous du niveau précédent, et les connexions qui existent entre ces mouvements et les phénomènes volcaniques, sont des faits maintenant si multipliés et si bien établis, ils se sont reproduits sur un si grand nombre de points, et les recherches de la science leur ont donné une telle extension, qu'il demeure à peu près démontré que c'est à des phénomènes de cette nature qu'il faut attribuer toutes les grandes révolutions du globe ; et que, bien que les forces internes qui soulèvent ainsi l'écorce terrestre aient considérablement varié dans les divers points et aux diverses époques, elles sont encore et ont toujours été à l'œuvre ; et le résultat de ce travail incessant a été d'amener toutes les altérations que nous avons sous les yeux, et d'en préparer d'autres pour la suite des siècles [1]. »

En résumé, et d'après l'état présent de la science, la grande série des terrains fossilifères, dont les matériaux proviennent originairement, comme nous l'avons vu, des roches cristallines désagrégées, doit être considérée comme s'étant formée, non à la suite d'irruptions itératives de la mer sur les continents émergés [2],

[1] *Esquisse géologique des environs de Hastings*, par le docteur Fitton, p. 85.

[2] On sait que Cuvier, pour expliquer la formation des terrains de stratification, admettait jusqu'à quatre ou cinq envahissements successifs de la mer sur les continents dont elle aurait fait périr tous les habitants, et qui auraient été repeuplés, après chaque cataclysme, par des créations d'espèces nouvelles. Cette doctrine n'a pu se soutenir longtemps devant les faits mieux observés,

mais plutôt comme le produit de l'action des causes encore actuellement agissantes, secondées toutefois dans leur incessante opération par un état de choses qui déterminait de plus prompts ou de plus vastes résultats. Ainsi, les couches sédimentaires auraient été déposées durant le cours d'un nombre considérable de siècles, les unes par les fleuves et les rivières dans les bassins et les vallées qu'inondaient leurs eaux ; les autres dans les golfes et dans le lit des mers, à l'aide de matériaux charriés par ces mêmes fleuves, la mer mêlant ses produits aux leurs, ou formant à elle seule, dans certaines localités et sous l'influence de circonstances particulières, de grands dépôts purement marins ; d'autres, enfin, tels que les terrains lacustres, ne sont que des atterrissements formés par des affluents au fond des lacs anciens. Dans l'appréciation de cette action mécanique et continue de l'élément aqueux, relativement à l'accumulation et à l'arrangement des masses stratifiées, il ne faut jamais perdre de vue le

plus attentivement et plus largement comparés. Elle a eu le sort de tous les systèmes géologiques qui se sont succédé jusqu'ici, et ce n'est plus aujourd'hui que de l'histoire. « Personne ne croit plus aux irruptions de la mer; déjà, depuis quelques années, ce système a perdu son autorité dans la science pour ceux qui la cultivent et la font marcher; ce n'est plus que hors de l'enceinte de celle-ci, que, protégé par la célébrité de son auteur, il a conservé son crédit sur les personnes qui ont gardé le souvenir de son ancien règne, et qui en sont restées là. » *Examen des questions scientif.*, etc., p. 176, par M. Forichon. Nous renvoyons à l'ouvrage de ce savant le lecteur curieux de connaître ce qui a été écrit de plus décisif contre le fameux système des *irruptions* ou des *époques indéterminées*. — Voy. aussi C. Prévost, *Mémoires de la Société d'histoire nat.*, t. IV, p. 249.

rôle qu'ont rempli à toutes les périodes, au milieu de ces grands mouvements des eaux, les forces souterraines, qui, comme nous le remarquions tout à l'heure, ont si puissamment contribué à la formation des continents et à leur élévation au-dessus du niveau des mers.

Mais quelle est l'origine de ces forces internes elles-mêmes, dont l'influence s'est ainsi exercée sur l'enveloppe extérieure de notre planète dans les différents stades de son refroidissement ? Recueillons brièvement sur cette grande question les résultats généraux des recherches de la science actuelle.

A la profondeur de 20 à 30 mètres au-dessous de la surface de la terre, il existe une zone qui n'est affectée ni par les rayons solaires ni par la chaleur intérieure, mais d'une température constamment égale à la température moyenne du lieu. Un grand nombre d'observations faites en différents temps, dans les mines d'Europe et d'Amérique, s'accordent à prouver qu'à mesure qu'on descend au-dessous de cette zone, il y a un accroissement continu de chaleur qui est de 1 degré pour 30 mètres environ : ainsi à 3,000 mètres on aurait la température de l'eau bouillante ; à 25 ou 30 lieues, les substances les plus dures et les plus réfractaires seraient en fusion. Au centre de la terre, la température serait à plus de 250,000 degrés du thermomètre centigrade. De là on a conclu que notre globe consistait en une masse liquide incandescente d'environ 3,000 lieues de diamètre, renfermée dans une croûte solide comparativement très-mince [1].

[1] Voyez, sur l'hypothèse de la chaleur centrale, de Saussure, d'Aubuisson, de Humboldt, Cordier, Fox, Fourier, de Laplace, Arago, etc.

Cela supposé, voici les diverses explications que les géologues ont données de l'ensemble des phénomènes

Les principales preuves sur lesquelles s'appuie cette théorie, sont : 1° l'augmentation de la température à mesure qu'on descend de la surface de la terre vers l'intérieur; 2° l'existence des sources thermales; 3° la température des puits forés; 4° la différence entre la température moyenne de la terre, qui est plus élevée, et la température moyenne de l'atmosphère; 5° l'émission de matières ignées à toutes les époques; 6° les phénomènes volcaniques; 7° l'abaissement de la température à la surface du globe, démontré par les phénomènes géologiques; 8° la fluidité originelle des éléments de notre planète, déduite de son aplatissement aux deux pôles.

Les objections ne manquent pas; les principales sont : 1° les variations du nombre de mètres qu'il faut descendre pour obtenir un degré de chaleur, variations qui n'ont aucun rapport constant avec les longitudes ni les latitudes, et qui peuvent être de 35 mètres à 15 et même 13 mètres pour un degré d'accroissement, suivant les localités; 2° l'incertitude d'une progression uniforme de chaleur au-dessous de certaines limites; 3° la difficulté de concilier cette incandescence centrale avec l'existence d'une croûte solide, à cause d'une circulation continuelle des courants de chaleur qui devraient s'opposer à toute consolidation; 4° l'immense disproportion qui existe entre une pareille masse et les déjections des volcans qui ne seraient, dans ce cas, que comme des tubes capillaires. Enfin l'existence d'un noyau fluide ne paraît pas facile à accorder avec une augmentation de densité vers le centre du globe, démontrée par l'accroissement de la pesanteur, par les calculs hydrostatiques et les observations astronomiques. « La précession des équinoxes et la nutation de l'axe terrestre indiquent une diminution dans la densité des couches du sphéroïde depuis le centre jusqu'à la surface, sans cependant nous instruire des véritables lois de cette diminution... Enfin les principes de l'hydrostatique exigent que si la terre a été primitivement fluide, les parties les plus voisines du centre soient en même temps les plus denses. » De Laplace, *Système du monde.*

D'après les expériences de Cavendish et de Maskeline, la den-

relatifs à l'émission des roches ignées et aux soulèvements qui ont eu lieu à toutes les époques.

Suivant les uns, à mesure que le refroidissement augmente dans la croûte solide du globe, il s'opère dans cette croûte une contraction plus grande que celle que la masse centrale éprouve dans le même temps : la pression qui en résulte force les matières fluides intérieures à se faire un passage en fracturant l'enveloppe terrestre et à s'épancher au dehors. Ainsi les dykes de granit, de porphyre, de trachyte, etc., les montagnes, les volcans, seraient des phénomènes d'éruptions qui auraient percé, et, dans certains cas, soulevé seulement l'écorce consolidée du globe.

Suivant les autres, au contraire, la température des masses liquides internes décroît plus rapidement que celle de l'enveloppe solide qui les contient, ce qui force celle-ci de diminuer de capacité pour ne pas cesser d'embrasser exactement la matière intérieure. Tel serait le mécanisme qui a déterminé le soulèvement des montagnes et l'existence de ces lignes innombrables de fractures, dans l'interstice desquelles s'est glissée la matière éruptive. D'après ce système, les éruptions diverses ne seraient plus la cause, mais le résultat des grandes dislocations de l'écorce terrestre [1].

sité moyenne du globe est de 5,44, celle de l'eau étant prise pour unité. Or la densité des pierres que nous employons dans nos constructions, telles que le granit, le porphyre, etc., est toujours au-dessous de 3.

D'autres calculs sembleraient attribuer au noyau de la terre une densité plus grande que celle du platine écroui, qui est 22 fois plus grande que celle de l'eau.

Nous verrons tout à l'heure de nouvelles objections.

[1] C'est à de telles influences dynamiques que M. de Beaumont

Enfin d'autres physiciens, peu favorables à la théorie du feu central, ont recours aux phénomènes chi-

attribue le soulèvement des montagnes, sur la formation desquelles il a présenté, dans ces dernières années, une théorie fondée sur des observations et des déductions d'un haut intérêt. Ce géologue regarde le surgissement des diverses chaînes de montagnes comme la cause des révolutions de la surface du globe, par les changements que leur formation a opérés dans les limites et le régime des mers, des lacs, des fleuves, etc. Il divise en douze systèmes les montagnes de l'Europe, dont il détermine l'ancienneté par les différences de nature et de gisement ou de direction que présentent, sur leurs flancs, les dépôts sédimentaires qui servent de chronomètres pour toutes ces recherches. Ainsi deux classes distinctes de couches se rencontrent dans chaque chaîne de montagnes; les unes, déjà déposées quand la chaîne a surgi, sont contournées et redressées plus ou moins verticalement; les autres, de formation postérieure au soulèvement, se sont étendues horizontalement jusqu'au pied de la montagne. Dans ces dernières couches, les cailloux roulés ou galets de forme à peu près elliptique, sont tous horizontaux, par la même raison, dit M. Arago, qui fait qu'un œuf ne se tient pas sur sa pointe; dans les premières, au contraire, les grands axes de ces mêmes galets forment avec l'horizon des angles d'inclinaison exactement pareils à ceux formés par les couches. L'apparition d'une montagne date donc de l'époque intermédiaire entre le dépôt des couches redressées et celui des couches horizontales. Le plus ancien de ces systèmes de montagnes, celui que M. de Beaumont désigne par le nom du Westmoreland, a relevé les roches primitives stratiformes, ce qui ferait présumer qu'avant la formation de ces roches, la surface du globe ne présentait aucune aspérité remarquable, ou que ces aspérités avaient disparu sous l'action de principes dissolvants d'une grande énergie. Le système des Pyrénées et des Apennins, qui est le neuvième dans l'ordre chronologique, a été soulevé entre la période du terrain crétacé supérieur, et celle du calcaire grossier et du gypse de Montmartre. Le 12e a eu lieu entre la période des sables subapennins et la période actuelle, et comprend la chaîne princi-

miques pour rendre compte des soulèvements et de la formation des roches éruptives. Suivant ces ingénieux observateurs, l'intérieur du globe, au lieu d'être une immense masse en fusion, est un noyau solide, mais qui n'a point été atteint par le grand travail d'oxydation qui s'est effectué à l'origine dans la croûte qui nous

pale des Alpes, le Saint-Gothard et différentes chaînes de la Provence.

M. de Beaumont se sert encore du parallélisme des chaînes de montagnes pour déterminer l'âge relatif du soulèvement, et il pose en principe que toutes les dislocations parallèles appartiennent à la même époque. Pendant que M. Élie de Beaumont et ses partisans enseignent que les anciens soulèvements ont produit de moindres effets que les soulèvements postérieurs, et que les montagnes les plus modernes sont aussi les plus élevées, d'autres géologues prétendent, avec M. Henri Reboul, que les surgissements du sol ont été de siècle en siècle moins sensibles et moins prononcés, et que les premiers soulèvements ont produit les plus hautes chaînes de montagnes. « Les sommités composées de terrains primaires, ou de ces secondaires anciens qu'on a appelés intermédiaires, dit M. H. Reboul, ont atteint jusqu'à 4,000 toises dans la haute Asie. Les roches de sédiment secondaires, moyennes ou supérieures, n'ont pas été soulevées au-dessus de 2,000, ni les tertiaires au-dessus de 1,000. Les soulèvements bien rares du sol quaternaire ne l'ont exhaussé nulle part à 100 toises. » (*Géol. de la période quaternaire*, p. 44).

On cite aussi plusieurs faits contraires à la théorie du parallélisme des chaînes. M. de la Bèche a signalé en Angleterre et en Écosse divers exemples de soulèvements qui ont eu lieu à la même époque, et qui cependant offrent des directions différentes, et d'autres qui ont des directions parallèles, quoique évidemment ils ne soient pas de la même époque. M. Boué a fait de semblables observations pour d'autres chaînes. On trouvera dans les ouvrages de ce dernier géologue les principales difficultés qu'on oppose à la théorie de M. de Beaumont, et surtout à ses généralisations.

en sépare. L'oxydation de celle-ci, nous l'avons vu, commença du moment que l'abaissement de la température permit la formation de l'eau dans l'atmosphère et sa précipitation; et depuis elle n'a pas cessé de s'opérer dans la masse inférieure, où prédominent vraisemblablement les métaux inflammables *potassium*, *sodium*, etc., toutes les fois que l'eau que ces métaux décomposent pour s'emparer de son oxygène, est parvenue à se mettre en contact avec les bases oxydables, et à former avec elles quelque combinaison chimique. Ces combinaisons, qui produisent toujours une augmentation de volume dans les bases métalliques, et sont une source intarissable de chaleur pour l'intérieur du globe, plus fréquentes dans les premiers âges de la terre, et déterminant aux diverses époques géologiques des phénomènes d'éruption et des soulèvements d'une puissance et d'une étendue proportionnées à la facilité de communication du liquide avec le noyau non oxydé, sont devenues plus rares à mesure que l'épaisseur toujours croissante de l'enveloppe terrestre a opposé plus d'obstacles à la pénétration des principes oxydants, et plus de résistance à la propagation de leurs effets. Aujourd'hui, quand il y a soulèvement, explosion ou brisement de la croûte solide, le phénomène est isolé et s'accomplit dans des limites comparativement fort étroites. Dans les éruptions volcaniques actuelles, les métaux non oxydés s'emparant de l'oxygène de l'eau, le gaz qui se dégage doit être de l'hydrogène, soit à l'état de pureté, soit combiné avec le soufre, le carbone ou le chlore, et c'est ce que l'expérience confirme. Berzelius ayant prouvé récemment que l'eau peut décomposer un chlorure métallique, a fait disparaître une objection que l'on opposait à cette théorie[1].

[1] Le célèbre chimiste anglais Davy, principal auteur de cette théorie, l'appuie sur une expérience bien simple. Elle consiste à projeter en l'air de l'eau que l'on fait retomber en rosée très-fine sur une boule placée sur un morceau de verre, et dans laquelle entrent en grande proportion les métaux inflammables *potassium*, *sodium*, *calcium*, etc. Chaque molécule d'eau qui arrive au contact du petit globe métallique, est décomposée, une chaleur intense se produit, et l'hydrogène de l'eau brûle avec une petite flamme semblable à celle d'un volcan; au point de contact se creuse un petit cratère sur les bords duquel les métaux oxydés se relèvent en formant un monticule. Si l'on fait retomber l'eau en plus grande quantité, toute la surface de la masse métallique s'embrase, et il s'y forme une multitude de crevasses et d'élévations comparables aux grandes vallées et aux chaînes de montagnes dont la terre est sillonnée.

Un homme d'une grande autorité dans les sciences, M. Ampère, soutient aussi l'hypothèse d'un noyau non oxydé. « On a reconnu, dit-il, qu'à partir de la surface, la température va toujours en augmentant, et on s'est pressé d'en conclure que l'augmentation continue jusqu'au centre, ou au moins jusqu'au noyau liquide.

« Les observations sont bonnes, mais la conclusion est attaquable. Remarquons d'abord que cette augmentation de température, à partir de la surface jusqu'à une certaine profondeur, ne fournit pas matière à une objection; dans notre hypothèse même, elle est nécessaire, puisque le maximum d'intensité de la chaleur doit être au point de contact du noyau métallique avec la couche oxydée. Ajoutons que l'homme s'enfonce au plus à une lieue en terre, en sorte qu'il ne peut observer ce qui se passe que sur 1/1500 du diamètre du globe. Conclure de ce qui s'observe dans cette petite fraction du diamètre à ce qui a lieu dans toute son étendue, est une extrême légèreté, et c'est au contraire en physique une règle imprescriptible, qu'on ne doit considérer une loi comme générale que quand elle a été observée directement dans la plus grande partie de l'échelle.

« Ceux qui admettent la liquidité du noyau intérieur de la terre,

Telle est aussi à peu près l'opinion de MM. Gay-Lussac et Becquerel, sur l'origine des volcans et la cause des commotions souterraines.

Nous mentionnerons encore deux autres hypothèses sur l'origine de la chaleur interne de notre planète. Sui-

paraissent ne pas avoir songé à l'action qu'exercerait la lune sur cette énorme masse liquide, d'où résulteraient des marées analogues à celles de nos mers, mais bien autrement terribles, tant par leur étendue que par la densité du liquide. Il est difficile de concevoir comment l'enveloppe de la terre pourrait résister, étant incessamment battue par une espèce de levier hydraulique de 1,500 lieues de longueur.

« .... La source de chaleur, avons-nous dit, se trouve au contact de la couche non oxydée et de la croûte oxydée; elle est due en grande partie à l'action chimique qui a eu lieu dans cette région. Ajoutons qu'il existe, pour sa production, une cause secondaire dans les courants électriques qui résultent du contact de ces deux couches hétérogènes. Un autre effet des courants, produits par cet immense couple galvanique, se manifeste à la surface de la terre dans la direction de l'aiguille aimantée. Les courants se produisent aussi au contact des couches de différents oxydes, mais moins énergiquement, en raison de la moindre conductibilité des oxydes. Leurs effets tendent à se manifester également à la surface de la terre. Quant à la direction qu'ils y affectent, on peut soupçonner qu'elle est déterminée par l'action du soleil, qui, échauffant successivement les divers méridiens, diminue ainsi, pour un temps, la conductibilité des parties correspondantes dans les couches les plus superficielles de la croûte. »

Nous conclurons avec de la Bèche (*Recherches sur la part. théor. de la Géol.*, p. 99), que les grandes chaînes de nos continents et de nos îles, ainsi que les principales lignes de dislocations, paraissent mieux s'expliquer par le refroidissement séculaire de la masse du globe, tandis qu'une grande partie des phénomènes des éruptions volcaniques s'accorde plutôt avec la théorie de l'infiltration de l'eau, tenant en solution certaines substances, jusqu'aux bases métalliques des terres et des alcalis.

vant l'une, les différents compartiments de l'écorce du globe forment une immense pile qui donne naissance aux phénomènes électriques et calorifiques comprenant le magnétisme terrestre et la chaleur centrale.

L'autre a été présentée par M. Poisson. Ce physicien pense que la chaleur intérieure provient primitivement du passage de notre planète dans des régions cosmiques, jouissant d'une température infiniment plus élevée que celle des régions où elle se trouve actuellement. La terre, en traversant ces régions célestes, se serait échauffée jusqu'à une certaine profondeur ; puis ayant quitté cet espace, les parties superficielles de sa croûte se sont graduellement refroidies, tandis que les parties plus profondes ont conservé un degré de chaleur plus considérable. Cette hypothèse ne paraît pas facile à concilier avec le système astronomique, et ne se prête d'ailleurs à aucune vérification.

M. Poisson, l'un des plus habiles adversaires de l'hypothèse du feu central, a soumis à l'épreuve d'un calcul rigoureux, les supputations et les déductions chronométriques des *plutoniens*, relativement au refroidissement de notre planète. Il a été conduit à ce résultat, que, dans la supposition d'une incandescence originèlle, ce serait par myriades de millions de siècles, par centaines de myriades de millions de siècles qu'il faudrait compter l'âge de chacun des terrains géologiques, même les plus superficiels, et que, pour exprimer l'âge des premiers terrains, il nous faudrait autant de chiffres qu'il y a de grains de sable sur le bord de la mer.

« Si l'accroissement de température, observé dans le sens de la profondeur, dit l'illustre physicien-géomètre, provenait réellement de la chaleur d'origine, c'est-à-dire, selon M. Poisson, de la chaleur centrale, il s'ensuivrait qu'à l'époque actuelle cette chaleur initiale augmenterait la température de la surface même, d'une petite fraction de degré; mais, pour que cette petite augmentation se réduisît à moitié, par exemple, il faudrait qu'il s'écoulât plus de mille millions de siècles; et si l'on voulait remonter à une époque où elle pouvait être assez considérable pour influer sur les phénomènes géologiques, on devrait rétrograder d'un nombre de siècles qui effraye l'imagination la plus hardie, quelle que soit d'ailleurs l'idée que l'on puisse avoir de l'ancienneté de notre planète [1]. »

Ainsi que M. Ampère, il oppose à l'opinion du feu interne, que les matières dont la terre est formée se trouvant à l'état de gaz incandescent et tellement condensées, néanmoins, que leur densité moyenne surpasserait cinq fois celle de l'eau, il faudrait, pour contenir ces matières à ce degré de compression et de chaleur, une force dont on ne saurait se faire aucune idée; que la couche solidifiée du globe ne pourrait résister à l'effort des couches fluides intérieures pour se réduire en vapeurs; que ces couches intérieures, par leur tendance à se dilater, dont on connaît toute la puissance, auraient brisé l'enveloppe solide extérieure, à mesure qu'elle se serait formée.

Enfin M. Poisson oppose encore aux *plutoniens* que, même dans la supposition d'une fluidité ignée primitive, la solidification du globe aurait commencé par le

[1] Mémoire sur la température de la partie solide du globe, p. 15. — *Théorie math. de la chaleur*, ch. XII.

centre ; que les parties extérieures, en se refroidissant les premières, auraient dû descendre à l'intérieur, et être remplacées par des parties internes qui seraient venues se refroidir à la superficie, pour redescendre ensuite à leur tour. (*Ibid.*)

§ IV.

Première apparition de la vie sur le globe. — Créations successives de systèmes organiques. — Opinion de M. Lyell. — Espèces éteintes. — Transmission de la vie. — Unité du plan de la création.

Nous venons de résumer sur la formation de la terre les théories qui nous paraissent offrir le plus haut degré de probabilité parmi celles qui ont été présentées jusqu'à ce jour[1]. Quelle que soit, au reste, l'origine de tous ces grands phénomènes qui se manifestent de toutes parts dans la constitution de notre globe, les conclusions auxquelles leur étude nous conduit, relati-

[1] Dans l'appréciation de toute théorie de cette nature, nous prions qu'on ne perde pas de vue une observation importante. C'est qu'en ajoutant la profondeur des mers (5,000 m.) à la hauteur des montagnes les plus élevées (8,000 à 9,000 m.), on n'obtient qu'un total de 13,000 à 14,000 m., c'est-à-dire environ la sept centième partie du rayon terrestre seulement. Mais nous sommes loin de connaître une semblable épaisseur de couches solides. Nous ignorons à quel ordre de formation appartient le fond de l'Océan. Les roches qui composent les grandes hauteurs nous sont également inconnues, les neiges les recouvrent dans nos régions tempérées à 2,500 ou 2,700 m., et dans le nouveau monde à 4,000 ou 4,800 m. Voilà les seules données que nous ayons sur la composition des roches qui forment la surface du globe. C'est donc sur la connaissance d'une aussi faible pellicule que sont établis tous les systèmes géologiques qui ont été imaginés jusqu'à ce jour.

vement à un plan arrêté, selon lequel la cause première et suprême a organisé notre planète, n'en conservent pas moins toute leur valeur. Nous pouvons apprécier l'œuvre du grand Architecte et en admirer la sublime ordonnance, sans connaître à fond la nature intime des mécanismes qu'il a employés pour l'accomplissement de son œuvre.

Dirigeons à présent nos considérations sur un nouvel ordre de phénomènes plus accessibles à notre appréciation, et dont l'histoire offrira sans doute à notre curiosité un attrait plus puissant. Nous voulons parler des manifestations de l'Intelligence infinie dans la création des systèmes organiques animaux et végétaux.

A quelque hypothèse que l'on ait recours sur la possibilité d'organisations capables de résister à l'incandescence originelle de la terre, ou à la température intense des mers primitives au fond desquelles se déposèrent les plus anciennes roches de stratification non fossilifères, toute déduction théorique à cet égard est sans valeur, appliquée à des formes organiques analogues à celles actuellement existantes, ou à celles qui ont existé aux diverses époques géologiques. En effet, les mouvements et les propriétés des matériaux élémentaires ayant été dans tous les temps régis par des lois qui n'ont jamais varié, il est évident qu'aucune organisation connue n'aurait pu subsister un seul instant, placée dans les conditions dont nous parlions tout à l'heure[1].

[1] Pour nous borner à une seule réflexion, l'air atmosphérique disséminé dans les eaux et indispensable à l'existence de leurs habitants, n'en serait-il pas entièrement chassé par une haute température?

Cette considération nous fournit un argument décisif contre les spéculations de ces philosophes qui admettent pour l'un et l'autre règne organique une succession éternelle des mêmes espèces, ou des transmutations successives d'une forme d'organisation dans une autre forme plus élevée, indépendamment de toute intervention d'un agent créateur [1]. Ces doctrines matérialistes se sont brisées contre cette découverte récente de la géologie, qu'au delà d'une certaine limite déterminée dans la série des terrains, toute trace d'existence animale ou végétale disparaît, à raison de l'état primitif des éléments inorganiques, absolument incompatible avec toute manifestation de la vie. De là ces deux importantes conclusions : « La première, que les espèces actuellement existantes ont eu un commencement, et que ce commencement date d'une époque comparativement récente dans l'histoire physique de notre globe; la seconde, que ces mêmes espèces avaient été précédées d'autres systèmes organiques animaux et végétaux : et

[1] « Nous ne voyons aucun descendant d'insecte ou de mollusque se changer en poisson, ni aucun ovipare devenir mammifère ; il ne paraît pas même que nos moutons et nos gazelles aient aucune tendance à s'approcher du chien ou du tigre; et le singe qui, de mémoire d'homme, n'est sorti de carnassiers ni de chauves-souris, n'a jamais franchi le court espace qui le sépare organiquement de nous.

« ... Jamais la colombe n'a pondu d'œuf qui ait renfermé l'organisation d'un milan... Où est donc l'atelier où cette nature ajoute à ses premiers ouvrages comme Watts perfectionnait ses mécaniques ? Où les auteurs de ces belles découvertes ont-ils surpris la nature sur le fait? Il eût été digne de leur sagacité de se procurer, pour établir leur système, au moins un animal produit par une espèce moins parfaite que la sienne. » (M. Forichon, *Op. cit.*, p. 376.)

pour chacun de ceux-ci comme pour les premiers, on peut démontrer qu'il fut une époque où ils n'existaient pas encore, et que par conséquent, pour ces systèmes plus anciens comme pour ceux qui existent maintenant, la doctrine d'une succession éternelle et indéfinie, tout à la fois dans le passé et dans l'avenir, est également insoutenable [1]. »

C'est une doctrine aujourd'hui assez généralement reçue parmi les plus savants observateurs, qu'à partir des couches les plus profondes du globe jusqu'aux plus récentes, il se présente, dans la succession des divers étages, relativement aux formes de la vie animale et végétale, un développement graduel d'organisation, une progression du simple au composé, et comme une série ascendante de systèmes vivants de plus en plus compliqués ou parfaits, de manière que dans les strates les plus inférieurs prédominent les animaux dont les fonctions sont le moins élevées, *mollusques*, *testacés*, *zoophytes*, etc., et les végétaux de la structure la plus simple, des acotylédones d'une taille démesurée, des plantes marines, lacustres ou fluviatiles; puis apparaissent, dans les formations secondaires, des poissons, d'innombrables reptiles aux proportions gigantesques, marins ou amphibies, rampant dans des savanes ou des marécages, au milieu d'une végétation intertropicale, composée surtout de polycotylédones, *cycadées*, *conifères*, etc. Enfin, les terrains tertiaires sont caractérisés par des oiseaux et par un nombre considérable de mammifères terrestres associés à des plantes dicotylédones quatre ou cinq fois plus nombreuses que les

[1] Buckland, *Op. cit.*, p. 47.

monocotylédones, et ces débris organiques offrent en général les plus grands rapports avec les genres actuels. Quant aux dépôts les plus superficiels, diluviens et alluviens, ils renferment les restes des animaux et des plantes qui maintenant existent à la surface de la terre. Ainsi les formes des animaux et des plantes fossiles s'éloignent d'autant plus des espèces actuelles que l'on descend à une plus grande profondeur dans les immenses tombeaux où ils sont ensevelis, et ils présentent une organisation de plus en plus complexe à mesure qu'on remonte la série des terrains, bien qu'à tous les étages on retrouve, malgré de nombreuses modifications, les ordres les plus simples et les plus imparfaits [1]. L'état actuel du règne organique est donc le plus compliqué qui ait jamais existé, et notre époque présente le plus grand nombre de genres et d'espèces qui aient jamais vécu ensemble à aucune période géologique.

Cette série de formes organiques plus perfectionnées, qui deviennent de plus en plus abondantes à mesure qu'on s'élève dans l'échelle des terrains, a conduit les géologues à admettre la création d'autant de sys-

[1] A proprement parler, il n'y a aucune organisation que l'on puisse regarder comme imparfaite, puisque la plus simple atteint avec une merveilleuse aptitude, la fin pour laquelle elle a été créée. L'huître, fixée au rocher des mers, est dans une harmonie aussi parfaite avec les fonctions qu'elle y doit remplir, que l'aigle avec le fluide aérien qu'il fend d'un vol rapide, et le bec-croisé, que l'ignorance prendrait aisément pour un oiseau disgracié par la nature, a reçu, dans la configuration de son bec, destiné à saisir les graines sous les écailles des pignons, un instrument aussi admirablement adapté à cet emploi, que peut l'être, à un autre usage spécial, le bec plus régulier des autres passereaux.

tèmes particuliers de vie que l'on distingue de grandes périodes géologiques et d'importantes modifications dans les conditions des divers milieux ambiants, au sein desquels les êtres organisés étaient appelés à se développer ; telles que la proportion des gaz aériens, l'intensité ou l'activité plus ou moins grande du calorique, de la lumière, de l'électricité, ces premiers agents de la nature, qui, pendant la longue jeunesse de la terre, durent exercer sur l'organisme animal et végétal une si puissante influence [1]. Cette influence paraît avoir été toujours en diminuant depuis l'origine de la vie; la température s'est graduellement abaissée depuis le degré de l'échelle thermométrique constituant ce qu'on pourrait appeler un climat ultratropical, et qui paraît avoir été celui de toute la terre durant la période de transition, jusqu'à l'ordre de choses actuel. C'est là un fait incontestablement acquis à la science, et sur lequel la nature des fossiles des diverses formations ne peut plus laisser aucun doute [2].

[1] « Peut-être un jour trouvera-t-on que le magnétisme terrestre et une haute température du globe ont pu produire jadis une lumière inconnue maintenant; peut-être découvrira-t-on que les aurores boréales ont été autrefois beaucoup plus fréquentes et plus intenses que dans notre époque. Ce qui me paraît toujours un fait, c'est que les végétaux fossiles de la baie de Baffin étaient éclairés autrement que ceux qui vivent de nos jours dans cette région. » De Candolle, *Bibl. univers.*; avril 1835.

[2] Ce décroissement progressif de la température à la surface de la terre est attribué, par les uns, au refroidissement graduel de la croûte du globe dont l'épaisseur toujours croissante s'oppose de plus en plus à l'influence de la chaleur centrale; par les autres à la diminution d'énergie ou d'intensité et d'étendue dans l'action des phénomènes électro-chimiques qui s'accomplissaient dans les éléments inorganiques de l'enveloppe terrestre, et qui, pendant

Si les changements qui se sont opérés dans les conditions climatériques du globe nous autorisent à re-

une longue période, durent entretenir une température égale sur toute la surface de la terre.

M. Lyell prétend qu'une multitude de faits autorisent à penser qu'à l'époque de la formation carbonifère, l'hémisphère nord n'était qu'un grand archipel où régnait, par suite du voisinage de l'Océan, une température uniforme et assez élevée pour favoriser le développement d'une végétation tropicale et de ces sauriens monstrueux qui peuplaient les rivages et les îles marécageuses dans ces premiers âges du monde. Puis, par un soulèvement graduel, cet immense archipel aurait été transformé en continent; de cette augmentation de terre et de cette plus grande élévation au-dessus du niveau des mers, serait résulté, suivant ce géologue, un abaissement continuel de la température à la surface de notre planète.

Cette hypothèse acquiert un certain degré de vraisemblance de ce fait remarquable qu'une fougère arborescente croît encore aujourd'hui à la Nouvelle-Zélande, par le 46e degré de latitude sud, qui est celle du centre de la France, dans l'hémisphère septentrional.

M. Lyell est aussi un de ces savants qui rejettent la supposition d'une marche ascendante de la nature procédant par créations successives, depuis les plantes et les animaux placés au plus bas de l'échelle des êtres, jusqu'aux classes les plus élevées et les plus parfaites. Selon lui, rien ne prouve que les animaux supérieurs n'existassent pas à l'époque des plus anciennes formations. On trouve, en effet, au milieu des dépôts de transition des squelettes de *vertébrés*, poissons et sauriens (Northumberland), avec des *articulés*, insectes, etc. Quant aux mammifères, il essaye d'expliquer leur absence par plusieurs considérations... Ce n'aurait été que par suite de singuliers hasards que ces animaux se seraient trouvés à quelque distance des terres... Ils auraient été dévorés jusqu'aux os par les habitants voraces de la mer... Les débris de ceux qui auraient été épargnés doivent être très-rares, et nous avons peu de chances de les rencontrer... D'ailleurs il paraît que ces anciennes couches se sont formées au-dessous du niveau

courir à des créations successives de classes nouvelles, adaptées à un nouvel état de choses, c'est un autre point encore plus solidement établi dans l'histoire de la vie, que celui de l'extinction, aux diverses périodes, d'espèces et de genres nombreux, et même de familles

actuel de l'Océan aussi bien que les terrains secondaires, et par conséquent aucun animal terrestre ne pouvait habiter ces parages... Toutefois ces derniers terrains contiennent déjà un bien plus grand nombre de restes de *vertébrés*, et même des mammifères, et si les squelettes de ceux-ci sont si nombreux dans les couches tertiaires, c'est qu'alors l'aspect physique du globe avait changé dans notre hémisphère, et que l'Océan était remplacé par des fleuves et de grandes régions émergées...

On trouve également dans la flore fossile de la période de transition, les trois grandes divisions du règne végétal en plantes acotylédones, monocotylédones et dicotylédones. A ces dernières appartiennent les *sigillaria*, les *stigmaria*, les *conifères*, etc., et tant d'autres qui se seront probablement décomposées. Les expériences du professeur Lindley ont démontré que de tous les végétaux les dicotylédonés étaient ceux qui se décomposaient le plus promptement.

Nous ajouterons toutefois qu'il est bien remarquable que l'on n'ait découvert jusqu'ici, dans ces formations anciennes et dans les secondaires, que des dicotylédones *gymnospermes*, et pas un seul échantillon de dicotylédones *angiospermes* (voy. chap. V, § III), lesquels se sont conservés en si grande abondance dans les couches tertiaires. Si les dicotylédones angiospermes existaient aux plus anciennes époques, comment est-il arrivé qu'il n'en soit pas échappé quelques-uns à la destruction? On est en droit de manifester le même étonnement relativement à l'absence des mammifères actuels.

Des suppositions, quelle que soit l'habileté avec laquelle on les présente, ne peuvent balancer des inductions basées sur des faits : or jusqu'ici les plantes et les animaux actuels n'ont pu être retrouvés ni dans les terrains de transition, ni dans les terrains secondaires d'aucun pays; donc jusqu'à ce qu'on en ait découvert dans ces formations, on sera autorisé à nier qu'ils aient existé durant ces périodes reculées.

entières, comme nous avons eu souvent l'occasion de le remarquer dans la description des fossiles de chaque formation. Mais comment les nouvelles espèces sont-elles arrivées à la vie? Quel est le principe générateur qui a dirigé leur formation? Dieu est-il intervenu par un acte direct, immédiat, dans cette création? Qui nous tracera l'histoire de ces étonnantes évolutions du monde organique? Qui nous dira comment l'Auteur de toutes choses a procédé dans cet incompréhensible travail? Ce sont là sans doute autant de problèmes insolubles pour l'esprit humain [1]. Mais quelle que soit

[1] Sur ce point la philosophie ne rougit plus de faire l'aveu de son ignorance : « La loi des créations organiques nous est inconnue. Nous savons seulement qu'il y a une loi, et que des conditions d'existence et de durée ont été assignées par la Providence divine à chacune des espèces végétales et animales, selon l'ordre de leur apparition. » H. Reboul, *Géol. de la période quat.*, p. 170.

Mais si le mode d'intervention du Créateur dans cette formation d'espèces nouvelles, nous échappe, si le principe de la vie et celui de sa transmission sont des mystères que l'homme ne saurait pénétrer, il nous est donné au moins d'apprécier les merveilleux phénomènes et les lois si pleines de sagesse et de prévoyance qui se manifestent dans le développement originel de l'être animé, et dans l'organisation de ses facultés diverses, au milieu de conditions en apparence si peu favorables au but que la nature pourtant atteint toujours si sûrement.

« La nature, pour le développement d'un animal, travaille conformément à des circonstances physiques qui ne sont pas celles qui environnent son ouvrage et agissent sur lui. Elle produit au sein de l'immobilité des instruments destinés à transporter l'animal sur le sol, dans l'eau ou dans l'atmosphère, tandis que, dans sa prison, il est dans une condition toute différente. Elle fabrique, pour respirer l'air, un organe dans un milieu avec un sang et une circulation qui n'en supposent pas le besoin ; elle perfectionne des instruments d'acoustique en harmonie avec les vibrations de l'at-

l'incertitude des hypothèses de la science relativement aux mille questions qui tourmentent l'homme dans ses

mosphère qui ne trouble pas le silencieux séjour de l'embryon. Enfin elle confectionne, dans une obscurité complète, des instruments d'optique parfaitement conformes aux lois de la lumière, et dans lesquels la nature montre que la dioptrique lui est connue aussi bien qu'à nos professeurs de physique. Il faut avouer au moins que ce travail de la nature renfermée ici dans un laboratoire étroit et fort simple, enclos lui-même dans l'enceinte d'une coque d'œuf ou dans un utérus, organe fort simple encore, montre qu'une intention particulière dirige l'ouvrage avec assez de prévoyance, de sagesse et de conformité aux conditions futures, pour mériter de nous quelques égards ; nous en accordons si volontiers aux conceptions des hommes dont les plus beaux chefs-d'œuvre sont bien loin cependant de la plus chétive créature vivante. » M. Forichon, *Op. cit.*, p. 378.

Quant à l'*énergie de la matière*, aux *forces physico-chimiques, aux puissances créatrices* de la nature, par lesquelles certains visionnaires prétendent expliquer l'origine des êtres organisés sans aucune interposition d'une cause première, éternelle et toute-puissante, ce sont là des non-sens qui ne peuvent qu'exciter la pitié de ceux qui ne se payent pas de mots et qui n'aiment pas le fantastique dans la science. Selon l'opinion de la plupart des philosophes modernes sur le principe de la vie, le mouvement vital est imprimé par un fluide igné, incorruptible, indestructible, et qui, abandonnant les corps, va se rejoindre au grand réservoir, comme pour retourner animer de nouveaux êtres. C'est la métempsycose renouvelée des Grecs et un peu arrangée.

A côté de savants qui ne sont guère que de tristes rêveurs, plaçons quelques noms dont la véritable science s'honore :

« Les corps des animaux et des plantes durent se former jadis d'une manière subite et d'un seul jet : Dieu voulut, et sa volonté fut faite, » dit le célèbre naturaliste allemand Bremser. (*Op. cit.*)

« Les espèces ont une existence réelle dans la nature, et chacune d'elles, au moment où elle fut créée, fut douée des attributs organiques qui les distinguent encore aujourd'hui. » Lyell, *Principes de la Géologie*.

« Il y aura probablement peu de personnes qui, voyant la

investigations sur l'origine et la nature des œuvres à jamais incrustables de la Toute-Puissance créatrice, un fait subsiste, un fait qui brille d'une incontestable évidence, c'est ce magnifique ensemble qui relie toutes les existences depuis la première apparition de la vie sur notre globe jusqu'à nos jours, c'est cette merveilleuse harmonie qui révèle de toutes parts, dans la création, un plan unique, suivi constamment, uniformément, à travers la durée de myriades de siècles, dans les arrangements, les combinaisons, les modifications, selon un type commun invariable, de tous ces innombrables mécanismes que la vie organique a revêtus, et qui sont toujours si admirablement adaptés aux fonctions particulières que chaque espèce était appelée à remplir, et à la place qu'elle occupait dans l'échelle des êtres, et aux conditions diverses des milieux qu'elle devait habiter. Oui, depuis le mouvement du premier atome qui s'en alla marquer le centre de notre planète, jusqu'à la phase actuelle de son existence; depuis le premier être mis en possession de la vie à sa surface consolidée ou dans le liquide cristal de ses mers, jusqu'à l'homme qui y a été récemment placé pour la posséder en souverain et pour y accomplir d'immortelles destinées, oui, tout, durant cette immense série

beauté du plan de la création, si apparente surtout dans l'organisation des animaux et des végétaux, veuillent se refuser à admettre qu'il y a eu une succession de créations à mesure que de nouvelles conditions se présentaient à la surface du globe, et qui préfèrent croire qu'il y a dans la vie organique une capacité de se modifier suivant les circonstances, capacité dont le résultat définitif serait de convertir un polypier en un homme. » De la Bêche, *Recherches sur la part. théor. de la Géologie*, p. 170.

de phénomènes accomplis et dans les éléments matériels et dans les innombrables organismes vivants, tout redit, tout atteste un grand et unique système de création pour toutes les périodes d'existence de notre monde, les mêmes relations finales, une même main qui prépare et dirige tous les événements, une même volonté qu'exécutent des lois identiques, basées sur les mêmes principes fondamentaux; tout proclame la glorieuse unité d'une Intelligence infinie; tout rend un solennel et incessant hommage à la Toute-Puissance, à la Sagesse, à la Bonté, à la Providence du Dieu créateur et conservateur, pour qui « mille années sont comme un jour et un jour comme mille années[1]. »

C'est ainsi que « la terre, jusque du plus bas de ses fondements, se joint aux chœurs des globes célestes

[1] *Petri Epist.* II, c. III, 8.

« Tout homme de bonne foi conviendra que le temps n'est pas encore venu où une théorie de la terre parfaite puisse être établie d'une manière complète et définitive, parce que nous n'avons pas encore par devers nous tout l'ensemble de faits sur lequel elle doit un jour être basée; mais, en attendant, nous possédons déjà beaucoup de ces faits bien démontrés; à leur suite, nous pouvons dès maintenant atteindre à des conclusions d'une importance et d'une certitude incontestable, et la somme de ces conclusions, à mesure qu'elle s'accroît, fournit à cette théorie, qui un jour sera l'une des richesses de l'esprit humain, un point d'appui de plus en plus ferme. Chaque jour nous la perfectionnons davantage; déjà il nous est donné de construire le premier, le second, le troisième étage de notre édifice avec toute la solidité désirable, quoiqu'un temps bien long doive encore s'écouler avant que le couronnement puisse y être posé. Ainsi donc, tout en admettant qu'il nous reste beaucoup à apprendre, nous affirmons avoir déjà beaucoup et de solides connaissances, et nous protestons contre ceux qui demanderaient la destruction de ce qu'il y a déjà de construit,

qui roulent dans l'immensité de l'espace, pour proclamer la gloire et chanter les louanges du Dieu qui les créa, du Dieu qui les conserve; la voix de la religion naturelle mêle ses harmonieux accords aux témoignages de la révélation, pour nous dire que l'univers a pris son origine dans la volonté d'une intelligence unique, éternelle, et placée au-dessus de toute intelligence, seigneur tout-puissant et suprême cause première de tout ce qui existe[1]. »

sous le prétexte qu'il y a encore beaucoup à construire. » Buckland, *Op. cit.*, t. I, p. 10.

[1] Buckland, ibid., p. 525.

CHAPITRE XII.

DE L'ORIGINE DES ÊTRES ORGANISÉS.

Dieu dit : Que la terre produise les plantes verdoyantes avec leur semence...

Il dit aussi : Que la terre produise des animaux, vivant chacun selon son espèce....

Gen., I, 11 et 24.

Le panthéisme matérialiste est la grande erreur de notre époque. C'est donc de ce côté que les défenseurs de la religion et de la saine philosophie doivent diriger leurs efforts, afin de combattre ses tendances envahissantes et désabuser les esprits peu expérimentés que ces doctrines funestes, destructives de toute foi et de toute morale, auraient égarés et séduits. Parmi les théories qui ont été imaginées pour appuyer cette déplorable aberration de la science, celle de l'origine des êtres organisés, par la génération spontanée et par la transformation graduelle des espèces, est présentée avec le plus de complaisance [1]. Déjà, en plus d'un endroit

[1] « La nature a commencé comme elle commence tous les jours dans les temps et les lieux les plus favorables, par créer directement les animaux les plus simples. En vertu de ces facultés d'accroissement et de reproduction qui sont essentiellement propres aux premières périodes de la vie, elle a pu, par la complication graduelle de l'organisation dans les circonstances convenables, et par la transmission héréditaire des progrès acquis, créer, non pas

de cet ouvrage, nous avons signalé des faits en opposition directe avec cette thèse ; nous n'avons pu tout dire ; l'importance de cette question méritait un examen à part, et c'est ce que nous allons entreprendre en groupant ici des considérations et des faits d'un nouvel intérêt.

§ I.

Ni les végétaux ni les animaux n'ont été, à l'origine, le produit spontané de la matière.

Commençons par les végétaux. On suppose l'existence d'une *molécule organique*..... Qu'est-ce qu'une semblable molécule? D'où vient-elle? Qui l'a produite? Pourquoi et comment organique? Que signifie ce mot ici ? Évidemment on ne peut le dire ; on ne le sait pas. Ce ne pouvait être une molécule organique semblable à celles qui entrent aujourd'hui dans la composition des corps organisés, car celles-là n'ont point la propriété de reproduire ces mêmes corps ou d'autres corps organisés. Encore une fois, qu'était-ce donc ? C'était une molécule comme il n'y en a plus au monde, comme on n'en a jamais vu, ou plutôt c'est un être fantastique, un rêve de l'imagination, une chimère.

directement, mais progressivement, des animaux de plus en plus parfaits ; et dans le long cours des siècles et avec l'infinie diversité des conditions extérieures, elle a produit cette multitude énorme d'espèces dont la série, habilement échelonnée, révèle encore aujourd'hui, malgré quelques irrégularités et quelques lacunes, une manifeste communauté d'origine. » *Encyclopédie nouvelle*, art. *Animal*. Voy. de plus les art. *Christianisme* et *Ciel*, dans la même Encyclopédie, et les ouvrages de Robinet, de la Méthrie, Lamarck, Bory de Saint-Vincent, P. Leroux, etc., etc.

Voilà, dans le système panthéiste, le point de départ de tout ce beau règne végétal, si riche et si varié, qui pare de tant de grâce et de magnificence la surface de notre planète.

La molécule *se développe dans un globule de liquide*.... Se développe !.. En vertu de quelles lois ? On ne les connaît pas ; on n'a jamais eu occasion de les observer. Ces lois ont disparu du monde avec la molécule susdite.

Vous vous étonnerez que la terre, qui, de toutes parts aujourd'hui, se couvre d'arbres et de fleurs, n'ait plus la puissance de produire une pauvre petite molécule organique, et de la développer dans un globule de liquide pour en faire je ne dis pas un cèdre du Liban, mais un simple brin d'herbe, une mousse microscopique. Vous demanderez comment il est arrivé que des propriétés inhérentes à la matière aient pu ainsi cesser d'exister ; vous direz que cela est contraire à la notion même de la matière que l'on ne peut concevoir sans les qualités qui lui sont essentielles. Vous prétendrez qu'il n'y a plus de science possible, s'il est permis d'attribuer à la matière des lois qu'on appellera tantôt immuables et mathématiques, tantôt variables et temporairès, suivant qu'elles favoriseront ou dérangeront nos systèmes. Vous trouverez qu'une matière inerte, inorganique, morte, qui pourtant organise et vitalise, est un phénomène bien extraordinaire ; c'est faire sortir l'organisation de l'inorganisé, la vie de la mort, c'est admettre qu'on peut communiquer ce qu'on n'a pas, contrairement au vieil adage : *Nemo dat quod non habet*. Vous objecterez encore, que si la matière ne peut plus engendrer une seule molécule organique, elle devrait au moins avoir conservé assez d'énergie pour agir sur les molécules déjà organisées pour en composer d'autres corps organisés, et que pourtant nous ne voyons aucun végétal se reproduire de cette manière; au contraire, dès que la vie a cessé, tous les éléments se désorganisent et rentrent immédiatement sous l'empire des lois générales, qui sont un obstacle à l'organisation bien loin de la favoriser, et contre lesquelles la vie, pour se conserver, est en lutte perpétuelle. Car la vie n'est que ce combat prolongé, tout entier à l'avantage des forces vitales, dans l'état normal, et elle s'arrête à l'instant où les corps qui en ont joui rentrent dans la classe des corps inorganiques. A toutes ces difficultés, le panthéiste ne répond pas, ou ne répond que par de nouvelles suppositions qui ramènent de nouvelles contradictions, de nouvelles impossibilités[1].

[1] Que n'aurions-nous pas à dire si nous suivions la thèse matérialiste à travers les innombrables absurdités qu'elle entraîne? Par exemple, accordons au panthéiste la molécule organique et son développement dans un globule de liquide, où arriverons-nous? A la production d'un être dont il est sans doute assez difficile de se faire une idée, puisqu'on n'en a jamais vu qui ait eu une semblable origine; mais en supposant qu'il tienne de la nature du végétal, après un développement tel quel, il se décomposera et tout sera fini. Sur quoi en effet se fonderait-on pour soutenir que ce produit spontané de la matière sera pourvu de tous les organes qui doivent concourir à la formation de la graine, le phénomène le plus élevé, la fonction la plus organique et la plus vitale de la végétation? Quoi! ce végétal primitif engendré sans germe, sans graine, se constituera de manière que tout, dans ses fonctions, dans ses appareils, dans toute la complication de ses organes, n'aura qu'une tendance unique, la reproduction de son espèce par une graine..!! Car, qu'on le remarque bien, c'est en effet pour sa reproduction seule que la plante s'accroît, se nourrit, se déve-

Ce que nous venons de dire des végétaux est applicable de tout point, et à bien plus forte raison, aux animaux, lesquels, à cause de leur organisation plus compliquée, sont exposés à des causes de destruction encore plus nombreuses et plus énergiques.

« La vie en général suppose l'organisation en général, et la vie propre de chaque être suppose l'organisation propre de cet être, comme la marche d'une horloge suppose l'horloge; aussi ne voyons-nous la vie que dans des êtres tout organisés et faits pour en jouir; et tous les efforts des physiciens n'ont pu encore nous montrer la matière s'organisant, soit d'elle-même, soit par une cause extérieure quelconque. En effet, la vie exerçant sur les éléments qui font à chaque instant partie du corps vivant et sur ceux qu'elle y attire, une action contraire à ce que produiraient sans elle les affinités chimiques ordinaires, il répugne qu'elle puisse être elle-même produite par ces affinités, et cependant l'on ne connaît dans la nature aucune autre force capable de réunir des molécules auparavant séparées.

« La naissance des êtres organisés est donc le plus grand mystère de l'économie organique et de toute la nature; jusqu'à présent nous les voyons se développer, mais jamais se former; il y a plus : tous ceux à l'origine desquels on a pu remonter, ont tenu d'abord à un corps de la même forme qu'eux, mais développé avant eux; en un mot à un *parent*. Tant que le petit n'a point de vie propre, mais participe à celle de son parent, il s'appelle un *germe*.

loppe; aussitôt que ce résultat est atteint par la formation de la graine, ou le végétal meurt, ou il recommence à préparer un nouveau germe qui doit le reproduire.

« Le lieu où le germe est attaché, la cause occasionnelle qui le détache et lui donne une vie isolée, varient, mais cette adhérence primitive à un être semblable est une règle sans exception [1]. »

Les lois générales de la physique et de la chimie, loin de pouvoir, comme le prétendent Lamarck, Fourcault, etc., produire l'organisme, quelque simple qu'on le suppose, tendent au contraire à le détruire, à en séparer les éléments, pour faire rentrer la matière dans son état plus général et plus prépondérant d'inorganisation, d'inertie et de mort. La vie n'est qu'une lutte sans relâche contre les agents naturels qui l'oppriment, et c'est précisément quand ceux-ci l'emportent sur elle qu'elle s'éteint, et qu'elle abandonne à leur puissance la matière des organes qui lui servaient de support.

« Après la mort, dit Cuvier, les éléments qui composent le corps, livrés aux affinités chimiques, ne tardent point à se séparer, d'où résulte plus ou moins promptement la dissolution du corps qui a été vivant. C'était donc par le mouvement vital que la dissolution était arrêtée, et que les éléments du corps étaient momentanément réunis [2]. »

« La vie, dit encore Cuvier, ne naît que de la vie; et il n'en existe d'autre que celle qui a été transmise de corps vivants en corps vivants par une succession non interrompue [3]. »

Dire que la vie ne naît que de la vie, c'est dire que

[1] G. Cuvier, *Règne animal*, t. I, p. 14.

[2] Ibid., p. 11.

[3] *Anatomie comparée*, t. I, p. 7.

l'organisation ne naît que de l'organisation, celle-ci étant la condition préalable et nécessaire de la vie. La vie, en effet, est avant tout le résultat et le produit de l'organisation, et c'est ce produit organisé qui donne naissance à une organisation nouvelle. D'où il suit que les premiers êtres organisés vivants ont dû être créés de toutes pièces, sous peine de ne pouvoir jamais exister.

Qu'on se rappelle ce que nous avons dit relativement à l'origine panthéiste des végétaux : ce sont les mêmes impossibilités pour l'origine des animaux. Toutefois admettons un premier germe spontanément organisé et développé dans un globule de liquide. Comment ce germe se nourrira-t-il? comment croîtra-t-il? Il n'y a aucune enveloppe pour le protéger, aucun organe pour élaborer les éléments qu'il doit s'assimiler.

On a cherché un appui à la thèse que nous combattons, parmi les infusoires, les êtres les plus obscurs, les moins observables de la série animale. Parmi ces infiniment petits, il s'en trouve quelques-uns qu'on voit apparaître sans qu'on puisse bien s'expliquer comment ils ont été engendrés, parce que la faiblesse de nos organes et l'imperfection de nos instruments ne nous permettent pas d'approfondir cette origine. On s'est hâté d'en conclure qu'ils naissaient spontanément de la matière. Admirez la puissance de ce raisonnement. On sait de la manière la plus positive que la presque totalité des infusoires se reproduisent par la voie de la génération, qu'il en est ainsi pour tout le reste de la série animale ; loin de supposer, comme l'analogie l'exige rigoureusement, le même mode de propagation pour les infusoires dont on n'a pu encore observer l'origine, on s'empresse d'en tirer une conclusion diamétralement opposée : on veut qu'ils naissent de la matière. C'est se jouer de la logique et du bon sens [1].

Mais enfin ces infusoires, qu'ils soient nés de la matière ou engendrés par les voies communes, restent infusoires et ne donnent jamais naissance à un polype, par exemple, celui-ci à un mollusque, etc. Il faudra donc admettre la production d'autant de germes divers qu'il y a d'espèces animales. Ceci nous amène à considérer une autre face de la thèse matérialiste, la transformation graduelle des espèces inférieures en espèces plus parfaites.

§ II.

Le système de la transformation graduelle des espèces est réfuté par la permanence des espèces de la création actuelle.

L'immutabilité des espèces, au moins dans l'ordre de choses où nous vivons, et depuis l'apparition de l'homme sur le globe, n'est qu'une application spéciale d'un autre grand fait, l'immutabilité des lois physiques et physiologiques qui président à l'évolution des êtres. Depuis un temps immémorial, la marche de la nature s'accomplit dans une harmonieuse uniformité, qui toutefois n'exclut point la variété ; mais celle-ci est restreinte elle-même dans des limites déterminées, et dépend de lois qui lui sont propres. L'unité dans la variété, telle est la loi du monde ; unité dans l'espèce, variété dans les individus, telle est la base de toute la théorie des classifications scientifiques. S'il n'existait

[1] Voir la note C, à la fin du volume.

pour chaque être une forme propre, caractéristique et permanente, un type radical et constitutif de l'espèce, et dont il est comme individu la réalisation variée, il serait impossible d'établir aucune classification, de coordonner aucun système ; la notion même de la science serait détruite, et l'univers ne nous présenterait de toutes parts que des êtres isolés, entre lesquels l'esprit ne pourrait saisir aucun rapport de ressemblance, aucun point fixe de comparaison et de relation, aucun caractère commun, durable et constant; ce serait la négation de tout ordre, de toute harmonie, ce serait, nous le répétons, la destruction complète de toute science, ce serait le chaos.

Nous avons dit que les variétés ou modifications auxquelles les espèces, ou du moins certaines espèces, se prêtent, sont régies par des lois spéciales et renfermées dans des limites qui ne peuvent être franchies. Ces lois tracent, en effet, une démarcation absolue entre les possibilités et les impossibilités qui existent à cet égard. Les deux agents principaux de cette loi sont la répugnance des espèces différentes pour l'accouplement entre elles deux, et la stérilité des mulets ou produits qui résultent de cette union antipathique. Les variations s'observent surtout dans les espèces qui s'accommodent à des situations très-diverses, soit pour la température, soit pour la station, et c'est surtout dans les dimensions, la couleur, la forme externe, les appendices, que se manifestent ces variations. Ainsi, un végétal des tropiques deviendra dans nos jardins ou dans nos serres herbacé au lieu de ligneux, comme le *réséda odorant*, originaire de l'Égypte, ou bien sans épines, au lieu d'épineux. Un animal acquerra dans le

Nord un poil plus long, un plumage plus doux. Une espèce que nous apprivoiserons prendra une encolure plus riche, des formes plus rondes ou plus élancées, etc. Nous créerons soit par le croisement des races, soit par l'écussonnage, un nombre considérable de variétés; mais jamais nos efforts ni aucune circonstance ne pourront changer les caractères essentiels. Les dents, par exemple, et les intestins, ne subiront jamais aucun changement, et quoi qu'on fasse, on ne nourrira point un lion avec de la salade, un bœuf avec de la viande. De même, les organes respiratoires resteront éternellement les mêmes; jamais les branchies de la carpe ne se transformeront en poumons, et jamais les poumons du chien ne deviendront les branchies du requin. Les organes de la locomotion ne varient point non plus. Qu'on ne nous dise point que, poursuivi par un ennemi aérien, le mammifère ou l'oiseau plongera et deviendra excellent plongeur; que, poursuivi par un ennemi aquatique, le poisson prendra des ailes [1]. S'il en était

[1] Savez-vous pourquoi les palmipèdes ont aux pattes la membrane qui les caractérise? C'est, suivant Lamarck, parce qu'un oiseau aura été forcé par ses besoins d'aller à l'eau, et que ses descendants ayant fait de même, il est résulté des efforts qu'ils ont faits pour étendre les doigts des pieds, cette expansion charnue. Savez-vous pourquoi il y a d'autres oiseaux qui ont de longues jambes, comme la grue, le flamant, etc.? Cela vient, suivant le même auteur, des efforts qu'ils ont faits pour marcher dans des eaux plus profondes. Si quelques oiseaux qui nagent, dit-il, ont de longs cous, comme le cygne et l'oie, cela vient de leur coutume de plonger la tête dans l'eau pour pêcher. Il est fâcheux pour le système, que la même habitude n'ait point produit le même effet dans le canard.

Citons encore, c'est très-curieux. « Les serpents ayant pris l'ha-

ainsi, cétacés, poissons, mollusques, en auraient, car il n'en est aucun qui n'ait affaire bien souvent à plus fort que lui, la baleine même, quand le narwal ou le xiphias se glisse vers elle. S'il est des poissons qui vo-

bitude de ramper sur la terre et de se cacher dans les herbes, leur corps, par suite d'efforts toujours répétés pour s'allonger, afin de passer dans des espaces étroits, a acquis une longueur considérable et nullement proportionnée à sa grosseur. — Les poissons ont, en général, les yeux placés sur les côtés de la tête, parce qu'ils ont besoin de voir latéralement; mais chez ceux que leurs habitudes mettent dans la nécessité de s'approcher sans cesse des rivages et de nager sur leurs faces aplaties, les yeux ont été forcés de subir une espèce de déplacement qui fait qu'ils ne sont plus symétriques, comme dans les soles et les turbots, ou qu'ils sont symétriques en sens inverse, quand l'aplatissement du corps a eu lieu tout à fait horizontalement, ainsi qu'on le voit dans les raies, etc. La girafe, habitant un pays dont le sol est aride et sans herbage, se trouve obligée de brouter les feuilles des arbres ; de cette habitude soutenue depuis longtemps dans tous les individus de sa race, il est résulté que les jambes de devant ont acquis plus de longueur que celles de derrière, et que le cou s'est prodigieusement allongé. L'habitude de consommer chaque jour de gros volumes de matières alimentaires, a donné aux quadrupèdes qui broutent l'herbe un corps qui a pris beaucoup de masse et de lourdeur; celle de rester debout sur les quatre pieds, a fait naître une corne épaisse, qui enveloppe l'extrémité des doigts, lesquels étant demeurés sans mouvement, se sont raccourcis et même effacés. Qu'un animal, pour satisfaire à ses besoins, fasse des efforts répétés pour allonger la langue, elle acquerra une longueur considérable, comme dans le fourmilier et le pic-vert; qu'il ait besoin de saisir quelque chose avec le même organe, alors sa langue se divisera et deviendra fourchue. Chez certains herbivores, dans leurs accès de colère, qui sont fréquents, leur sentiment intérieur, par ses efforts, dirige plus fortement les fluides vers le sommet de la tête, où il se fait ainsi une sécrétion de matière cornée ou osseuse qui produit les bois et les cornes... » Lamarck, *Philos. zoologique.* RISUM TENEATIS...

lent, des mammifères et des oiseaux qui plongent, c'est qu'ils ont une organisation admirablement bien appropriée pour cela, organisation qui ne leur est pas plus venue à l'heure du danger, qu'elle ne s'oblitérera faute de dangers. Un canard, renfermé sa vie entière sous une mue et loin de l'eau, aura toujours les pieds palmés; et un lièvre qui voudra traverser la Loire en plongeant, pour mettre en défaut les chiens, se noiera.

On nous dit que les yeux des taupes se sont atrophiés, parce qu'ils sont habituellement privés de la lumière[1], et l'on ne prend pas garde que ceux des oiseaux nocturnes sont en général très-grands et très-sensibles à l'impression de ce fluide, bien que les nerfs optiques soient très-peu développés. Les serpents dont les muscles auraient, dit-on encore, disparu par suite de l'habitude de la reptation, sont pourtant placés dans les mêmes circonstances que beaucoup d'autres reptiles, tels que

[1] « Les irrégularités de la série animale s'expliquent d'une manière satisfaisante par l'action des circonstances extérieures... C'est ainsi, par exemple, que, consécutivement à une inaction prolongée pendant plusieurs générations, les ailes ont dû avorter chez plusieurs espèces d'insectes, les yeux se réduire à un état rudimentaire chez la taupe, les membres s'atrophier et disparaître complétement chez les serpents. Et réciproquement, par suite de la répétition continue des mêmes efforts, la natation a développé à la longue de larges membranes entre les doigts des oies, des canards, comme aux pattes des chiens de Terre-Neuve, etc... » *Encyclopédie nouvelle*, art. *Animal*.

L'auteur de l'article ajoute : « Supposez que les orangs, déjà si rares, viennent à disparaître complétement, certes la distance serait bien plus grande entre l'homme et le reste des animaux, et notre espèce serait une énigme bien plus difficile à déchiffrer. » Ainsi l'homme s'explique par le singe..!!

les batraciens, par exemple. D'ailleurs, ne trouve-t-on pas dans une foule d'espèces des organes à l'état rudimentaire, et qui restent toujours dans cet état d'imperfection, tandis que dans l'espèce qui la suit et dont l'organisation est plus parfaite, ces parties ayant acquis un plus grand développement, peuvent remplir les fonctions auxquelles elles sont destinées? L'organisation n'est donc pas, comme on l'a soutenu, postérieure à l'habitude.

« Les circonstances dans lesquelles se sont trouvés les animaux, dit Lamarck, ont amené leurs habitudes; celles-ci y ont plié et approprié les organes des individus. » Mais les habitudes sont formées par des actes réitérés, et ces actes primitifs, innés, sans lesquels nul animal ne pourrait exister ni transmettre l'existence, tels que l'instinct, les fonctions nutritive et reproductive, l'amour, la prévoyance et les soins maternels, n'ont point pu ne pas exister avant toute habitude, puisqu'il faut vivre et agir pour pouvoir prendre des habitudes. Vous prétendez que les habitudes ont plié et approprié les organes aux circonstances. Où étaient donc les habitudes? Les organes étaient-ils habitués avant de recevoir des habitudes? Si, sans l'habitude, les jambes n'auraient pu marcher, les ailes voler, l'estomac digérer, l'œil voir, l'oreille entendre, l'organisation des animaux a donc commencé par des jambes et des ailes qui ne pouvaient exécuter aucun acte de locomotion, par des estomacs qui ne digéraient point, par des yeux qui ne voyaient pas, par des oreilles qui n'entendaient pas. Et cependant, sans se mouvoir, sans digérer, sans voir, sans entendre, sans aucune intelligence, les pieds et les ailes, l'estomac, l'œil, l'oreille, se sont donné l'habitude de marcher et de voler, de digérer, de voir et d'entendre !...

Faire dépendre l'instinct et l'organisation des habitudes, c'est donc établir un ordre inverse à celui de la nature, et subordonner évidemment les causes aux effets. Les plantes, comme les animaux inférieurs, n'ont que des organes indispensables à la nutrition ; elles ne peuvent donc contracter d'habitudes, et cependant quelle variété dans les formes! Lorsque les unes et les autres sont transportés dans les lieux favorables à leur développement, ils peuvent acquérir un volume plus considérable, mais non changer de nature. Dans les circonstances opposées, ils languissent, se détériorent et meurent le plus souvent ou cessent de se propager. Ces développements anormaux ou ces dégradations morbides ne prouvent point que la forme et la nature des êtres animés puissent changer ainsi indéfiniment; et, quelle que soit la multiplicité des hypothèses, on ne pourra jamais expliquer comment le chêne peut, par une série de dégradations, devenir la mousse ou le lichen qui croissent sur son tronc, ou comment ceux-ci peuvent se transformer en chêne par une suite de développements. Malgré les progrès et l'influence de l'agriculture, depuis un temps immémorial, cet art n'a pu produire des transformations semblables, et opérer de pareils prodiges dans le règne végétal. De même, dans le règne animal, les individus de la même espèce se mêlent et se reproduisent par la génération et offrent une foule de variétés intermédiaires ; mais il est un terme que la nature et l'art ne peuvent dépasser : les genres, les ordres, les classes restent à jamais séparés et distincts, et même la génération cesse d'être productive dans les espèces qui se rapprochent le plus, malgré les efforts et les tentatives de l'homme, qui cherche souvent à pervertir ou à subjuguer l'instinct des animaux, et à profiter de l'instant favorable pour enfreindre les lois de la nature.

Si les organismes connus, soit dans le règne animal, soit dans le règne végétal, étaient dus à un certain nombre de plantes et d'animaux primitifs, ils se confondraient encore aujourd'hui par la génération, et, dans l'un comme dans l'autre règne, on ne trouverait qu'une même famille, qu'une seule espèce dont tous les individus seraient liés par des différences inappréciables de forme et d'organisation. Il n'en est point ainsi, et la génération n'unit point, mais sépare, au contraire, les espèces, les genres, les ordres et les classes. Si l'opinion de Lamarck, de ce philosophe naturaliste qui a le plus avancé de choses sur la formation des animaux, et qui en a le moins prouvé, avait quelque fondement, toutes les espèces devraient aujourd'hui s'allier et se confondre par une foule de nuances insaisissables; or, il est évident que les polypes, les radiaires, les annélides, les crustacés, les mollusques, etc., ne nous offrent que des classes très-distinctes, et qu'on ne trouve point dans la nature les espèces qui les unissent, et qui formeraient une chaîne non interrompue de tous les animaux. Ces considérations démontrent évidemment que ce n'est point à l'influence de l'habitude, ni à celle de l'organisation, qu'on doit rapporter les différences essentielles d'organisation qui distinguent, dans chaque genre et dans chaque espèce, les animaux et les végétaux[1].

[1] Voy. le docteur Fourcault, *Lois de l'organisme vivant.*

« Il y a dans les animaux, dit Cuvier, des caractères qui résistent à toutes les influences, soit naturelles, soit humaines, et rien n'annonce que le temps ait, à leur égard, plus d'effet que le climat et la domesticité.

« Je sais que quelques naturalistes comptent beaucoup sur les milliers de siècles qu'ils accumulent d'un trait de plume; mais, dans de semblables matières, nous ne pouvons guère juger de ce qu'un long temps produirait, qu'en multipliant par la pensée ce que produit un temps moindre. J'ai donc cherché à recueillir les plus anciens documents sur les formes des animaux, et il n'en existe point qui égalent, pour l'antiquité et pour l'abondance, ceux que nous fournit l'Égypte. Elle nous offre, non-seulement des images, mais les corps des animaux eux-mêmes, embaumés dans ses catacombes.

« J'ai examiné avec le plus grand soin les figures d'animaux et d'oiseaux gravés sur les nombreux obélisques venus d'Égypte dans l'ancienne Rome. Toutes

M. Fourcault combat très-bien le système panthéiste de Lamarck, mais ce n'est que pour y substituer une autre théorie qui n'est pas moins insoutenable, celle des lois physico-chimiques, par lesquelles il prétend tout expliquer en physiologie. Il définit la vie : « Une succession de phénomènes physico-chimiques en rapport avec l'activité des causes physiques de ces phénomènes ou l'action des fluides impondérables. » Il regarde l'organisation comme le résultat d'une affinité qui s'opère entre les molécules organiques dont se composent les parties fluides qui forment primitivement les corps dans lesquels la vie doit se développer. M. l'abbé Forichon a fait voir (*Examen des questions*, etc.) combien cette hypothèse était peu fondée. Nous avons montré aussi, au commencement de ce chapitre, que la vie, loin d'être un produit des lois communes et ordinaires de la matière, lutte au contraire sans relâche contre les agents de la nature qui tendent à détruire l'organisme et à en séparer les éléments.

ces figures sont, pour l'ensemble, qui seul a pu être l'objet de l'attention des artistes, d'une ressemblance parfaite avec les espèces telles que nous les voyons aujourd'hui.

« Chacun peut examiner les copies qu'en donnent Kirker et Zoega : sans conserver la pureté de trait des originaux, elles offrent encore des figures très-reconnaissables. On y distingue aisément l'ibis, le vautour, la chouette, le faucon, l'oie d'Égypte, le vanneau, le râle de terre, la vipère haje ou l'aspic, le céraste, le lièvre d'Égypte avec ses longues oreilles, l'hippopotame même; et dans ces nombreux monuments gravés dans le grand ouvrage sur l'Égypte, on voit quelquefois les animaux les plus rares, l'algazel, par exemple, qui n'a été vu en Europe que depuis quelques années.

« Mon savant collègue, M. Geoffroy Saint-Hilaire, pénétré de l'importance de cette recherche, a eu soin de recueillir dans les tombeaux et dans les temples de la haute et de la basse Égypte, le plus qu'il a pu de momies d'animaux. Il a rapporté des chats, des ibis, des oiseaux de proie, des chiens, des singes, des crocodiles, une tête de bœuf, embaumés; et l'on n'aperçoit certainement pas plus de différence entre ces êtres et ceux que nous voyons, qu'entre les momies humaines et les squelettes d'hommes d'aujourd'hui..... Je sais bien que je ne cite là que des individus de deux ou trois mille ans, mais c'est toujours remonter aussi haut que possible [1]. »

La permanence des espèces animales est donc confirmée par les témoignages historiques, autant que nous

[1] Discours sur les Révolutions de la surface du globe, p. 125.

pouvons les apprécier. Des recherches analogues ont été faites par les botanistes, au sujet des plantes de la plus haute antiquité, et l'on est arrivé aux mêmes résultats, c'est-à-dire que l'on a constaté l'identité des espèces appartenant à ces temps reculés avec les mêmes espèces existant à notre époque[1]. M. Mahudel, en 1716, reconnut dans les monuments égyptiens le musa, le nelumbo, le colocase et le persea ; et M. Bonastre assure[2] avoir reconnu, tant en nature que d'après les dessins, plus de quatre-vingts plantes dans les restes de l'ancienne Égypte. Mais, ce qui est plus important, nous trouvons dans certains pays, tels que celui que nous venons de citer, les objets conservés en nature et parfaitement semblables aux nôtres. Ainsi, l'un des botanistes qui est le plus connu par l'exactitude de ses descriptions, M. Kunth[3], a reconnu une vingtaine de nos plantes actuelles parmi les fragments de végétaux trouvés dans les momies de la haute Égypte. M. de Candolle aussi a reconnu sans la moindre incertitude les feuilles de l'olivier dans une couronne de momie, et des grains de blé[4] dans les caisses de celles des momies qui passent pour les plus anciennes[5]. Une expérience de trois mille ans est un fait de quelque importance pour corroborer

[1] Les plantes mentionnées par les Grecs et les Romains se reconnaissent aujourd'hui, quand leurs formes ont été bien décrites : les noms mêmes se retrouvent dans le grec moderne et l'italien.

[2] Journal pharmac., 1730, p. 643.

[3] Rech. sur les plantes trouvées dans les tombeaux égyptiens par M. Passalacqua ; *Ann. des sc. nat.*, vol. VIII, 1826, p. 418.

[4] *Triticum turgidum.*

[5] *Physiolog. végét.*, t. II, p. 696.

les raisonnements qui résultent des faits actuels, et pour contre-balancer les doutes vagues de ceux qui nient la permanence des espèces.

Nous sommes donc en droit de conclure, d'après les considérations qui précèdent, que les espèces de la création actuelle, quoique susceptibles de légères modifications, sont permanentes dans leur essence. Des arguments d'une nouvelle force vont nous confirmer de plus en plus dans la conviction que le principe fondamental de *l'hérédité des formes* est inaltérable.

§ III.

Le système de la transformation des espèces est réfuté par l'examen comparatif des espèces fossiles avec les espèces actuelles.

« Si les espèces, dit Cuvier, ont changé par degrés, on devrait trouver des traces de ces modifications graduelles, on devrait découvrir quelques formes intermédiaires entre le palæotherium et les espèces d'aujourd'hui, et jusqu'à présent cela n'est pas arrivé. Pourquoi les entrailles de la terre n'ont-elles point conservé les monuments d'une généalogie si curieuse, si ce n'est parce que les espèces d'autrefois étaient aussi constantes que les nôtres[1] ? »

Pénétrons donc au fond des domaines de la nature inorganique; interrogeons les débris des espèces animales et végétales que les révolutions du globe ont ensevelies dans les roches, et voyons si l'assertion du grand observateur que nous venons de citer est basée sur des faits incontestables.

[1] Discours, etc., p. 118, 1825.

Rappelons-nous que l'échelle des terrains, en descendant des formations les plus récentes aux plus anciennes, est ainsi construite : terrains alluvien, diluvien, tertiaire, secondaire, transitaire et primitif. Eh bien, dans cette longue série de couches qui constituent l'enveloppe minérale de notre planète, il n'a été découvert aucun fossile, animal ou végétal, qui ait nécessité l'établissement de quelque classe nouvelle. Tous, au contraire, viennent se ranger dans les mêmes grandes divisions qui ont été créées pour les espèces actuellement existantes. De là nous sommes autorisés à conclure que les créations organiques les plus anciennes, comme les plus modernes, se sont accomplies d'après un même plan général, et par conséquent, loin de pouvoir être décrites comme constituant des systèmes distincts et isolés dans la nature, elles ne doivent être considérées que comme des systèmes qui se correspondent et ne diffèrent que par quelques-uns de leurs détails. Ces différences très-souvent ne constituent que de minutieuses distinctions spécifiques. Nous voyons donc le problème des rapports entre les organisations récentes et celles dont il nous est parvenu des restes fossiles, résolu par une analogie générale dans l'ensemble de l'organisation, par de nombreuses similitudes dans les points essentiels, et par une divergence presque universelle dans les détails[1].

Considérons d'abord les plantes fossiles.

Quand on compare les lois qui ont dirigé les divers systèmes de végétation qui se sont succédé sur les surfaces anciennes de notre globe, avec celles dont l'influence règle et coordonne la végétation actuelle, il

[1] Voy. Phillips, *Guide to Geology*, p. 61.

résulte de cette investigation un fait d'une haute importance relativement à l'unité du plan de la création, c'est que les familles dont se compose la flore fossile furent organisées d'après des principes identiques avec ceux qui président encore aujourd'hui au développement des végétaux, ou tellement analogues, que leur ensemble ne constitue qu'un seul et même grand code de lois destinées à la coordination universelle de la vie. Ainsi nous trouvons, dès les formations les plus anciennes, celles de transition, des formes végétales présentant, non-seulement les caractères fondamentaux qui distinguent entre elles les plantes endogènes et les plantes exogènes [1], mais offrant aussi jusque dans les moindres détails une relation intime de structure et d'organisation avec les plantes de l'époque actuelle. C'est fondés sur cette identité de construction organique que les palæontologistes ont pu rapporter aux familles actuelles les végétaux de la période de transition et de toutes les autres périodes subséquentes, les calamites aux équisétacées, les lépidodendrons aux lycopodiacées, les conifères, les fougères, les cycadées, les palmiers, à leurs familles et à leurs genres respectifs. Ces plantes fossiles, que tant de siècles séparent de nous, ont pourtant traversé tous ces âges pour arriver jusqu'à nous avec leurs caractères spécifiques. Plusieurs seulement, telles que les calamites, les lépidodendrons, etc., prenant au rebours la prétendue loi de la *transmutation progressive*, sont de dimension gigantesque durant ces âges primitifs, et n'ont que des représentants nains dans la création actuelle. La présence simultanée des plantes acotylédones et dicotylédones, dans les couches

[1] Voy. chap. V, § III, l'explication de ces termes.

les plus anciennes, est un autre argument dont le lecteur saura apprécier toute la force contre la théorie qui veut faire descendre, par un changement graduel, les êtres les plus complexes des êtres les plus simples et les plus imparfaits.

Cherchons à présent si, parmi les innombrables débris d'animaux fossiles que recèlent les entrailles de notre globe, il ne se trouverait point quelque chose à l'appui de la théorie que nous combattons. C'est d'abord une présomption singulièrement défavorable au système de l'évolution successive, que ce résultat auquel a conduit l'étude des débris animaux : que les quatre grands embranchements actuellement existants des *vertébrés*, des *articulés*, des *mollusques* et des *rayonnés*, ont commencé à la même époque, et que cette époque coïncide exactement avec celle où apparaît la vie organique sur le globe. Si le système avait quelque fondement, ne serait-ce pas à l'origine de la vie, aux âges du globe où elle a fait sa première apparition, qu'il devrait triompher surtout? Ne devrions-nous pas trouver, dans les couches les plus anciennes, les classe de zoophytes à l'exclusion des animaux qui appartiennent aux classes plus élevées; puis, dans les couches qui suivent, les espèces successivement plus complexes et plus parfaites ne devraient-elles pas apparaître dans l'ordre relatif de leur perfection organique? Il n'en est rien cependant; mais les animaux qui sont placés aux deux bouts de l'échelle zoologique se trouvent associés, au contraire, dans la formation qui nous offre les premières traces d'êtres vivants[1].

[1] Comment se fait-il, pourrait-on demander aussi, que les zoophytes de ces âges primitifs, séparés de nous par tant d'années,

On remarque entre les espèces fossiles des formations les plus anciennes et les espèces récentes, les rapports les plus intimes de structure et d'organisation. Ainsi, pour ne citer que quelques exemples, il existe une similitude parfaite entre les dents, les écailles, les os des plus anciens poissons *sauroïdes* des couches carbonifères (genre *megalichthys*) et ceux du genre lépidostée actuel. Examinez les dents et les épines osseuses du seul *cestracion*[1] qui fasse encore maintenant partie de la famille des *squales ;* comparez-les aux nombreuses formes éteintes de cette même sous-famille des cestracions qui abondent dans toute l'étendue des terrains houillers et secondaires, et vous découvrirez des rapports non moins frappants. L'étude des poissons fossiles démontre que chacune des formes principales d'organisation que présentent ces animaux, existait dès les âges les plus reculés du globe, et que toujours ils y ont rempli, dans l'économie générale de la nature, les mêmes fonctions importantes que nous voyons confiées à leurs représentants actuels, dans nos mers modernes, dans nos lacs et dans nos rivières.

De même, dans l'embranchement des mollusques, les *nautiles* et les *térébratules* se présentent à tous les étages de la série des terrains, et se sont perpétués jus-

aient traversé toutes les périodes géologiques pour arriver jusqu'à notre époque, et ne se soient pas transformés en mollusques, en articulés, etc., et ceux-ci en classes plus élevées? Il ne devrait plus y avoir aujourd'hui sur le globe qu'un seul embranchement, celui des vertébrés.

[1] *Cestracion Philippi*, Cuv. Ce squale a été pêché dans le port Jackson de la Nouvelle-Hollande, pendant le voyage du capitaine Philipp à Botany-Bay.

qu'à nos jours. Une quantité innombrable d'univalves, de bivalves, de multiloculaires que l'on trouve à l'état fossile dans les couches les plus profondes, offrent la plus grande analogie avec les espèces actuellement existantes. D'où l'on a conclu que les mêmes fonctions ont dû leur être assignées, et que les animaux qui les habitaient, avaient les mêmes formes, les mêmes habitudes, et remplissaient le même rôle dans l'économie sous-marine que les mollusques de nos eaux actuelles.

De même encore, dans l'embranchement des articulés, nous trouvons des crustacés fossiles appartenant aux plus anciennes formations, lesquels se rattachent par les plus évidentes analogies de structure avec les crustacés actuels. Tels sont, par exemple, les *trilobites*, les *limules*, etc., comparés aux séroles, aux limules et au branchippe de nos étangs. Prétendrait-on que les trilobites, dont les organes de locomotion paraissent avoir été à l'état rudimentaire, c'est-à-dire à la fois locomoteurs et respiratoires, sont la souche éteinte d'où sont dérivées, dans la suite des âges, les formes les plus élevées des crustacés d'aujourd'hui ? Mais alors nous ne devrions plus trouver dans le branchippe actuel des conditions organiques tout aussi simples, c'est-à-dire des pattes branchiales comme dans la famille éteinte des trilobites, et le limule, qui se montre dès les premiers âges, n'eût pas dû conserver non plus les caractères intermédiaires qu'on lui connaît, ni demeurer à un degré si inférieur dans l'échelle organique, depuis le moment où il apparut pour la première fois dans la série carbonifère, jusqu'à l'heure actuelle[1].

[1] Parmi les découvertes fossiles les plus remarquables, on peut

Enfin, l'embranchement des *zoophytes* ou *rayonnés* nous offre également des familles qui ont traversé toute la série des terrains et qui se rencontrent encore dans nos mers actuelles. Nous nous bornerons à mentionner la belle famille des *encrinites*, qui se montrent parmi les ordres les plus anciens de la création. Leur organisation présente à ces époques reculées un degré de perfection bien supérieure à celle des *pentacrinites* actuelles. Lorsque l'on compare l'une des formes les plus anciennes de ce genre, la pentacrinite *briarée* du lias, par exemple, avec les espèces fossiles des formations plus récentes, ou avec la pentacrinite *tête de Méduse* de la mer des Antilles, on reconnaît dans son organisation une perfection de mécanisme, un fini de combinaison, beaucoup plus admirables que chez aucune des espèces qui la représentent, soit parmi les encrinites fossiles d'une date plus récente, soit parmi les espèces qui vivent encore. Une telle perfection organique, dans ces espèces les plus anciennes, comparée à l'infériorité des espèces qui se sont succédé jusqu'au-

citer celle d'yeux composés ou à facettes que présentent les restes des trilobites. Nous trouvons, dans les crustacés et dans les insectes de notre époque, des yeux offrant absolument la même structure. Ces organes ont donc tous été construits sur le même plan et d'après le même principe, et puisque les trilobites se montrent dès l'époque où la vie se manifeste pour la première fois sur notre planète, il est évident que les instruments visuels dont nous parlons, ne sont point passés, par une série de changements, des formes les plus simples aux formes les plus compliquées, mais qu'ils furent créés dès leur première origine et sans tâtonnement, dans une harmonie parfaite avec les usages et les conditions de la classe d'animaux qui a toujours été, comme elle nous apparaît maintenant, en possession d'yeux construits sur ce principe.

jourd'hui, n'est-elle pas en opposition la plus formelle avec la doctrine qui veut que la vie, chez les animaux, ait progressé depuis les rudiments les plus simples jusqu'aux formes les plus élevées?.....

Nous pouvons citer de semblables faits physiologiques dans les autres embranchements. Ainsi, dans celui des mollusques, l'histoire des coquilles cloisonnées nous fait voir que plusieurs des formes les plus simples ont conservé leur simplicité primitive en traversant tous les changements qu'a subis la surface de notre globe; tandis que dans d'autres cas des formes d'un ordre plus élevé précèdent plusieurs des formes les plus inférieures de l'animalité, et quelques-unes de ces dernières n'apparaissent pour la première fois qu'après la destruction complète de plusieurs espèces et de plusieurs genres d'un caractère beaucoup plus complexe. Nous trouvons, par exemple, que durant les périodes tertiaires, une classe d'animaux inférieurs en organisation, celle des *trachélipodes*[1] carnivores, a pris la place qu'occupait, durant les périodes secondaires, l'ordre plus élevé des *céphalopodes* carnivores, substitution qui est une véritable rétrogradation, loin d'être un développement progressif. De même encore, il résulte de l'étude des coquilles de nautiles fossiles, qu'elles ont conservé dans les terrains stratifiés de tous les âges la simplicité primitive de leur structure et que cette structure est essentiellement dans le nautile *flambé* des mers actuelles, ce qu'elle était dans les espèces fossiles les plus anciennes des couches

[1] L'ordre des trachélipodes de Lamarck comprend la plus grande partie des mollusques qui appartiennent à la classe des gastéropodes de Cuvier.

de transition; tandis que la famille des ammonites, si voisine de la précédente et dont les coquilles sont d'un travail plus compliqué et plus parfait que celles des nautiles, a commencé d'exister à la même époque reculée des formations de transition, et s'est éteinte dès la fin des formations secondaires.

Enfin, dans l'embranchement le plus élevé de la série zoologique, celui des vertébrés, nous trouvons également des faits qui ruinent complétement la vision panthéistique du *progrès continu :* c'est la classe des poissons, qui nous fournit ces arguments décisifs. Voici par quelles conclusions un savant célèbre termine ses recherches sur les poissons fossiles : « Il n'existe aucun point dans tout l'ensemble de la nature qui, plus que cette progression que nous avons tracée dans la classe des poissons, repousse la doctrine du développement graduel ou de la transmutation des espèces. Les sauroïdes, en effet, qui occupent dans l'échelle organique une place plus élevée que les formes ordinaires des poissons osseux, ne s'en montrent pas moins en nombre considérable dans les formations carbonifères et secondaires où elles atteignent une taille énorme, tandis qu'ils disparaissent pour être remplacés par des formes moins parfaites dans les couches tertiaires et que deux genres seulement les représentent parmi les poissons actuellement existants.

« Ici, comme dans plusieurs autres cas, ce que l'on observe, c'est une sorte de développement rétrograde qui s'avance des formes complexes aux formes simples. Il existait à ces époques reculées des espèces qui réunissaient plusieurs caractères organiques que l'on ne retrouve plus dans nos périodes modernes que répartis sur des familles séparées ; et ces faits semblent indiquer que la nature, dans la création successive des poissons, est plutôt partie des formes les plus parfaites en suivant les procédés de la division et de la soustraction, qu'elle n'a opéré par addition, en prenant pour point de départ les formes les moins parfaites[1]. »

Nous pouvons donc conclure par ces paroles mémorables de deux illustres savants auxquels semble s'être révélé le génie des créations antiques, et dont la voix s'élève dans la question qui vient de nous occuper comme un jugement solennel et sans appel : « Parmi les divers systèmes sur l'origine des êtres organisés, il n'en est pas de moins vraisemblable que celui qui en fait naître successivement les différents genres par des développements ou des métamorphoses graduelles[2]. »

« Les doctrines qui expliquent l'existence des espèces actuelles par un *développement* ou une *transmutation* d'autres espèces, ou qui admettent une *succession éternelle* d'individus des mêmes espèces sans un commencement comme sans une fin probable, ne s'étaient

[1] Buckland, *op. c.*, t. I, p. 257.

Il est démontré aussi que l'apparition des trois familles de reptiles, les plésiosaures, les ichthyosaures et les crocodiles, a été simultanée, et qu'ils ont continué d'exister ensemble jusqu'à la fin des formations secondaires, époque où les ichthyosaures et les plésiosaures ont disparu, tandis que les crocodiles se sont perpétués jusqu'à nos jours. Cette simultanéité d'existence dans les mêmes couches les plus anciennes est donc encore en opposition avec la théorie qui voudrait faire descendre les crocodiles actuels des plésiosaures et des ichthyosaures.

[2] Cuvier, *Ossements fossiles*, t. III, p. 297.

encore heurtées contre aucune réponse aussi décisive que celle qui nous est fournie par les débris organiques fossiles[1]. »

[1] Buckland, t. I, p. 515.

CHAPITRE XIII.

LA GÉOLOGIE CONSIDÉRÉE DANS SES RAPPORTS AVEC LA RÉVÉLATION MOSAÏQUE.

§ I.

But de Moïse dans l'histoire de la création. — Les formations géologiques ne peuvent être attribuées au déluge.

Si nous cherchons à nous rendre compte du but que s'est proposé Moïse, dans le récit de la création, nous ne pourrons douter qu'il n'ait voulu surtout prémunir les Israélites contre l'idolâtrie des nations qui les entouraient. On sait que, dans ces âges reculés, principalement en Orient, cette idolâtrie consistait dans le culte et l'adoration de la terre et des éléments, du soleil, de la lune, de ces corps célestes, pleins de magnificence, qui se meuvent avec une si harmonieuse régularité dans l'espace, et qui paraissent remplir un rôle si important dans l'évolution de tous les phénomènes de notre monde [1]. Rien n'était donc plus propre à détour-

[1] « Ils sont vains, tous les hommes en qui n'est pas la science de Dieu ; car ils n'ont pu, des biens qui paraissent, s'élever à com-

ner un peuple déjà si enclin à sacrifier aux dieux étrangers, que de proclamer que ces globes et ces astres, et tout ce qu'ils renferment, sont l'ouvrage d'un créateur unique et tout-puissant, à qui seul doivent être rendus toute gloire et tout hommage.

L'objet des communications divines faites à Moïse a donc été de nous donner des lumières morales, de fixer nos convictions religieuses, de nous donner des règles

prendre celui qui est; ils n'ont pas, en considérant les œuvres, connu quel était l'ouvrier.

« Mais le feu, le vent, l'air, la multitude des étoiles, l'abîme des eaux, le soleil, la lune, voilà ceux qu'ils ont crus les arbitres du monde.

« Si, entraînés par leur beauté, ils les ont regardés comme des dieux, qu'ils apprennent combien est plus beau leur dominateur, puisque, source de la beauté, il les a créés tous;

« Et s'ils ont admiré la force et le pouvoir des créatures, qu'ils comprennent par là combien est plus puissant et plus fort celui qui les a faites. » Sagesse, XIII, 1, 2, 3, 4.

Le sabéisme était la religion de la plupart des peuples de l'Orient. Ce mot vient de *Tzeba*, *Tzebaoth* (armée), et désigne les adorateurs de l'*armée des cieux*.

Ce qui vient confirmer encore le sentiment que nous émettons ici sur le but que Moïse avait en vue, dans le récit de la création, c'est son insistance à recommander presqu'à chaque page de la loi, d'honorer la cessation des œuvres du Très-Haut par la cessation de tout travail manuel le septième jour de chaque semaine. *Voilà*, disait-il aux Israélites, *la marque à laquelle on reconnaîtra le peuple de Dieu* (Exod. XXXI, 13). En effet, ce repos religieux était une profession expresse de reconnaître l'œuvre des six jours, de rejeter l'éternité du monde, et de ne regarder le soleil, la lune et tous les êtres divinisés dans la nature par les Égyptiens, les Arabes et les Chaldéens, que comme des masses de matière qui n'avaient d'action et de beauté que ce qu'il avait plu à l'Éternel de leur en donner pour le service des créatures intelligentes.

de conduite, d'établir des dogmes ou d'imposer des devoirs, conformément aux vues que Dieu s'est proposées toutes les fois qu'il s'est manifesté aux hommes par des révélations, mais nullement de nous enseigner les sciences physiques et naturelles, et de nous révéler les lois par lesquelles il a créé et gouverne l'univers. Qui ne comprend que de telles révélations scientifiques dépassent les forces de l'homme dans les conditions physiques et morales où il est placé ? Il ne s'agit de rien moins, en effet, que d'embrasser dans ce qu'elles ont de plus intime toutes les œuvres et toutes les voies de l'intelligence infinie. N'est-ce pas demander une communication de l'omniscience? Quel que soit, en effet, le point de la science des opérations divines auquel l'historien sacré se serait arrêté, on aurait toujours pu accuser son récit d'imperfection ou d'oubli pour les choses qu'il aurait passées sous silence. Ainsi, il n'aurait pu se mettre à l'abri des reproches que par une révélation complète de tout ce qu'il y a de mystérieux dans les mécanismes des mondes matériels et dans les forces qui les mettent en mouvement. Mais alors, au lieu de quelques chapitres, il lui aurait fallu écrire une encyclopédie des sciences d'une étendue et d'une profondeur telles, que tout le génie du savant le plus universel pourrait à peine s'en faire une idée. Il y a donc une véritable déraison à vouloir trouver, dans le livre sacré, une histoire complète et détaillée des opérations de la toute-puissance créatrice, lesquelles appartiennent à des époques et à un état de choses qui n'offrent aucun rapport direct avec l'espèce humaine. N'est-il pas d'ailleurs évident que l'imperfection du langage n'aurait pas même permis de les décrire?

Jusqu'au siècle dernier, on n'avait guère mis en doute que tous les fossiles indistinctement ne fussent des témoignages et comme des médailles du déluge [1]. Mais à mesure que les observations se multiplièrent et qu'on pénétra plus avant et sur un plus grand nombre de points dans l'intérieur du globe, l'examen attentif des couches fit découvrir entre elles un ordre constant et régulier de superposition, et de plus on remarqua que chaque série de couches était caractérisée par des restes organiques différents. Dès lors la théorie admise jusque-là devint insoutenable. Comment, en effet, rendre compte, par l'action des eaux diluviennes, de fossiles ensevelis à 390 et jusque 580 mètres de profondeur, de leur présence au sein d'immenses bancs de schistes, de grès, de calcaires compactes et de marbres, dont la formation a nécessairement exigé un nombre considérable de siècles? Il faudrait admettre qu'avant le déluge ces roches diverses n'existaient pas, puisqu'elles sont naturellement insolubles dans l'eau ordinaire, qui ne peut agir sur elles que mécaniquement et par une action érosive d'une extrême lenteur. D'ailleurs, l'eau diluvienne n'aurait pu les dissoudre sans dissoudre en même temps les coquillages, dont la na-

[1] Il est curieux de voir l'embarras de certains savants du XVe et du XVIe siècle, cherchant à expliquer autrement que par l'action du déluge, l'existence des fossiles dans le sein de la terre. Les uns (Agricola, Mathiole, etc.) prétendaient que les fossiles étaient produits par une matière grasse, mise en fermentation par la chaleur; les autres (Mercati, etc.), que c'étaient des pierres qui devaient leur forme à l'influence des astres; d'autres encore (le médecin Fallope) n'hésitaient pas à en attribuer la formation aux mouvements tumultueux des exhalaisons terrestres. — Voy. Brocchi, *Conchiologia fossile subapennina*, t. I, p. 5 et suiv.

ture chimique est la même, et que l'on trouve cependant aujourd'hui sans altération dans ces roches.

Et puis, peut-on se représenter le déluge autrement que comme un agent de trouble et de destruction, bouleversant la surface de la terre et entassant dans une complète confusion toutes les ruines qu'il entraînait dans ses flots dévastateurs? Tel est bien, sans doute, le caractère du terrain superficiel dont la formation lui est attribuée, mais tel n'est point celui des couches qui lui sont inférieures. Tout, dans ces dernières, atteste au contraire, en général, une déposition régulière, graduelle et tranquille des éléments qui les composent, et il existe une telle symétrie, un tel ordre de succession entre les divers strates des terrains, ainsi qu'entre les fossiles qui y sont distribués, que la raison d'un semblable état de choses ne peut être cherchée sans absurdité dans une catastrophe convulsive et violente[1].

[1] Pour prévenir l'entière destruction des animaux, Noë, par l'ordre de Dieu, prend avec lui dans l'arche un couple de chaque espèce : nous ne voyons point que les mêmes précautions aient été prises à l'égard des plantes. Cependant, si le déluge avait bouleversé toute la croûte stratifiée du globe à une profondeur de plus de 480 mètres, on ne comprend pas comment il eût pu échapper un seul végétal.

Il existe bien d'autres difficultés qu'il est inutile de rapporter pour combattre une opinion aujourd'hui universellement abandonnée. On en trouvera un excellent résumé dans les *Annotations géologiques à la Genèse*, par M. Desdouits, t. III du *Cours complet* d'Écriture sainte, publié par M. Migne.

§ II.

Du système des *jours-périodes* ou *époques indéterminées.*

Vers la fin du siècle dernier, un nouveau système fut substitué à l'ancien, reconnu désormais inadmissible, ce fut celui des *périodes indéfinies*, soutenu principalement par Deluc, et qui consiste à regarder les six jours de la création comme autant de périodes d'une durée indéterminée. Cette opinion acquit un certain crédit après les travaux de Cuvier, et quelques géologues, qui veulent absolument trouver un système cosmogonique dans le premier chapitre de la Genèse, continuent de l'adopter, malgré les nombreuses et graves objections dont elle est passible, et relativement au texte sacré qu'elle torture étrangement, et du côté des faits de la science avec laquelle elle ne peut se concilier.

Le mot *yôm*, qui signifie un jour naturel, et qu'on a traduit par *époque*, a bien, à la vérité, ce dernier sens quelquefois dans l'Écriture, mais alors le contexte détermine clairement l'acception dans laquelle il convient de le prendre. Or, dans le premier chapitre de la Bible, où ce terme est répété jusqu'à six fois, rien n'indique qu'il doive y recevoir une signification autre que celle qui est la plus naturelle et la plus commune. Loin de là, les mots *vesperè* et *manè*, *soir* et *matin*, employés pour désigner le commencement et la fin d'un jour ordinaire, démontrent avec une palpable évidence qu'il s'agit d'un jour vulgaire et non d'un *jour-période* ou métaphorique ; de sorte qu'en supposant à Moïse l'intention de faire comprendre des jours semblables à ceux qui résultent aujourd'hui de la révolution diurne du globe, il n'aurait pu se servir d'une expression plus précise ni plus claire[1].

Si nous avons recours à l'examen comparatif des divers passages de l'Écriture, où les jours de la création sont rappelés par Moïse, nous ne trouverons rien encore qui puisse justifier une interprétation aussi témérairement hasardée; au contraire, tout entraîne à croire qu'il s'agit de jours véritables : « Vous travaillerez

[1] M. Marcel de Serres cite le quatrième verset du second chapitre de la Genèse comme un exemple de l'emploi du mot *yôm* dans le sens d'*époque*. En effet, c'est le sens qu'il paraît avoir dans ce verset, et il nous semble que cette signification est peu favorable ici à l'opinion que soutient ce savant. On conçoit très-bien en effet que l'ensemble des six jours de la création puisse être considéré comme formant une *époque;* mais l'esprit est moins satisfait de l'idée qui se présente relativement à ce verset, quand on regarde les six jours génésiaques comme six époques : on trouve alors qu'il est moins exact de se servir du mot *époque* pour désigner un ensemble d'*époques*. — Comment, demande M. Marcel de Serres, d'après Deluc, comment, en parlant de la première époque, Moïse aurait-il pu l'assimiler à des jours de vingt-quatre heures, puisque ceux-ci sont mesurés par des révolutions de la terre sur son axe, en présence du soleil, et que cet astre n'a été disposé qu'à la quatrième époque pour répandre la lumière sur la terre? A cela on peut répondre que le premier jour n'a pas été mesuré, si l'on veut, par une révolution de la terre sur son axe, en présence du soleil illuminant la surface de notre planète, mais que ce premier jour a été un jour d'une durée équivalente à nos jours ordinaires, quelle qu'ait été la mesure employée par le Créateur à cette fin, puisque Moïse l'affirme, et que pour désigner les jours éclairés par le soleil, les 4e, 5e et 6e, l'historien sacré emploie exactement la même expression qu'en parlant du 1er, du 2e et du 3e jour.

pendant six jours, dit Moïse aux Israélites, et vous vous reposerez le septième, parce que le Seigneur a fait le ciel et la terre en six jours, et il s'est reposé le septième. » (Exode, XX, 10-11.)

Moïse emploie ici le même terme pour exprimer les jours de la création et les jours ordinaires; un langage aussi constamment équivoque n'aurait-il pas jeté les esprits dans une erreur inévitable, quand il était si facile à Moïse de la prévenir?

Les géologues qui interprètent le mot *yôm* par *époque indéfinie*, prétendent que le *matin*, *manè* (*boker*), signifie le *commencement*, l'*aurore* d'une période ou d'une création, et le *soir*, *vesperè* (*ereb*), une *révolution*, une catastrophe, marquant la fin de cette même période; et c'est ainsi qu'ils expliquent la formation des divers terrains et l'ensevelissement des fossiles que ces terrains renferment. « En répétant à chaque *yôm* qu'il y a eu un soir et un matin, dit M. Marcel de Serres, Moïse en a fait une période à part, et nous a ainsi indiqué que de grands bouleversements l'ont distinguée de l'ère suivante, ainsi que nous l'apprennent les faits géologiques[1]. » Moïse se sert des mots *vesperè* et *manè*, en parlant du commencement et de la fin du premier et du second jour. De quel bouleversement s'agit-il à la fin de ces deux prétendues périodes? Moïse emploie encore le même terme pour désigner la fin du sixième jour auquel la création de l'homme appartient. S'il y a eu une catastrophe, un bouleversement à la fin de cette période, comment les animaux actuellement existants, et l'homme principalement, ont-ils pu

[1] De la Cosmogonie de Moïse, t. I, p. 14 et 169, etc. 1841.

échapper à cette révolution? Pourquoi d'ailleurs ces anéantissements, ces destructions successives d'œuvres dont le Créateur s'était applaudi lui-même après les avoir faites, et dont il avait dit, de chacune en particulier, qu'elle était *bonne*, et de toutes ensemble, qu'elles étaient *parfaitement bonnes?*

Si les jours démiurgiques sont des *époques*, l'homme appartient donc à deux époques, à la sixième, qui est celle où il a été créé, et à la septième, qui dure encore. La Genèse, après avoir mentionné la création des animaux terrestres, des reptiles et de l'homme, termine par la formule ordinaire : *Il y eut un soir et un matin, ce fut le sixième jour.* Quel que soit l'instant que les partisans des *jours-périodes* choisissent dans cette sixième époque, pour y placer la création de l'homme, ils ont à résoudre une difficulté à laquelle il ne nous paraît pas facile de répondre d'une manière satisfaisante. Il est naturel, sans doute, d'admettre que le commencement de chaque époque est caractérisé par une création particulière; c'est, du reste, ce que soutiennent les savants dont nous combattons en ce moment l'opinion; ainsi le commencement du premier jour est marqué par l'apparition de la lumière, celui du second jour, par la création du firmament; ainsi des jours qui suivent. Il serait tout à fait arbitraire d'excepter le sixième jour, et de refuser d'admettre que le commencement de cette *époque* a été signalé par la création des animaux terrestres et par celle de l'homme. Mais alors l'homme a donc traversé toute cette sixième époque, et nous voilà rejetés hors des temps historiques.... Ce n'est pas tout. Comment arriver à la septième époque, celle du repos du Créateur? Si Dieu s'est reposé immédiatement après la création de l'homme, son dernier ouvrage, sorti de ses mains au commencement de la sixième époque, la sixième et la septième époque se confondent.

Selon la Genèse, les bêtes de la terre, les reptiles, les animaux domestiques, ont été créés, ainsi que l'homme, le sixième jour. Or, les restes fossiles de ces animaux ont été entassés dans les terrains tertiaires et supérieurs, tels que les gypses du bassin de Paris, etc. Comment se fait-il qu'il ne se trouve, dans ces mêmes formations géologiques, non-seulement aucun ossement appartenant à l'homme, mais même aucun monument de son industrie? Et puis ces terrains étant le résultat de dépôts lents et successifs, leur formation a nécessairement exigé un grand nombre de siècles. Et l'homme, qui est de la même époque, aura subsisté pendant cette longue durée!.. Pour éviter cette difficulté, établira-t-on deux époques dans une époque? Dira-t-on que Dieu créa d'abord les animaux terrestres, puis l'homme beaucoup plus tard? Mais sur quoi fonderait-on cette division d'une époque en deux, quand Moïse réunit cette double création en un seul jour, en une seule époque? Rien ne serait plus arbitraire que de prétendre que les animaux des terrains tertiaires ont été créés au commencement du sixième jour et ont traversé toute cette longue période, mais que l'homme, rapporté à cette même époque par Moïse, n'est venu qu'après la formation de ces mêmes terrains, c'est-à-dire après un intervalle de temps extrêmement considérable. L'avénement, la création de l'homme marquerait donc la fin, le *soir* de cette sixième époque? Le mot *soir* aurait donc ici un sens tout différent de celui qu'on lui donne dans les autres versets, ce que rien ne justifie. On le voit, il n'y a de tout côté qu'inextricables embarras.

Enfin, les partisans des *jours-périodes* sont forcés d'admettre, pour être conséquents, que les terrains les plus anciens, ceux de transition, ne contiennent que des débris de végétaux et point de restes d'animaux, puisque ceux-ci ne furent créés que le cinquième jour, et pourtant les plus basses couches transitaires, la grauwacke, le groupe houiller, renferment pêle-mêle, avec les plantes fossiles, des débris d'animaux marins et terrestres, des insectes de plusieurs familles et à respiration aérienne, etc. De là cette conséquence nécessaire, que l'origine des plantes et celle des animaux datent de la même époque. Le système est donc ici en flagrante contradiction avec les faits géologiques. Pressés par cette objection, les géologues que nous combattons, ont répondu que la proportion des végétaux l'emportait toutefois sur celle des animaux, observation futile qui laisse subsister la difficulté dans toute sa force.....

Nous taisons plusieurs autres difficultés non moins graves, et nous croyons en avoir dit assez pour faire sentir toute la fragilité, toute la vanité d'une pareille théorie.

§ III.

De l'hypothèse qui rejette les formations géologiques au delà du premier jour génésiaque. — Interprétation du premier chapitre de la Genèse.

Frappés de ces difficultés insolubles, des hommes éminents dans la science et qui professent le respect le plus profond pour l'autorité du récit de Moïse, ont compris que ce récit devait être mis en dehors de toute discussion géologique sur l'origine primitive de notre planète et sur l'histoire des formations stratifiées qui en composent l'enveloppe. Ils admettent donc une période de temps d'une durée indéfinie entre le premier acte de la création annoncée par le premier verset, et l'organisation du monde adamique; et cette opinion est fondée tout à la fois sur l'interprétation la plus naturelle du premier chapitre de la Genèse, et les conclusions irrésistibles auxquelles nous conduit l'étude des phénomènes géologiques.

« Au commencement Dieu créa le ciel et la terre. »

Ce premier verset est-il le préambule sommaire, le résumé de ce qui va être raconté plus en détail dans le reste du chapitre? Quelques interprètes l'ont avancé; mais le plus grand nombre des commentateurs le considèrent comme étant simplement l'expression d'un fait, celui de la création du ciel et de la terre, sans limiter la durée dans laquelle s'est exercée l'action du Créateur. Cette dernière interprétation est parfaitement en harmonie avec les découvertes de la géologie. Elle puise d'ailleurs un haut degré de vraisemblance dans cette circonstance remarquable que la création du globe terrestre n'est mentionnée nulle part ailleurs[1].

[1] Il en est ainsi de la création du *ciel* annoncée au premier verset. Ce mot *ciel* s'applique ici évidemment à tout l'ensemble des systèmes sidéraux, et non à l'*atmosphère* ou à l'*étendue*, suivant l'explication donnée au mot *firmamentum*, appelé aussi *ciel*, le deuxième jour. Quoique, dans l'un et l'autre verset, l'hébreu se

Le terme, *au commencement*, indique un espace de temps illimité entre le premier acte qui fit sortir du néant les éléments du monde matériel, et le *chaos* ou la dernière grande révolution qui a changé la face de notre planète, révolution désignée par le second verset, et qui fut le soir du premier jour de la narration mosaïque. C'est dans cet intervalle, qui a pu être d'une immense étendue, que s'est accomplie la longue série des événements qui ont déterminé la structure minérale de notre globe, telle qu'elle est reconnue par les investigations de la science, et qui ont mis ainsi notre planète dans la plus parfaite harmonie avec les besoins de l'espèce humaine, à l'habitation de laquelle elle était définitivement destinée. Le narrateur sacré commence par proclamer sommairement que l'univers tout entier, et la *terre*, spécialement désignée parce qu'elle va devenir le théâtre d'une nouvelle manifestation de la puissance divine, et le *ciel*, c'est-à-dire l'ensemble des globes célestes qui se meuvent dans l'espace, ont reçu l'existence, à une époque inassignée, par la volonté d'un créateur unique et tout-puissant, et que, par conséquent, ils ne sont point éternels; puis, sans s'arrêter à satisfaire une vaine curiosité par la description d'un état de choses intermédiaire, tout à fait étranger à

serve du même terme (*Schamaïm*), il est clair qu'il ne peut être question du même objet.

Nous observerons à ce sujet que, dans le premier verset, la création du ciel ou des astres est désignée avant celle de la terre, tandis que l'ordre logique, si le premier verset était un sommaire, aurait exigé que la terre eût été nommée la première, puisque, dans cette opinion, elle aurait été créée avant le ciel ou les corps célestes.

l'homme auquel il n'a pour but que d'enseigner des vérités morales et non scientifiques, Moïse arrive à l'histoire particulière d'un ordre d'événements immédiatement en rapport avec l'origine et les destinées de la noble créature que Dieu va former à son *image* et à sa *ressemblance*, et animer d'un souffle immortel.

Le second verset décrit en quelques mots la submersion et les ténèbres temporaires de cet ancien monde qui, à la voix de Dieu, va sortir de ses ruines et recevoir une nouvelle organisation. Ce verset dépeint l'état du globe tel qu'il était le soir du premier jour; il indique la fin de cet espace de temps indéfini qui suivit la création première et le commencement des six jours qui vont être employés à placer notre globe dans des conditions convenables pour qu'il puisse recevoir l'espèce humaine. Il y est fait une mention précise de la terre et des eaux comme déjà existantes, mais nulle part il n'est dit que cette terre et que ces eaux aient été créées soit le premier jour, soit quelqu'un des jours suivants; elles ne firent donc pas partie des œuvres accomplies pendant les six jours; elles existaient donc antérieurement [1]. Aussi l'action divine se borne-t-elle, à leur égard, à les séparer définitivement au troisième

[1] Les partisans des *époques indéterminées* admettent aussi une période indéfinie entre le *commencement* des choses et le premier jour génésiaque. « Le législateur des Hébreux ne nous a fourni aucune donnée sur la longueur de cette période, antérieure aux six époques de la création. Faute de notions à cet égard, on peut supposer que des millions d'années ont rempli l'intervalle indéfini qui sépare le commencement de la première époque, où la terre reçut une forme et des dispositions nouvelles. » M. Marcel de Serres, *de la Cosmogonie de Moïse*, t. I, p. 25.

jour par le *rassemblement des eaux dans un même lieu*, et par l'émersion du *sec* (*appareat arida*) ou de la terre au-dessus du niveau de cet océan primitif[1].

Il est remarquable que chacune des opérations du Créateur est précédée, dans le récit des six jours, par

[1] Plusieurs Pères de l'Église, cités par le savant Petau (*Dogm. theol.*, t. III, c. XI, § 1-8), regardent aussi les deux premiers versets de la Genèse comme renfermant le récit d'un acte de création distinct et antérieur. Saint Grégoire de Nazianze (4e siècle), surnommé le théologien par excellence, suppose, d'après saint Justin, martyr, une période indéfinie entre la création et le premier arrangement régulier de toutes choses (*Orat.* II, t. I, p. 51). Saint Basile le Grand (4e siècle), saint Césaire, frère de saint Grégoire de Nazianze, et Origène, l'un des plus grands génies de l'église primitive (3e siècle), sont beaucoup plus formels encore; ils expliquent la création de la lumière antérieurement à celle du soleil, en supposant que cet astre avait à la vérité existé auparavant, mais que ses rayons ne pouvaient pénétrer jusqu'à la terre à cause de la densité de l'atmosphère pendant le chaos; cette atmosphère ayant été raréfiée le premier jour, permit la transmission des rayons du soleil, sans que toutefois on pût encore distinguer son disque, qui ne fut complétement visible que le troisième jour. Saint Basile, *Hexam.; Hom.* 2, p. 23. — Saint Césaire, *Dial.* 1. — Origène, Periarch., lib. IV, c. 16, t. 1. — Ce dernier Père va jusqu'à dire : « Quel homme sensé peut penser que le premier, le second et le troisième jour furent sans soleil, sans lune et sans étoiles? » Saint Jérôme dit aussi : *Sex millia necdùm nostri orbis implentùr anni, et quantas priùs æternitates, quanta tempora, quantas sæculorum origines fuisse arbitrandum est!* » — Voy. de plus saint Chrysostome, saint Épiphane, saint Hilaire, saint Augustin, saint Thomas, saint Denis l'aréopagite, etc. Nous ne produisons ces témoignages que pour montrer que ce qui a été réclamé par les découvertes de la géologie moderne, a été autrefois accordé par les grands génies du christianisme primitif, lesquels assurément, ainsi que l'observe Mgr. Wiseman (*Disc.*, etc., t. I, p. 313), n'auraient pas sacrifié un iota de la vérité de l'Écriture.

ces mots : « Dieu dit..... » ; ce qui paraît indiquer que l'œuvre du premier jour ne commença que quand ces paroles furent prononcées pour la première fois au sujet de la formation de la lumière ; tandis que la création primitive de la matière dont il est question au premier verset, et qui n'est précédée d'aucune déclaration semblable, remonterait à une époque antérieure et indéterminée.

Enfin, des considérations philologiques viennent à l'appui de la même opinion. En effet, le mot hébreu *bara*, *créer*, souvent synonyme d'*asah*, *faire*, *arranger*, n'emporte pas moins avec lui une signification plus élevée et plus énergique que celle de ce dernier ; aussi a-t-il été employé par Moïse pour exprimer la création originelle du ciel et de la terre ; mais dans les versets suivants, il se sert presque toujours d'un verbe qui entraîne l'idée d'*arranger*, de *disposer* (*fecit*, *posuit*), ce qui autorise à croire qu'il ne s'agit, dans l'œuvre des six jours, que d'une *transformation* ou *réorganisation* d'un ancien monde naufragé, et non d'une création de *rien*, d'une création véritable [1].

[1] C'est une erreur de penser que les mots hébreux *bara*, créer, *asaph*, faire, *yatsar*, former, doivent être nécessairement entendus dans le sens de créer ou faire de *rien*. Et ce qui le prouve d'abord, c'est la nécessité où nous sommes d'ajouter, comme complément à ces verbes, les mots *de rien*, quand nous voulons parler d'une créature tirée du néant par la toute-puissance de Dieu. Lorsque nous parlons de la création de l'homme, nous n'entendons pas que Dieu l'ait *matériellement* créé de rien, mais seulement qu'il a été tiré d'une matière déjà existante, de la *poussière* ou du *limon de la terre* (Gen. II, 7). Guidés par l'analogie, nous devons naturellement penser qu'il en a été ainsi pour la formation d'êtres subalternes, plantes, animaux, astres, etc.

Les mots *yehi or*, « que la lumière soit, » signifient seulement une substitution de la lumière à l'obscurité qui avait temporairement couvert la surface de notre planète, et rien, dans ces paroles, ne peut faire supposer que la lumière n'eût pas existé antérieurement ; opinion confirmée et par l'existence d'yeux chez les animaux fossiles découverts dans les formations géologiques de tous les âges, et par la nécessité de ce fluide pour l'accroissement des végétaux dont les débris remplissent les couches de tous les terrains [1].

Rien ne s'oppose, non plus, à ce qu'on admette comme ayant existé dès le *commencement*, le soleil et la lune, dont Moïse ne fait évidemment une mention plus spéciale dans son récit, qu'à cause de leurs rapports immédiats avec notre globe et avec l'espèce humaine qui allait y prendre place [2]. Dans cette supposition fort vraisemblable, les ténèbres qui « couvraient la face de l'abîme » le soir du premier jour, n'auraient été produites que par une vapeur dense, résultant d'une grave perturbation dans les éléments. La lumière, comme nous l'avons vu (chap. I, § I), étant un effet

[1] Voir la note D, à la fin du volume.

[2] Moïse nomme aussi les étoiles, mais seulement sous forme de parenthèse. « Cette mention si brève accordée en passant à toute la phalange innombrable de ces corps célestes, dont chacun, selon toute probabilité, est un soleil à part, et le centre d'un système planétaire, tandis que la lune, notre petit satellite, est citée comme approchant du soleil par son importance, nous démontre clairement qu'il n'est accordé d'autre intérêt aux phénomènes astronomiques que celui qui résulte de leurs rapports avec le globe, et surtout avec l'espèce humaine, et nullement de leur importance réelle dans l'immensité de l'univers. » Buckland, *Op. cit.*, t. I, p. 23.

des ondulations de l'éther, fluide infiniment subtil qui remplit l'espace et pénètre intimement tous les corps, Dieu a pu en déterminer les vibrations, dès le premier jour, par des moyens tout différents de l'impulsion du soleil [1] et des autres astres, soit que ces instruments vibratoires aient été temporairement frappés d'inertie, soit que la cause qui s'opposait à leur action n'ait été complétement détruite par l'entière purification de l'atmosphère, qu'au quatrième jour, époque où ces globes auraient apparu de nouveau dans la voûte des cieux, et auraient définitivement recouvré leurs importantes fonctions et leurs premières relations avec la terre nouvellement modifiée, et avec l'espèce humaine.

Une interprétation aussi naturelle, aussi littérale, et cette considération que Moïse ne nous dit pas tout et ne devait pas tout nous dire, l'objet de son récit n'étant aucunement d'établir de quelle manière, mais bien *par qui* le monde a été créé, sont assurément de bien suffisantes raisons pour accueillir l'hypothèse que nous venons de présenter, dès lors surtout que l'observation des faits géologiques et les découvertes de la

[1] La matière éthérée est mise en vibration non-seulement par les astres, mais encore par la combustion, par l'électricité, par le phénomène des aurores boréales, etc. Au moyen provisoire employé par le Créateur pour la production de la lumière le premier, le second et le troisième jour, fut substituée, le quatrième jour, l'action du soleil et de la lune; mais avant que ces luminaires célestes eussent été chargés de « régner sur le jour et sur la nuit, » « de fixer les mois et les saisons, les années et les jours, » il y avait déjà eu succession de jour et de nuit véritables, et le globe n'avait pas cessé d'accomplir sur son axe sa révolution diurne; le cinquième verset est formel à cet égard.

science nous y conduisent manifestement [1], de même que nous admettons, d'après le témoignage du télescope, l'existence des satellites de Jupiter, l'anneau de Saturne, etc., quoiqu'il n'en soit fait aucune mention dans le récit mosaïque, le but de l'historien inspiré étant uniquement de révéler à l'homme ce qu'il était nécessaire qu'il connût dans l'ordre moral et religieux, et nullement, sans doute, d'écrire une encyclopédie des sciences, ainsi que nous l'avons déjà observé au commencement de ce chapitre [2].

[1] « Qui oserait dire quelle distance sépare le jour où fut créée la terre et celui où il plut à Dieu de placer l'homme à sa surface? Sur ces questions, l'Écriture se tait, mais son silence ne détruit pas la signification de tous ces monuments physiques que Dieu a placés sous nos yeux pour nous attester sa puissance, en même temps qu'il nous a donné toutes les facultés qui peuvent nous conduire à les interpréter et à en comprendre les enseignements. » Sedgwik, *Disc. sur les Études de l'Université de Cambridge* (1833).

[2] M. Desdouits est le premier auteur qui ait soutenu, en France, l'hypothèse qui rejette au delà du point de départ de la narration mosaïque, l'histoire des révolutions du globe. Voyez ce qu'il a publié sur ce sujet dans l'*Université catholique* (t. III, p. 457), dans ses *Annotations géologiques* à la Genèse, et surtout dans son ouvrage intitulé : *Les Soirées de Montlhéry*, ou *Entretiens sur les Origines bibliques*, 2e édition considérablement augmentée. Dans cet ouvrage, M. Desdouits discute avec une grande supériorité de savoir et de langage, et une lucidité fort remarquable, les plus importantes questions scientifiques, considérées dans leurs rapports avec nos livres sacrés.

Cette même hypothèse a été adoptée par M. de Genoude, dans son Commentaire sur le livre de la Genèse, et déjà le jésuite Pererius l'avait proposée dans un commentaire sur le même livre.

C'est aussi celle qui a été admise par le célèbre docteur Mgr Wiseman, ancien professeur de l'Université de Rome. Il dit de la

Telle est la seule voie qu'il nous paraisse convenable d'adopter, pour mettre nos traditions sacrées à l'abri de toutes ces élucubrations qui bouleversent d'une manière si étrange le sublime récit mosaïque, et qui sont également repoussées et par le texte auquel elles donnent un sens perpétuellement contradictoire, et par les découvertes scientifiques avec lesquelles elles sont tout à fait inconciliables. « Faisons grâce à Moïse de ce qu'il n'a pas voulu nous dire, et mettons son histoire de la naissance du genre humain en dehors de l'arène où s'exercent la science et ses systèmes. Ce sera à la fois vérité et sagesse[1]. »

§ IV.

Autres théories explicatives du premier chapitre de la Genèse.

Si nous voulions rapporter ici tous les commentaires anciens et nouveaux qui ont été faits sur le premier chapitre de la Genèse, nous dépasserions considérablement, et sans beaucoup de profit pour le lecteur, les limites dans lesquelles nous devons nous renfermer.

théorie des *époques indéterminées*, que « bien que louable dans son objet, elle n'est certainement pas satisfaisante dans ses résultats. » — *Discours sur les rapports entre la science et la religion révélée*, t. I, p. 308.

Le Cuvier de l'Angleterre, l'illustre Buckland, le plus savant géologue de notre époque, l'a soutenue avec toute la supériorité de son génie dans son ouvrage intitulé : *La Géologie et la Minéralogie dans leurs rapports avec la Théol. nat.*

Enfin M. Letronne, une des illustrations de la science à notre époque, soutient aussi le même sentiment.

[1] M. Desdouits, dans l'*Université catholique*, t. III, p. 460.

Parmi les explications qui ont été présentées récemment, nous en mentionnerons deux qui nous paraissent mériter plus d'attention. L'une appartient à M. Godefroy, l'autre à M. l'abbé Maupied.

Selon M. Godefroy, qui s'appuie sur saint Augustin, plusieurs autres Pères et auteurs ecclésiastiques, le ciel du premier jour n'est pas le ciel que nous voyons, et la terre créée en même temps que le ciel n'est pas le globe que nous habitons. La création du ciel et de la terre du premier jour n'est que la création de la matière constitutive du ciel et de la terre, matière élémentaire, diffuse, fluide, invisible (*inanis et vacua*), divisée jusqu'à être impalpable, jusqu'à l'annihilation, suivant la force des termes dans la version samaritaine. Tel était au premier jour l'état non pas seulement de la terre, mais de la création tout entière.

M. Godefroy entend, par les *eaux*, cette même matière informe, ténébreuse, qui doit servir à composer l'univers [1]; et cet *esprit de Dieu qui planait sur toute la matière fluide de la création*, est un agent naturel, créé, universel, le principe invisible qui donne la vie et le mouvement à toute la matière, *vitalis creatura quâ universus visibilis mundus, atque omnia corpora continentur et moventur* (saint Augustin, *Comment. in Gen.*); enfin le génie du feu, d'où procèdent toutes les opérations de la sagesse créatrice pendant les quatre jours consacrés à l'organisation des mondes. Le principe calorifique, par l'effet de son dégagement

[1] *Ex aquis enim his facti sunt cœli : tam enim cœli quàm sublunaria facta sunt ex eâdem aquarum abysso.* Script. Sacr. Curs. compl., t. V, 1837.

naturel et progressif, opère peu à peu la condensation de l'immense masse de vapeurs ou de gaz diffus dans l'espace. L'apparition de la lumière aurait été l'effet de la première condensation de la matière gazeuse, de l'accumulation du calorique ou de la fréquence de ses vibrations à la surface de l'abîme; mais sa création daterait du premier instant de la nature, aussi bien que la création de tous les autres éléments.

Il faut entendre par *firmamentum*, στερέωμα, en hébreu *rakiah*, l'attraction qui *affermit* et *solidifie* les eaux ou la matière élémentaire qui remplissait l'étendue. Cette force centrale *divise les eaux des eaux*, c'est-à-dire, divise les éléments gazeux en agglomérations distinctes, en *abîmes* séparés en masses globulaires, pour constituer le ciel ou les divers systèmes célestes[1]. De même que le principe de la lumière, le principe de l'attraction résidait dès le premier instant de la création dans chacun des éléments de la matière; mais le principe calorifique l'empêchait de se manifester.

[1] « Parce qu'il est tout à la fois et plus simple et plus digne de la souveraine sagesse d'imaginer que tout est subordonné à une cause générale, que d'en admettre plusieurs indépendantes l'une de l'autre, nous croyons que le grand architecte de l'univers a fait dépendre d'une seule et même cause la formation et la distribution de tous les globes qui peuplent les espaces célestes. Nous le croyons surtout, parce que cette parité, ou plutôt cette unité d'action, est plus conforme à ce qui nous est révélé dans le livre de la génération du ciel et de la terre; parce qu'alors nous voyons tous les faits émaner d'un fait unique, du fait de la condensation primitivement opérée au centre de la matière fluide de la création, au milieu des eaux de l'abîme universel, et un seul ressort animer la machine immense du monde qu'une seule parole de son auteur a appelé à l'existence. » M. Godefroy, *la Cosmogonie de la révélation*, p. 91.

Dès le deuxième jour, la matière qui constitue la terre fut distincte de la matière qui constitue le ciel, ou, d'après le sens littéral du texte, les eaux en firmament au-dessous, *subter in firmamentum*, furent séparées des eaux en firmament au-dessus, *ab his quæ desuper in firmamentum*. Dans le récit de l'œuvre du troisième jour, il n'est plus question que des eaux en firmament au-dessous, et c'est du milieu de ces eaux inférieures, de ces eaux sous le ciel, que le noyau solide, le ferme, l'*aride* ou la terre, apparaît. Ces eaux du troisième jour, qui s'agglomèrent en un seul lieu, et du sein desquelles surgit le globe consolidé de la terre, sont les eaux de toutes les mers et de tous les fleuves, qui passent de l'état de vapeurs à l'état d'agrégation en se déposant à la surface de la terre faite *firmament* au milieu des eaux, et qui se distribuent dans les divers bassins des mers[1].

Le quatrième jour, la sagesse créatrice prépare les cieux en assujettissant les *abîmes* à la gravitation, à cette puissance universelle qui affermit et consolide les corps en masses globuleuses, en systèmes sphériques, *certâ lege et gyro vallabat abyssos* (Proverbes, VIII). C'est sur ces masses globuleuses déjà consolidées, c'est sur ces systèmes sphériques préparés pour les cieux, que Dieu condense la lumière. Cette illumination des corps célestes est le dernier acte de la toute-puissance divine dans la formation de l'univers matériel.

[1] « La terre, ayant, dans le commencement, une rondeur exacte, se trouva couverte d'eau sur toute la superficie; mais Dieu, par sa puissance, l'éleva en certains endroits et produisit les montagnes, et l'affaissa en d'autres, et creusa ces abîmes où les eaux s'écoulèrent. » Dom Calmet, *Comm. litt.* sur la Genèse, ch. I.

Suivant M. Godefroy, depuis l'effusion de la lumière qui eut lieu le premier jour, jusqu'à l'organisation des cieux opérée le quatrième jour, c'est-à-dire jusqu'à la formation du soleil, le fluide lumineux n'avait pas cessé d'éclairer toutes les phases de la création, et la nuit n'avait point encore succédé au jour, ni le jour à la nuit. Pour ce savant, les six jours génésiaques sont six époques d'une durée indéfinie, opinion dont nous avons déjà montré le peu de solidité.

La dernière interprétation qui ait été donnée du premier chapitre de la Genèse, est celle de M. l'abbé Maupied. M. Maupied adopte pour le premier verset de ce chapitre le sens présenté par MM. Glaire et Franck, qui regardent ce premier verset : « Au commencement, Dieu créa le ciel et la terre, » comme le sommaire de tout le chapitre, et le joignent au deuxième verset de cette manière : « Lorsque Dieu commença à créer le ciel et la terre, la terre n'était que néant et chaos, etc. »

Voici brièvement en quoi consiste la théorie explicative du savant auteur de la *Physique sacrée* [1].

Le premier jour, Dieu créa la terre et les eaux avec leurs lois et leurs propriétés ; les eaux devaient contenir en dissolution des sels et de l'air ; la terre était suspendue dans le vide et soumise au mouvement de rotation sur elle-même, mais non au mouvement annuel, les lois de l'attraction universelle n'existant pas encore ou ne pouvant s'exercer.

Dans cet état de choses, les eaux subirent les lois de la vaporisation avec d'autant plus de puissance qu'il

[1] Cours publié dans l'*Université catholique*.

y avait un vide parfait, les vapeurs se formant lentement dans l'air et instantanément dans le vide. Telle aurait été l'origine des vapeurs épaisses qui enveloppèrent la terre et les eaux (2e verset). Le mouvement giratoire de la terre et l'attraction exercée par elle sur les vapeurs qui l'environnaient, déterminèrent des courants dans cette vaste enveloppe, ce qui produisit un vent violent (*spiritus Dei ferebatur*, etc. [1]), qui donna lieu à une nouvelle formation de vapeurs. De là des ténèbres de plus en plus épaisses.

C'est alors (3e verset) que Dieu créa la lumière, qui ne serait autre chose que le fluide éthéré, répandu dans l'univers et dans tous les corps, source et cause des phénomènes de chaleur, d'électricité et de magnétisme, ainsi que les sciences physiques tendent à l'établir aujourd'hui. Ce fluide merveilleux, mis en mouvement, pénétra l'atmosphère ténébreuse qui enveloppait la terre et les eaux, et y produisit la lumière. Après cette brillante effusion du fluide lumineux au sein des ténèbres, les vapeurs, dilatées par l'action de la chaleur et de l'électricité, donnèrent lieu, par la raréfaction et même par l'ébullition que dut subir l'eau, à une nouvelle formation de vapeurs ; de là alternance entre la lumière et les ténèbres, dont les effets furent à jamais

[1] Les Égyptiens avaient traduit hiéroglyphiquement ce verset par l'épervier ou le vautour, oiseau qui vole en tournoyant dans les airs, et choisi par eux en conséquence pour l'emblème de l'esprit générateur qui volait en tournant sur la face des eaux ; puis par le bélier, placé au-dessous, symbole du fort, de Dieu, et enfin par quatre têtes du serpent (emblème des eaux chez tous les peuples de l'Orient), qui étaient placées sous les quatre pattes du bélier.

séparés (*et divisit lucem à tenebris*, etc.). Telle fut l'œuvre du premier jour.

Cependant les vapeurs s'étaient étendues jusqu'aux limites où Dieu voulait les arrêter ; la loi d'attraction les retenait autour de la terre, le vide était plein, l'eau ne pouvait plus se vaporiser. Alors l'action du fluide éthéré sur ces ténèbres ne fut plus dissimulée par la formation de nouvelles vapeurs, et la séparation des éléments simples put s'opérer. Ceux qui composent l'atmosphère proprement dite, l'azote et l'oxygène, et que la chimie nous montre plus pesants que ceux qui composent les vapeurs d'eau pure (l'hydrogène et l'oxygène combinés), s'étendirent naturellement en dessous, et des nuages d'eau vaporisée se formèrent dans la partie supérieure, en sorte qu'il y eut réellement une étendue *entre les eaux et les eaux*, entre les eaux liquides et les eaux en vapeurs ; *entre les eaux qui étaient au-dessous du firmament* (de l'atmosphère), et *les eaux qui étaient au-dessus.* Cette opération, pour ainsi dire chimico-électrique des vapeurs séparées en atmosphère et en nuages, ne put s'effectuer sans qu'il y eût production de lumière dans la vaste étendue de ce laboratoire de l'univers, ce qui fit le second jour (6e, 7e, 8e versets).

La lumière existe, l'atmosphère est formée ; pour achever la création de la terre, il n'y a plus qu'à réunir dans un seul lieu les eaux sous lesquelles la terre est encore ensevelie. Cet immense mouvement des eaux sur elles-mêmes produisit de nouvelles et abondantes vapeurs. Ces vapeurs contribuèrent à diminuer le trop plein des eaux, et par là la terre put se montrer en partie exondée et sèche (9e et 10e versets). Cette troisième formation de vapeurs fut la troisième nuit. La terre, mise à sec pour la première fois, devait être saturée de sels, condition la plus favorable à la production d'une végétation active. Cette production et le développement subit d'une immense quantité de plantes diverses (11e et 12e versets) durent causer un nouvel ébranlement dans le fluide lumineux, sous l'influence duquel les végétaux commencèrent à exercer l'absorption des vapeurs où ils puisèrent les premiers éléments de leur nourriture. Cette combinaison d'action aurait produit un troisième éclaircissement, qui fut le troisième jour (13e verset).

Enfin, après la création des végétaux, lorsque la lumière et l'atmosphère eurent établi leurs rapports avec eux, le calme se rétablit, l'éther ne fut plus en vibrations si actives, et le phénomène de la lumière ou du jour céda la place à la quatrième nuit qui sera dissipée par la création du soleil, d'où datera la succession des jours et des nuits, telle que nous la voyons maintenant (14e et 15e versets, etc.).

Suivant M. Maupied, les trois premiers jours génésiaques ont dû être de la même longueur que les jours suivants, mesurés par le soleil, c'est-à-dire de la même nature que les jours actuels, au moins quant à la durée. D'un autre côté, nous avons vu qu'il n'admet point d'intervalle entre le 1er et le 2e verset, et qu'il fait remonter à ces deux versets l'œuvre du premier jour, dont la création de la terre aurait fait partie.

M. Maupied n'a encore publié que la moitié de sa thèse : il lui reste à expliquer la formation des couches sédimentaires et fossilifères qui composent la croûte du globe. Pour cette tâche, qui semble d'abord assez difficile dans la position qu'il s'est faite, nous savons que la science et le talent ne lui manqueront pas [1].

[1] Voy. l'*Introduction* de cet ouvrage, *sub fin.*

CONCLUSION.

Terminons par un rapide et dernier coup d'œil sur ce qui constitue le fond de la doctrine actuelle relativement à l'histoire de notre globe, et sur les tendances présentes des sciences géologiques, toutes favorables à la religion [1].

[1] « Sûrement il doit être agréable de voir ainsi une science classée d'abord, et peut-être avec justice, parmi les plus pernicieuses pour la foi, devenir encore une fois un de ses appuis; de la voir maintenant, après tant d'années employées à courir de théorie en théorie, ou plutôt de vision en vision, revenir de nouveau au lieu où elle prit naissance et à l'autel où elle avait présenté ses premières et simples offrandes; elle n'est plus, comme lorsqu'elle s'éloigna d'abord, une enfant volontaire, toujours rêvant et dénuée de tout; mais elle revient avec la dignité d'une matrone et une démarche sacerdotale, le sein rempli de dons bien acquis pour les déposer sur le foyer sacré. » Wiseman, *Disc.*, etc., t. I, p. 336.

« Quiconque, dit le même auteur, s'appliquera à cultiver le vaste champ de nos connaissances et suivra pas à pas les progrès continus de la science, en ayant soin de remarquer l'influence qu'elle exerce sur les connaissances plus saintes qu'il a déjà acquises; celui-là, dis-je, en ressentira une joie si pure, en éprouvera un tel surcroît de consolations, qu'il n'est rien, dans la seule science humaine, qui puisse jamais lui en tenir lieu. Je ne sais à qui comparer un tel homme, si ce n'est à celui qui joint un amour enthousiaste des charmes de la nature à une ample connaissance de ses lois, et qui passe ses journées dans un jardin rempli des plantes les plus

Aussi haut que nos inductions scientifiques nous permettent de remonter dans la série des causes secondaires qui ont déterminé les différentes phases d'existence de notre planète, nous rencontrons les atomes ou éléments primitifs que la main du Créateur balance, pour ainsi dire, au sein de l'espace sans borne, au moyen de diverses lois, forces ou agents, dont il modifie l'action et dirige la puissance dans le but de fixer, de consolider, de coordonner harmonieusement tous ces éléments divers. A la suite de réactions, d'oscillations sans nombre, accomplies durant des périodes de temps incalculables, entre les agents et les éléments, entre les forces et les masses, le globe, graduellement organisé [1], acquiert une stabilité relative. A l'action des

précieuses. Ici, il voit une magnifique fleur qui étale toutes ses beautés aux rayons glorieux du soleil; là, une autre plus modeste va bientôt épanouir son calice qui n'est encore qu'entr'ouvert; près de celle-là, il est une troisième fleur sortant à peine de sa tige et ne donnant qu'un léger espoir de tout ce qu'elle pourra devenir; néanmoins il attend avec patience, sachant bien qu'une loi a fixé le temps où cette dernière viendra payer son tribut à la lumière et à la chaleur qui l'ont nourrie. De même l'homme dont j'ai parlé plus haut voit chaque science, l'une après l'autre, quand l'heure fixée est venue et a fait sentir son influence mûrissante, découvrir quelque forme qui, en ajoutant à l'harmonie variée de l'éternelle vérité, récompense amplement la puissance génératrice qui lui a donné le jour; quelque stérile qu'elle ait pu paraître d'abord, elle donne à la fin des fruits dignes d'orner le temple et l'autel du vrai Dieu. » *Ibid.* T. II, p. 329 et suiv.

[1] « Je pense que nous sommes en bonne voie pour découvrir dans les causes qui ont produit la forme actuelle de la terre, et en même temps ont fait approcher de plus près de la méthode progressive manifestée dans l'ordre connu des œuvres de Dieu, une si belle simplicité d'action, qu'elle confirme, si on peut employer

forces électro-magnétiques, combinant les éléments, succède la puissance mécanique du feu et de l'eau, opérant sur les masses. L'eau agit sur les matériaux consolidés pour les désagréger, briser leur rigidité, et envelopper ainsi toute la surface du globe d'une suite de couches formées de leurs débris, et de consistance diverse, mais toujours parfaitement appropriée à quelqu'un des besoins de l'homme; l'expansion des feux internes seconde les eaux dans leur travail de disgrégation et de stratification, en soulevant, à toutes les époques, d'immenses masses intérieures qui impriment à l'action des eaux des directions nouvelles ou des mouvements plus énergiques, d'où résultent de nouvelles accumulations de détritus et des strates nouveaux, jusqu'à ce qu'enfin la double action de ces puissantes causes instrumentales ait déterminé la formation de nos continents, et donné à leur surface ce relief remarquable, produit par les vallées, les plaines et les montagnes, et qui est l'origine de tant de relations harmonieuses.

Mais longtemps avant cette époque d'équilibre et de repos, l'action de la Toute-Puissance créatrice s'était manifestée dans un autre ordre de phénomènes non moins merveilleux, celui des êtres organisés, animaux et végétaux [1], dans la formation desquels le Créateur

cette expression, tout ce que le Seigneur a exposé dans sa parole sacrée. » Wiseman, ibid., p. 324.

[1] « Si l'homme plonge ses regards au-dessous de la surface de la terre, Dieu s'y révèle à lui dans les débris de la vie animale, si nombreux et si variés, que recèlent les différentes couches du sol. Avant de créer l'homme, le plus parfait de ses ouvrages, Dieu avait préludé à son œuvre par d'autres créations, et les merveilles de

semble avoir procédé comme par une suite d'essais s'élevant de plus en plus en étendue et en perfection, mais ne s'écartant jamais d'un plan uniforme dans les points essentiels, au milieu d'une infinie variété de détails.

Quand les lois auxquelles l'Éternel avait confié l'é-

l'organisme s'étaient développées sur la terre. Aucun être intelligent n'était là qui pût comprendre ces merveilles; mais l'homme devait venir; l'homme devait creuser le sol, l'homme enfin devait trouver ces débris révélateurs. Ainsi, sur la terre ou sous la terre, l'homme rencontre toujours Dieu ! Quel est le secret de ces créations mystérieuses que nous allons étudier dans les entrailles de notre globe? Il est cela et rien de plus; car hors de là, le but des créations ne se comprend pas. Mais si Dieu a voulu se montrer à l'homme, dans ces profondeurs du passé où l'homme n'existait pas encore, il aura enseveli, sous le sol que l'homme devait fouler, des médailles d'une action antérieure, que la curiosité de l'homme devait amener au jour. » — *L'Homme et la Création ou Théorie des causes finales dans l'univers*, par M. L. Desdouits. Tout ce que la science a de plus attrayant, tout ce que l'univers présente de plus admirable dans ses lois comme dans les êtres innombrables qui le peuplent et l'embellissent, en un mot, toutes les splendeurs, toutes les grâces, toutes les harmonies de l'œuvre du Créateur, sont résumées dans ce livre éminemment religieux, avec une beauté de style égale à la grandeur, à la majesté du sujet. Quelle est la destination de chacun des êtres? quelle est sa place dans l'édifice du monde? où tend le jeu de toutes les forces qui s'y appliquent? quelle est la résultante de tous les mouvements qui s'y combinent? telles sont les questions que se pose M. Desdouits; puis, élevant ses regards sur la scène immense de la création, il donne à ces questions les plus solennelles réponses, en constatant partout l'infinie Puissance comme l'Intelligence sans bornes; partout les plans, les desseins d'un Artiste suprême; partout un but et partout des moyens, moyens simples et parfaits, parce qu'ils émanent du sein d'une sagesse infinie..... Telle est sommairement la pensée de ce livre, un des plus complétement beaux que nous connaissions.

volution de notre planète, comme il fait dépendre de certaines autres lois l'entier accroissement du chêne de nos forêts, ou le complet développement de notre propre corps; quand, dis-je, de telles lois eurent fait de la terre un séjour stable et plein d'harmonie; quand le Créateur eut comme essayé, aux diverses périodes et sur une échelle de plus en plus élevée, les formes de la vie au sein des différents milieux où elles devaient se développer, et qu'il eut ainsi préludé à la création du chef-d'œuvre qui devait être le couronnement de cette longue série de phénomènes préparatoires, alors il étend son bras, et, dans la nuit d'un chaos temporaire, il efface ses premières ébauches, comme un peintre dédaigne une esquisse qui rend incomplétement sa pensée; puis, conformément à une loi qui se retrouve dans le monde social comme dans le monde physique, du sein de la dissolution, condition de toute organisation, la terre sort transformée, enrichie de nouveaux dons, peuplée de nouvelles créatures; et au lieu des formidables phénomènes qui avaient troublé les périodes antérieures, c'est un cycle de paix, d'ordre et de constante harmonie qui commence entre les agents et les éléments équilibrés du monde matériel, et la nature calme, rassurée, dans toute la splendeur de son nouveau printemps, salue l'homme, noble image du Créateur, s'incline devant lui comme devant son roi, et sourit à son intelligent possesseur, qui s'empare de ses ravissantes solitudes, et fait monter vers son bienfaisant Auteur des accents d'amour et de bénédiction jusque-là inconnus à la terre[1].

.....

[1] Quand l'auteur des choses eut achevé son ouvrage et qu'il eut

Ainsi, le résultat définitif auquel nous a conduits l'histoire physique de notre globe, a été de dérouler sous nos yeux une nouvelle et admirable série de témoignages en faveur de l'existence d'un créateur suprême et de ses perfections infinies, et de rattacher, par une chaîne immense et merveilleuse, les âges primordiaux à la période comparativement récente où notre espèce a été mise en possession des domaines qui lui avaient été préparés [1].

Appelés à jouir, à notre tour, du bienfait de l'exis-

épuisé en apparence toutes les formes possibles sur notre terre, il s'arrêta et contempla le produit de ses mains; et comme il vit que la terre manquait encore de son principal ornement, de son souverain et d'un second créateur, il prit conseil en lui-même, il combina entre elles les formes et composa son chef-d'œuvre, la beauté humaine. Avec une affection de père, il tendit la main à la dernière créature de sa pensée, et lui dit: Sois debout sur la terre! Abandonné à toi-même, tu eus été un animal, semblable aux autres animaux; mais par mon appui et mon amour, marche la tête levée et sois le dieu des animaux. — Voy. sur ce sujet les belles considérations de Herder, *Idées sur la philos. de l'histoire de l'humanité*, t. I.

[1] Nous répéterons, en finissant, ce que nous avons dejà dit dans la préface de ce livre: nous n'entendons influencer l'opinion de personne en nous plaçant ainsi au point de vue où se rencontre l'universalité morale des savants de notre siècle; mais on comprendra que, dans un traité élémentaire de la nature de celui-ci, ce qu'on attend, en outre de l'exposition des faits, c'est une sorte de statistique des théories et des systèmes de la science, et il doit être permis sans doute à l'auteur d'adopter au moins provisoirement et pour plus de commodité dans la rédaction de son livre, les hypothèses qui sont le plus en faveur de son temps, quand elles n'ont rien de contraire à la religion dans leur tendance, et qu'elles présentent un degré de probabilité au moins relatif, qui doit être pris en considération par les esprits dégagés de toute prévention.

tence, à la surface de ce globe où se sont accomplies de si nombreuses et de si étonnantes merveilles ; instruits de ce que Dieu a fait pour nous et de ce qu'il exige de nous pour que nous puissions atteindre sûrement notre fin glorieuse et immortelle, pénétrons notre cœur des sentiments de reconnaissance et d'amour que nous lui devons, et peu soucieux d'une demeure où il n'y a qu'instabilité et affliction d'esprit depuis une antique prévarication, tente qu'on dresse pour une nuit et qu'on enlèvera demain [1], portons nos regards brillants d'espérance et de foi vers cette impérissable et fortunée patrie qui nous est destinée au delà de cette vie fugitive. Aussi bien, voyageurs d'un moment dans ce séjour d'épreuves, demain nous nous en irons dormir avec les générations qui ne sont plus, et alors qui se souviendra de nous et de nos vains projets ? « Quand nous étions petits enfants, avec quel empressement assemblions-nous des morceaux de tuiles, de bois et de boue pour faire des maisons et petits bâtiments ! Et si quelqu'un nous les ruinait, nous en étions bien marris et pleurions : maintenant nous connaissons bien que tout cela nous importait fort peu. Un jour, nous en ferons de même au ciel, où nous verrons que nos affections au monde étaient de vraies enfances.... Faisons nos enfances, puisque nous sommes enfants, mais aussi ne nous morfondons pas à les faire ; et si quelqu'un ruine nos maisonnettes et petits dessins, ne nous en tourmentons pas beaucoup ; car aussi, quand viendra le soir auquel il faudra se mettre à couvert, je veux

[1] Isaïe.

dire la mort, toutes ces maisonnettes ne seront pas à propos, il faudra se retirer en la maison de notre père[1]. »

[1] Lettre de saint François de Sales.

« Voilà une faible partie des œuvres du Seigneur; ce qu'il nous fait entendre n'est qu'un léger murmure; qui pourrait soutenir le tonnerre de sa puissance? » (JOB, XXVI, 14.)

NOTES SUPPLÉMENTAIRES.

NOTE A, p. 87.

Conséquences qui découlent de l'étude des végétaux fossiles relativement à l'histoire du globe.

« L'étude générale des fossiles a des conséquences importantes pour l'histoire de notre globe... Les conditions physiques dans lesquelles une localité a dû se trouver sont souvent mieux indiquées par les végétaux fossiles que par les animaux. On ne saurait avoir de doute sur l'existence d'une plante dans l'eau douce et dans l'eau salée, dans un lieu sec ou humide, très-chaud ou tempéré. On en juge facilement par les conditions nécessaires aux plantes de formes analogues, qui existent aujourd'hui.

« Les œthéogames arborescentes de la première période ont dû vivre dans une atmosphère plus chaude et plus humide que celle des îles aujourd'hui situées même sous l'équateur. On sait que les fougères et lycopodes des pays tempérés et septentrionaux sont toujours de petites plantes, dont la tige rampe ou se cache fréquemment sous terre. Vers l'équateur, on trouve des fougères et des lycopodiacées ligneuses. Leur nombre est d'autant plus grand que la région est plus chaude et plus humide. M. Brongniart conclut de là, avec raison, que les forêts qui composent la houille ont crû probablement sur des îles, à une époque où la température du globe était plus élevée que maintenant. Les îles de l'Ascension et de Sainte-Hélène, où les fougères et plantes analogues forment le tiers ou la moitié du nombre des phanérogames, approchent un peu de cette antique végétation; seulement les dimensions des espèces sont plus petites.

« Les îles ou archipels qui ont formé les bassins de houille étaient entourés d'un océan dont les terrains de transition sont l'indice.

« Quelques géologues ont considéré les arbres fossiles des mines de houille comme ayant été transportés de terrains voisins ; ils se sont efforcés de justifier, par quelques exemples, la position verticale habituelle de ces troncs d'arbres ; mais cette hypothèse est repoussée par d'autres naturalistes. M. Ad. Brongniart défend avec conviction l'idée de Deluc, que les arbres des mines de houille ont été enfouis sur place ; et MM. Hutton et Lindley, qui viennent de discuter récemment cette question, partagent la même opinion...

« L'auteur de l'introduction au premier volume de la *Flore fossile d'Angleterre*, attire l'attention des savants sur ce singulier fait, que les mines de houille du Canada et de la baie de Baffin contiennent des plantes analogues à celles des autres couches de houille, par conséquent à celles qui vivent aujourd'hui sous l'équateur. Or, la différence de température, relativement au temps présent, peut s'expliquer de diverses manières, en particulier par le refroidissement très-lent, mais continuel, du globe terrestre dans l'espace ; mais M. Lindley remarque, avec raison, que les plantes des pays équatoriaux ont besoin de lumière et d'une lumière distribuée également, autant que de chaleur. Un très-petit nombre d'espèces végétales peuvent supporter la privation de la lumière pendant quelques mois. C'est une des causes qui empêchent les espèces des pays tempérés de s'avancer jusqu'au nord et de végéter avec vigueur dans les serres les plus chaudes des pays septentrionaux. Il devait en être de même des plantes fossiles analogues à celles de nos régions équatoriales. Or, comme l'inégalité des jours dépend de la position de la terre relativement au soleil, il faut, pour que des fougères en arbre aient pu vivre là où est le pôle arctique maintenant, que l'inclinaison de la terre sur le plan de l'écliptique ait changé [1].

« J'ajouterai que des recherches multipliées sur les fossiles végétaux pourront peut-être indiquer par la suite l'emplacement des pôles et de l'équateur à chaque époque géologique. Il suffira de

[1] On objectera peut-être que les mathématiciens ont démontré que, dans les conditions actuelles de l'univers, l'axe de la terre ne peut pas avoir changé de position. Mais les fossiles de la houille remontent à une époque où les conditions fondamentales des calculs pouvaient être différentes.

découvrir, malgré l'uniformité apparente des végétaux antédiluviens, dans quelle direction croissaient et décroissaient en nombre les espèces qui exigent le plus de chaleur et la lumière la plus uniforme, dans chaque période géologique. »

ALPH. DE CANDOLLE, *Introduction à l'étude de la Botanique*, t. II, ch. VI.

NOTE B, p. 221.

Géographie botanique.

Linné supposait que les espèces végétales étaient toutes sorties d'un seul point de la terre, comme, par exemple, d'une haute montagne située sous l'équateur; Buffon les fait venir des régions polaires; Wildenow leur assigne pour origine les diverses chaînes de montagnes qui existent sur tout le globe. Ces hypothèses sont sujettes à d'insolubles difficultés. Il paraît plus conforme aux faits de regarder chaque espèce endémique comme *aborigène* du pays où elle existe aujourd'hui, et les espèces plus répandues, soit comme transportées accidentellement d'un pays à l'autre depuis qu'elles existent, soit comme originaires à la fois de plusieurs pays.

Chaque espèce végétale a-t-elle commencé par un seul individu, ou bien les espèces ont-elles eu, dès le commencement, un grand nombre d'individus répandus à la surface de la terre? Sur ce point, les opinions sont partagées, mais les raisonnements dont s'appuie la première hypothèse paraissent peu concluants. Si les espèces végétales avaient eu une origine simple, comment auraient-elles pu pénétrer dans des pays considérablement éloignés les uns des autres, séparés par l'Océan ou par de vastes régions d'une température différente? Par exemple, on trouve dans les îles Malouines, à l'extrémité australe de l'Amérique, des cryptogames, des graminées, des cypéracées de nos Alpes; or, ces deux pays sont situés presque aux antipodes, séparés par une immense étendue de mer, etc.; aucun oiseau n'étend ses migrations en deçà et au delà de l'équateur; les courants et les ouragans ne vont pas d'un bout à l'autre, et l'on ne dira pas non plus que ces plantes ont été transportées par les navigateurs, car elles sont rares en Europe, difficiles à cultiver et tout à fait inutiles à l'homme.

Reste l'hypothèse des origines multiples pour chaque espèce. Dans cette opinion, la terre aurait été couverte, dès l'origine de la végétation actuelle, d'un riche tapis de verdure; les transports de graines, la multiplication inégale des espèces, les circonstances physiques plus ou moins favorables à chaque espèce, dans chaque région, n'auraient fait que modifier peu à peu la distribution originelle des végétaux.

Toutefois il est des distances considérables que l'on peut naturellement supposer avoir été franchies par certaines espèces dans plusieurs circonstances. C'est ainsi que M. de Candolle a trouvé sur les troncs d'arbres d'une promenade de Quimper-Corentin, battue par les vents du *sud-ouest*, deux lichens de la Jamaïque (*sticta crocata* et *physcia flavescens*). Il n'y a point d'invraisemblance à penser que les spores si légers de ces lichens ont été transportés au travers de l'Océan.

Un fait que les botanistes n'ont pu encore expliquer, c'est l'introduction, dans des régions éloignées, de certaines espèces sauvages et inutiles de nos pays, aussitôt que les Européens abordent ces régions. C'est ainsi que l'ortie, les *chenopodium* ou ansérines, etc., semblent s'attacher aux pas de l'homme : elles le suivent partout où il pénètre, et se retrouvent au milieu même des déserts, si par hasard il a existé là précédemment une habitation humaine.

NOTE C, p. 322.

« Pour admettre la transformation des espèces, il faut admettre deux choses : la première, l'unité de composition, qui consiste à admettre que tous les organes qui sont dans un animal élevé se trouvent en rudiments dans les animaux les plus inférieurs; la seconde, que les circonstances et les usages développent ces rudiments d'organes suivant les besoins de l'animal. Or, ces deux thèses sont de tout point inadmissibles.

« Pour bien comprendre la thèse de l'unité de composition, il faut savoir préalablement que par composition, dans un être organisé, on entend l'ensemble des éléments chimiques, simples ou combinés, affectant une structure intime, une disposition et une forme déterminées pour un but spécial, dans les parties que ces éléments constituent, de sorte que les corps simples combinés entre eux forment des corps composés organiques, qu'on appelle principes immédiats; les principes immédiats forment des tissus; les tissus, en se réunissant plusieurs ensemble, d'une manière déterminée, forment des organes; les organes, réunis plusieurs ensemble pour exécuter une fonction, forment les appareils; et la réunion d'un certain nombre d'appareils, propres à se maintenir par leurs fonctions et à se perpétuer, est ce qu'on appelle un être organisé vivant.

« D'où il faut considérer la composition animale: 1° dans le nombre de ses éléments simples et leurs combinaisons ou principes immédiats; 2° dans la structure intime des tissus, des organes et des appareils; 3° dans le nombre et la disposition de ces organes et de ces appareils par rapport au tout, et les uns par rapport aux autres; 4° enfin dans la forme générale du tout, et la forme particulière à chaque organe.

« Si l'on arrive, par cet examen qui embrasse pour ainsi dire toute la science de l'organisation, à constater l'identité sur tous ces points entre les différents animaux les plus élevés comme les plus inférieurs, on doit en conclure rigoureusement que l'unité de composition existe dans le règne animal. Mais aussi, si le contraire a lieu dans tous les points, il sera logiquement démontré que l'unité de composition n'existe pas.

« Or, la chimie organique prouve que le nombre des corps simples n'est pas le même pour tous les animaux; que certains corps élémentaires se trouvent dans certains animaux et ne se trouvent nullement dans d'autres.

« La variété et la différence des principes immédiats est bien plus prononcée encore; il y a, en effet, beaucoup de ces principes immédiats qui ne sont propres qu'à certains animaux, et qui varient même quelquefois d'une espèce voisine à l'autre, à plus forte raison d'une classe à une autre classe. Une foule de produits, de principes immédiats divers, dont les germes ni la trace n'existent même pas dans les animaux inférieurs, se trouvent dans les supérieurs. Admît-on la transformation successive des espèces, encore faudrait-il rendre raison de la formation et de la présence de ces principes sans éléments préalables, sans organes pour les former, et c'est ce que l'unité de composition ne fera jamais.

« Les tissus ont, dans les différents organes, une structure et une composition toutes différentes; plusieurs tissus sont absents dans plusieurs animaux; le tissu nerveux, ni même le système musculaire, ne peuvent être démontrés dans les hydres, ni surtout dans les éponges. Le tissu osseux n'existe que dans les vertébrés; dans les animaux inférieurs, tous les tissus sont confondus, et il n'y a, à proprement parler, qu'un seul tissu.

« Le système musculaire même, dans les animaux qui le possèdent, suffit pour infirmer la thèse; un grand nombre de ses parties manquent à plusieurs animaux; et la disposition de ce système est différente suivant les classes, les genres même, etc.

« Que sera-ce maintenant si nous allons dans les organes et les appareils? La tête, le thorax manquent à un grand nombre d'animaux, qui ne sont, pour ainsi dire, qu'un sac ou un tube intestinal; les membres manquent à un plus grand nombre encore, puisqu'à partir des mollusques, il n'y en a plus, à proprement parler, et après les premiers mollusques, il n'y a même plus rien qui puisse en tenir lieu. Dans les animaux même qui ont tous les appareils, ils ne sont composés ni du même nombre de pièces, ni des mêmes organes; ils n'ont ni la même structure, ni la même disposition.....

« ..... Nous pouvons donc conclure que l'unité de composition n'existe pas dans le règne animal; que, par conséquent, la transformation des espèces est impossible.

« En effet, il faut des organes pour former des corps organisés; or, comment un animal qui n'a ni les organes ni les tissus nécessaires pour former tels et tels produits qui ne peuvent être formés que dans ces organes et ces tissus, pourra-t-il arriver à les produire? Cela est impossible. Mais s'il n'a pas ces produits, comment pourra-t-il former les tissus et les organes? Cela n'est pas plus possible. Un mollusque qui n'a point de tête, aura beau varier les circonstances, jamais il n'aura une tête; un mollusque et un articulé, quel que soit le changement des milieux et des circonstances influentes, n'auront jamais un squelette; mais bien plus, jamais un canard ne deviendra un gallinacé, ni celui-ci un oiseau de proie : les faits journaliers, continuels, et toujours les mêmes depuis qu'on observe, démontrent donc jusqu'à la dernière évidence, que les circonstances, les besoins et les milieux ne peuvent opérer la transformation des espèces.

« Mais un fait plus profond encore vient opposer une barrière infranchissable à cette transformation des espèces. L'animal vient au monde tout formé; il s'est développé dans l'œuf ou l'utérus, ce qui est la même chose au fond, pour les circonstances et les milieux dans lesquels il est appelé à vivre; et quand il arrive à la lumière, il a tout ce qu'il lui faut pour satisfaire ses besoins dans ces circonstances et ces milieux. Il a pourtant été formé loin de ces circonstances et de ces milieux; il existe complet avant d'avoir éprouvé, en quoi que ce soit, l'influence de ces circonstances et de ces milieux. Il est donc de toute évidence que les circonstances et les milieux n'ont aucune part à l'organisation qui se forme indépendamment et en dehors d'eux.

« Concluons donc que la thèse de l'unité de composition et celle de l'influence des circonstances et des usages sont insoutenables, et que par conséquent la transformation des espèces est inadmissible. »

Université catholique, août 1842; cours de Physique sacrée, par M. l'abbé MAUPIED, 7e leçon [1].

NOTE D, p. 360.

Dans l'hypothèse de la formation des couches terrestres antérieurement à la création de l'homme, une objection se présente par rapport aux végétaux et aux animaux qui auraient été sujets à la *mort* avant la chute d'Adam, puisqu'on retrouve aujourd'hui leurs débris ensevelis dans le sein de la terre. Cette objection ne nous a jamais paru sérieuse, l'Église n'a certes décidé nulle part que, sans le péché originel, l'individu, végétal ou animal, une fois créé, n'aurait plus cessé d'exister. Sans entrer dans de longues considérations, au sujet de cette difficulté qui n'en est réellement pas une, nous nous bornerons à rappeler quelques versets du chapitre Ier de la Genèse.

Dieu vient de créer et les poissons qui nagent dans les eaux et

[1] L'extrait que nous venons de citer suffira pour faire apprécier la profondeur de savoir, la rigueur de méthode et la force de raisonnement, qui caractérisent tous les travaux de cet habile défenseur de la religion et des saines doctrines.

les oiseaux qui volent sur la terre et sous le ciel, et les animaux domestiques, et les reptiles, et toutes les bêtes, selon leurs différentes espèces, et l'homme enfin, qu'il établit le roi, le dominateur de toutes ces races vivantes, le propriétaire de toutes les plantes répandues sur la surface de la terre et qui portent leur *semence*, et de tous les arbres fruitiers qui ont leur *germe* en eux-mêmes, et qui lui sont donnés pour servir à sa nourriture.

Ces *semences* et ces *germes*, que les plantes portent en elles-mêmes, étaient destinés sans doute à la multiplication des végétaux, à leur *reproduction*, suivant l'expression formelle du onzième verset du même chapitre. Peut-on supposer qu'il y avait multiplication indéfinie et jamais décomposition, destruction, *mort* d'aucune plante? Les végétaux auraient envahi le globe entier qui n'aurait présenté à sa surface qu'une immense forêt, inextricable puisqu'elle eût été indestructible.

Parlant à l'homme, le Créateur dit : « J'ai donné leur pâture à tous les animaux de la terre, à tous les oiseaux du ciel, à tout ce qui vit et se meut sur la terre. »

Quelle était cette *pâture*, sinon des herbes, des plantes, des graines, des racines, pour les frugivores, et la propre chair des autres animaux pour les races carnassières qui ne peuvent vivre que de proie?

Quant aux animaux, s'ils n'étaient pas sujets à la *mort* avant la chute originelle, il faut admettre ou que, croissant et multipliant indéfiniment, ils devaient bientôt fourmiller sur la terre et dans les eaux, de manière à n'y trouver plus de place; ou qu'après s'être multipliés dans certaines limites, la reproduction se serait arrêtée tout à coup, les mêmes individus continuant d'exister à jamais dans la suite des temps. Dans l'un et l'autre cas, on ne remarque pas un ordre de choses qui annonce cette haute sagesse et ces belles lois que nous admirons dans le plan actuel.

Mais le texte sacré est clair et précis : Dieu avait *donné leur pâture à tous les animaux de la terre*. Si aucun animal n'était sujet à la *mort*, le régime de tous était donc végétal. Tous mangeaient de l'herbe, vivaient de plantes ou de quelques-unes de leurs parties. Le requin se nourrissait de fucus, le tigre et le vautour paissaient le gazon des champs, le crocodile broutait les roseaux du rivage.....

« Y aviez-vous pris garde? dit M. Roselly de Lorgues. Soutenir qu'au moment de la condamnation d'Adam, certains animaux, primitivement destinés à vivre d'herbages, ont, par une dépravation subite, été avides de chair, c'est dire : leurs instincts, leurs intestins, leur structure, leur puissance de manducation, de digestion, de respiration, de vigueur musculaire, ont été réformés. C'est dire encore : leurs pattes ont changé de forme pour saisir la proie, leur gueule d'ouverture et de force pour l'emporter, leurs entrailles se sont rétrécies ; les uns se sont retranchés deux et jusqu'à trois estomacs, les autres ont reçu des dents d'une dimension différente ; il y a eu pondération nouvelle dans les rapports de l'existence, le nombre des individus, la reproduction, la consommation, la végétation, en un mot une création nouvelle. C'est attribuer au péché, d'où ne pouvaient sortir que la perturbation, l'ordre, la régularité, une économie admirable. »

Nous conclurons qu'avant le péché, les plantes et les animaux *mouraient* comme aujourd'hui : l'homme seul, par un privilége tout divin, ne devait jamais mourir ; la mort a été le châtiment de sa prévarication [1].

[1] Voyez S. Augustin, XIX, *Quæst. Vet. et Nov. Testam.*

EXPLICATION

DU TABLEAU FIGURATIF DES TERRAINS.

TERRAINS PRIMITIFS NON STRATIFIÉS ; ROCHES ÉRUPTIVES, PLUTONIQUES OU IGNÉES.

a Montagnes de granit sorties d'au-dessous du gneiss, des schistes, etc., dont elles ont relevé les couches.

*a*1 Veines, dykes ou filons de granit (pegmatites [1]) traversant d'autre granit, le gneiss, les schistes primitifs, les terrains transitaires, et s'étendant quelquefois jusqu'au-dessus de la craie.

b Dykes de diorite [2], d'amphibolites, de serpentine ou ophiolite, etc.

c Dykes de porphyre, de syénite, etc.

d Dykes de trapp, de mélaphyres [3], etc.

*d*1 Dykes et masses souterraines de basalte injectées.

h Trachyte.

o Basalte.

[1] Ou bien encore *granit graphique* (de γράφω, écrire), parce que le quartz y est souvent en lignes comme brisées et ayant quelque ressemblance avec des caractères hébraïques.

[2] *Greenstone* des Anglais, *Grunstein* des Allemands, diabase, etc., roche compacte ou granitoïde, formée de feldspath et d'amphibole.

[3] Sorte de porphyre noir.

v Volcans actifs.

l Laves, cratères, scories, produits divers et basaltiformes des volcans modernes.

f Veines et filons métallifères.

g Failles ou fractures et dislocations qui interrompent la continuité des couches stratifiées et changent plus ou moins leur niveau.

p Protogyne.

i Cavernes à ossements et autres.

TERRAINS STRATIFIÉS.

1 Tuf calcaire ou travertin.

2 Tourbe.

3 Alluvions modernes.

4 Diluvium.

Ter. tertiaires.

5 Dépôt pliocène.

6 Dépôt miocène.

7 Dépôt éocène.

SYSTÈME CRÉTACIQUE.

Terrains secondaires.

8 Craie.

9 Craie inférieure ou chloritée, ou grès vert.

10 Calcaire de Purbeck.

SYSTÈME OOLITHIQUE.

11 Oolithe de Portland.

12 Formation oolithique ou jurassique.

13 Lias ou calcaire à gryphite.

Terrains secondaires.

SYSTÈME POIKILITIQUE.

14 Marnes irisées. — Keuper.
15 Muschelkalk ou calcaire coquiller.
16 Grès bigarré.
17 Calcaire magnésien. — Dolomie. — Zechstein.
18 Grès rouge ou vosgien, à conglomérats.

Terrains transitaires.

SYSTÈME CARBONIFÈRE.

19 Terrain houiller.
20 Calcaire carbonifère.
21 Vieux grès rouge.

SYSTÈME SILURIEN.

22 Dépôt de Ludlowrock.
23 Calcaire de Wenlock.
24 Grès de Caradoc.

SYSTÈME CAMBRIEN.

25 Grauwacke.
26 Calcaire bitumineux.
27 Schistes ardoisiers, alumineux, etc.

Ter. prim. strat.

28 Calcaire primitif, intercalé dans des schistes.
29 Schistes, micaschistes, talschistes, phyllades, etc.
30 Gneiss.
31 Quarzites.

LISTE DES PLANTES ET DES ANIMAUX

Représentés au-dessus du tableau des terrains, comme types des formes animales et végétales qui ont prédominé dans chacune des trois grandes périodes pendant lesquelles se sont formés les terrains transitaires, secondaires et tertiaires [1].

TERRAINS TRANSITAIRES.

PLANTES TERRESTRES.

1 Araucaria, r. et f. (Le *r.* signifie *récent,* c'est à-dire encore aujourd'hui existant ; le *f.* signifie *fossile.*)

[1] « L'étude des restes organiques forme le caractère particulier et fondamental de la géologie moderne, et c'est à elle surtout que nous sommes redevables des progrès que cette science a faits depuis le commencement du siècle. Il y a certaines familles de restes organiques qui se représentent, dans les couches de toutes les époques, avec les mêmes formes génériques qu'elles nous offrent encore dans l'ensemble des organisations actuellement existantes; tels sont les genres *nautile, oursin, térébratule,* plusieurs genres de *polypiers;* et, parmi les végétaux, les *fougères,* les *lycopodiacées* et les *palmiers.* D'autres familles, au contraire, tant parmi les animaux que parmi les végétaux, sont exclusivement renfermées dans certaines formations, et il y a des points où des groupes tout entiers cessent complétement d'exister, pour être remplacés par d'autres offrant des caractères tout différents. Les changements de genres et d'espèces sont plus fréquents encore, et c'est pourquoi l'on a observé avec raison qu'il serait tout aussi absurde de vouloir arriver à connaître la structure et les révolutions du globe, sans avoir étudié avec une attention soutenue les divers témoignages qui nous sont offerts par les restes organiques, que d'entreprendre l'histoire de quelque peuple ancien sans consulter ses médailles et leurs inscriptions, les monuments qu'il a laissés, les ruines de ses cités et de ses temples. L'étude de la zoologie et de la botanique n'est donc pas moins indispensable

2 Prêle ou equisetum, r. et f.
3 Calamites nodosus, f.
4 Cyathea glauca, fougère arborescente, r. et f.
5 Lycopodium alopecuroïdes, r. et f.
6 Lepidodendron Sternbergii, f.
7 Palmier flabelliforme, r. et f.

ANIMAUX MARINS.

8 Amblyptère, f.
9 Orodus, genre éteint de la famille des squales.
10 Calimène, genre de la famille éteinte des trilobites.
11 Spirifère.
12 Platycrinite, f. de la famille des encrinites.

aux progrès de la géologie que ne le sont les connaissances minéralogiques. Et en effet, les caractères minéraux des matériaux inorganiques dont se composent les couches terrestres offrent une succession tellement constante de lits de grès, d'argile et de calcaire, qui se reproduisent irrégulièrement non-seulement dans les formations différentes, mais aussi dans les formations les plus identiques, que la similitude de composition minérale n'indiquerait que d'une manière incertaine une origine contemporaine, tandis que l'identité d'âge est démontrée de la manière la plus irréfragable par la similitude des restes organisés. Et sans cet ordre important de témoignages, le fait de cette succession de périodes si longues que la géologie nous démontre avoir été remplies par la formation des couches qui composent l'écorce du globe, n'eût été appuyé que de preuves comparativement en petit nombre, et dépourvues d'autorité. » Buckland, *la Géologie et la Minéralogie*, etc., t. I, p. 97.

TERRAINS SECONDAIRES.

PLANTES TERRESTRES.

13 Thuia, r. et f.
14 Cycas circinalis, r.; cycadites, f.
15 Zamia horrida, r.; zamia, f.
16 Fougère arborescente, r.

ANIMAUX TERRESTRES.

17 Pterodactylus crassirostris, f.
18 Gavial, r., voisin du téléosaure, f.
19 Iguanodon, f., voisin de l'iguane actuel.
20 Tortue terrestre, r. et f.
21 Bupreste, coléoptère, r. et f.
22 Libellule, espèce de *demoiselle*, r. et f.

ANIMAUX MARINS.

23 Plésiosaure, f.
24 Ichthyosaure, f.
25 Loligo ou calmar, r. et f.
26 Nautilius pompilius, r. et f., beaucoup d'espèces.
27 Ammonite de Buckland, fossile appartenant en propre au lias.
28 Apiocrinites, f. de la famille des encrinites.

TERRAINS TERTIAIRES.

PLANTES TERRESTRES.

29 Fruits de palmiers à feuilles pennées. (Restauration théorique.)

30 Noix de coco fossile de Sheppey, à Bruxelles, etc. (Restauration théorique).

ANIMAUX TERRESTRES DE LA PÉRIODE ÉOCÈNE.

31 Bécasse, r. et f. 32 Ibis, r. et f. 33 Cormoran, r., pélican, f.	oiseaux.
34 Emys, tortue d'eau douce, r. et f. 35 Crocodile, r. et f.	reptiles.
36 Castor, r. et f. 37 Coatis, r. et f. 38 Didelphys, petite sarigue, r. et f. 39 Anoplotherium commune, f. 40 Palæotherium magnum, f.	mammifères.

ANIMAUX MARINS.

41 Planorbe, r. et f. 42 Lymnée, r. et f. 43 Cérite, r. et f. 44 Fuseau, r. et f. 45 Buccin, r. et f.	mollusques caractéristiques de la période tertiaire.
46 Phoque, r. et f. 47 Morse, r. et f. 48 Lamantin, r. et f. 49 Baleine, r. et f.	mammifères.

ANIMAUX TERRESTRES

Qui ne se trouvent pas seulement dans les périodes miocène et pliocène, mais aussi dans les cavernes et dans le diluvium.

50 Pigeon, r. et f. 51 Corbeau, r. et f. 52 Canard, r. et f.	oiseaux.
53 Élan, r. et f. 54 Bison, r. et f. 55 Tigre, r. et f. 56 Cheval, r. et f. 57 Rhinocéros, r. et f. 58 Hippopotame, r. et f. 59 Éléphant, r.; mammouth, f.; mastodonte, f.	mammifères.

FIN.

www.ingramcontent.com/pod-product-compliance
Ingram Content Group UK Ltd.
Pitfield, Milton Keynes, MK11 3LW, UK
UKHW021842190726
13855UKWH00001B/101

9 782013 426473